畜禽产品安全生产综合配套技术丛书

优质肉鸡标准化安全生产关键技术

黄炎坤　主编

中原农民出版社
·郑州·

图书在版编目(CIP)数据

优质肉鸡标准化安全生产关键技术/黄炎坤主编. —郑州:中原农民出版社,2017.1
(畜禽产品安全生产综合配套技术丛书)
ISBN 978-7-5542-1613-2

Ⅰ.①优… Ⅱ.①黄… Ⅲ.①肉鸡-饲养管理-标准化 Ⅳ.①S831.4-65

中国版本图书馆 CIP 数据核字(2017)第 019592 号

优质肉鸡标准化安全生产关键技术
黄炎坤　主编

出版社:中原农民出版社
地址:河南省郑州市经五路 66 号　　**邮编**:450002
网址:http://www.zynm.com　　**电话**:0371-65788655
发行单位:全国新华书店　　**传真**:0371-65751257
承印单位:新乡市豫北印务有限公司

投稿邮箱:1093999369@qq.com
交流 QQ:1093999369
邮购热线:0371-65788040

开本:710mm×1010mm　1/16
印张:17.75
字数:296 千字
版次:2017 年 4 月第 1 版　　**印次**:2017 年 4 月第 1 次印刷

书号:ISBN 978-7-5542-1613-2　　**定价**:39.00 元

畜禽产品安全生产综合配套技术丛书
编　委　会

本 书 作 者

主　编　黄炎坤　张桂枝

副主编　赵凤亭　王亚敏　韩增光

参　编　张立恒　魏二暖　马山才　黄好强

序

近年来,我国采取有力措施加快转变畜牧业发展方式,提高质量效益和竞争力,现代畜牧业建设取得明显进展。第一,转方式,调结构,畜牧业发展水平快速提升。持续推进畜禽标准化规模养殖,加快生产方式转变,深入开展畜禽养殖标准化示范创建,国家级畜禽标准化示范场累计超过 4 000 家。规模养殖水平保持快速增长。制定发布《关于促进草食畜牧业发展的意见》,加快草食畜牧业转型升级,进一步优化畜禽生产结构。第二,强质量,抓安全,努力增强市场消费信心。坚持产管结合、源头治理,严格实施饲料和生鲜乳质量安全监测计划,严厉打击饲料和生鲜乳违禁添加等违法犯罪行为。切实抓好饲料和生鲜乳质量安全监管,保障了人民群众“舌尖上的安全”。畜牧业发展坚持“创新、协调、绿色、开放、共享”发展理念,坚持保供给、保安全、保生态目标不动摇,加快转变生产方式,强化政策支持和法制保障,努力实现畜牧业在农业现代化进程中率先突破的目标任务。

随着互联网、云计算、物联网等信息技术渗透到畜牧业各个领域,越来越多的畜牧从业者开始体会到科技应用带来的巨变,并在实践中将这些先进技术运用到整条产业链中,利用传感器和软件通过移动平台或电脑平台对各环节进行控制,使传统畜牧业更具“智慧”。智慧畜牧业以互联网、云计算、物联网等技术为依托,以信息资源共享运用、信息技术高度集成为主要特征,全力发挥实时监控、视频会议、远程培训、远程诊疗、数字化生产和畜牧网上服务超市等功能,达到提升现代畜牧业智能化、装备化水平,以及提高行业产能和效率的目的。最终打造出集健康养殖、安全屠宰、无害处理、放心流通、绿色消费、追溯有源为一体的现代畜牧业发展模式。

同时,“十三五”进入全面建成小康社会的决胜阶段,保障肉、蛋、奶有效供给和质量安全、推动种养结合循环发展、促进养殖增收和草原增绿,任务繁

重而艰巨。实现畜牧业持续稳定发展，面临着一系列亟待解决的问题：畜产品消费增速放缓使增产和增收之间矛盾突出，资源环境约束趋紧对传统养殖方式形成了巨大挑战，廉价畜产品进口冲击对提升国内畜产品竞争力提出了迫切要求，食品安全关注度提高使饲料和生鲜乳质量安全监管面临着更大的压力。

“十三五”畜牧业发展，要更加注重产业结构和组织模式优化调整，引导产业专业化分工生产，提高生产效率；要加快现代畜禽牧草种业创新，强化政策支持和科技支撑，调动育种企业积极性，形成富有活力的自主育种机制，提升产业核心竞争力；要进一步推进标准化规模养殖，促进国内养殖水平上新台阶；要积极适应经济“新常态”变化，主动做好畜产品生产消费信息监测分析，加强畜产品质量安全宣传，引导生产者立足消费需求开展生产；要按照“提质增效转方式，稳粮增收可持续”工作主线，推进供给侧结构性改革，加快转型升级，推行种养结合、绿色环保的高效生态养殖，进一步优化产业结构，完善组织模式，强化政策支持和法制保障，依靠创新驱动，不断提升综合生产能力、市场竞争能力和可持续发展能力，加快推进现代畜牧业建设；要充分发挥畜牧业带动能力强、增收见效快的优势，加快贫困地区特色畜牧业发展，促进精准扶贫、精准脱贫。

由张晓根教授组织编写的《畜禽产品安全生产综合配套技术丛书》涵盖了畜禽产品质量、生产、安全评价与检测技术，畜禽生产环境控制，畜禽场废弃物有效控制与综合利用，兽药规范化生产与合理使用，安全环保型饲料生产，饲料添加剂与高效利用技术，畜禽标准化健康养殖，畜禽疫病预警、诊断与综合防控等方面的内容。

丛书适应新阶段新形势的要求，总结经验，勇于创新。除了进一步激发养殖业科技人员总结在实践中的创新经验外，无疑将对畜牧业从业者培训，促进产业转型发展，促进畜牧业在农业现代化进程中率先取得突破，起到强有力的推动作用。

中国工程院院士

2016 年 6 月

前　言

优质肉鸡一般是指地方优良品种或其与外来鸡种经过杂交选育的专用配套系或种群。概括来说，优质肉鸡的特点表现为“好看”和“好吃”两方面。“好看”是指优质肉鸡，种群大多数是三黄鸡（羽毛、皮肤和腿均为黄色）或麻羽，也有少数种群为芦花鸡或黑鸡、花鸡，个别的为白色羽毛（如一些乌骨鸡的种群），总体看肉鸡在达到上市日龄的时候羽毛光亮、整洁、华丽，鸡冠大而鲜红（乌骨鸡除外）；“好吃”是指优质肉鸡的生长速度较慢、饲养期较长，大多数采用平养方式或半放养方式，鸡的活动量大、能够充分接触地面、能够采食一部分野生饲料，这样养成的肉鸡肌间脂肪和肌内脂肪含量适中、肌肉紧实，烹饪后肉味鲜香、肉质的口感好，适合我国居民的饮食习惯。

近30年来，我国优质肉鸡产业发展迅速，市场消费相对稳定。据有关资料统计，2015年我国优质肉鸡的出栏数量约为37.3亿只、鸡肉产量达到444.5万吨，分别占全国肉鸡出栏和鸡肉总产量的41.2%和31.9%。在长江以南各省市，优质肉鸡的养殖规模、出栏数量、鸡肉产量和消费量占有绝对的优势（除福建省外，其他省市占有的比例可达90%以上）。在中原地区优质肉鸡与白羽肉鸡的产量各自占据半壁江山。

近年来，我国优质肉鸡生产无论是在品种培育或是在饲料营养研究、饲养管理技术、生产经营模式、卫生防疫、产品质量安全等方面都取得了很多技术进步，对于促进我国优质肉鸡产业的发展起到了重要的推动作用。为了及时将这些现代生产经营技术传播到广大的养殖场（户）当中，发挥科学技术对生产的促进作用，我们编写了这本书。在编写过程中围绕肉鸡质量安全这一核心，力求内容的先进性、实用性和可操作性。同时，在编写过程中也参考了大量先贤时俊的资料，在此一并致谢。

编　者

2016年7月

目录

第一章 优质肉鸡标准化安全生产概述

在我国关于优质肉鸡(或优质鸡)的概念存在不同的定义,通常认为包括有狭义概念和广义概念。狭义的概念认为优质鸡是没有与快大型鸡杂交的地方良种鸡;而广义概念则认为除没有与快大型鸡杂交外,还应具有漂亮的外观性状和良好的风味与口感。也有人认为,优质肉鸡的概念是相对于国外商用快长型肉鸡而言的,通常指含有地方鸡种血缘、生长较慢、肌肉品质优良、外貌和屠体品质适合消费者需求的地方鸡种或仿土鸡。现代优质鸡产业在我国的发展已经有30多年的历史,最初主要限于港澳台和两广地区,之后随着优质肉鸡"北繁南养"模式的推广逐渐向内地扩展,目前在黄河流域以南各地优质鸡的养殖量都占有较大份额,而且在广东、广西、海南、湖南等省区的鸡肉消费中基本都是优质鸡。据有关资料报道,2010年我国优质肉鸡出栏量达到34.8亿只(同时期白羽肉鸡出栏67亿只)。总体来看,优质鸡的养殖规模和消费量呈现稳中有增的趋势。

第一节　优质肉鸡的概念

优质肉鸡（或优质鸡）在我国是一个特定的概念，而且这个概念局限于我国和东南亚一些国家，在其他国家和地区则没有这一概念。国内关于优质鸡的概念主要是与白羽快大型肉鸡相对而言的，主要指包括黄羽肉鸡在内的所有的有色羽肉鸡，以黄羽肉鸡数量多，因而一般习惯称为黄羽肉鸡。优质鸡的特点可以概括为"好看"和"好吃"，其羽毛颜色、鸡冠大小、皮肤和胫爪颜色等外观特征以及肉的风味都符合我国和东南亚一些国家消费者的要求。

优质鸡以我国的地方优良品种为主，近20年来南方各地的大中型种鸡场利用引进的高产肉鸡配套系与地方鸡种进行杂交也培育出了大量的商用配套系或种群，为不同地区的消费者提供了更多的选择。然而，不同的消费群体对于优质肉鸡的认识还存在差异，这也造成优质鸡尚缺少确切的定义。作为商品性的优质鸡一般是指优质鸡品种的鸡群采用合理的饲养方式、喂饲特有的饲料、经过足够的饲养时期达到上市要求的健康鸡。目前市场上的产品大多数仅仅是符合其中的某个要求，即饲养的是优质品种的鸡，其他方面常常不符合要求。非真正意义的优质鸡是造成市场的混乱的重要原因之一。因此，给予优质鸡恰当的定义是正确引导消费所必需的，而了解影响优质鸡鸡肉品质的因素并采取合理的调控措施是保证其商品质量优质的重要保证。

按照生长速度，我国的优质肉鸡可分为4种类型，即快速型、中速型、慢速型和肉蛋兼用型。优质肉鸡生产呈现多元化的格局，不同的市场对外观和品质有不同的要求。快速型：以长江中下游上海、江苏、浙江和安徽等省市为主要市场，要求56日龄公、母鸡平均上市体重1.7千克左右，1.5千克以内未开啼的小公鸡最受欢迎，该市场对生长速度要求较高，对"三黄"特征要求较为次要，黄羽麻羽黑羽均可，胫色有黄有青也有黑。中速型：以香港、澳门和广东珠江三角洲地区为主要市场，内地市场有逐年增长的趋势；港、澳、粤市民偏爱接近性成熟的小母鸡，当地称之为"项鸡"。要求90日龄前后上市，体重1.5~1.7千克，冠红而大，毛色光亮，具有典型的"三黄"外形特征。慢速型：以广西、广东湛江地区和部分广州市场为代表，内地中高档宾馆饭店、高收入人员也有需求。要求100~120日龄上市，体重1.1~1.5千克，冠红而大，羽色光亮，胫较细，羽色和胫色随鸡种和消费习惯而有所不同；这种类型的鸡一般未经杂交改良，以各地优良地方鸡种为主。肉蛋兼用型：多数为黄羽或麻羽，具有较好的产蛋性能，当产蛋高峰期过后鸡群在300～360日龄淘汰，作为肉鸡销售。

然而，也有按照其他特征进行分类的，如按照羽毛颜色，优质肉鸡分为：黄羽（图1－1）、麻羽（图1－2）（包括大麻、中麻、小麻）、红羽（这种类型主要是指公鸡的羽毛颜色）、黑羽（图1－3）、芦花羽（图1－4）等；还有在羽色基础上再按胫部颜色划分的，如黄脚、青脚等。

图1－1　黄羽类型

图1－2　麻羽类型

目前，为了防止禽流感病毒对人所造成的威胁，国内许多大中型城市已经出台规定，禁止在市区内进行活禽交易，优质肉鸡必须屠宰后才能上市。这对于传统的优质肉鸡以活禽进行交易的经营方式形成了一个严峻的挑战，因此如何让消费者在鸡被屠宰后依然能够从某些特征上确认是优质鸡就显得非常重要。胫部和皮肤的颜色、喙的颜色、鸡冠大小等能够在屠体上显示出来的外貌特征就成为优质肉鸡育种、生产和经营的重要性状。

图1－3　黑羽类型

图1－4　芦花羽类型

在东南沿海地区，柴鸡（土鸡）的价格长期偏高，这类鸡属于没有经过系统选育、外貌特征不一致，生长速度较慢，头部较小、胫部较细的土杂鸡。此外，很多地方也把乌骨鸡纳入优质鸡范畴的。

第二节　优质肉鸡生产现状与发展趋势

优质肉鸡的生产经营模式主要采用公司+基地(农户)的方式运作。作为产业链条的龙头企业一般拥有种鸡场(包括种鸡选育场)、孵化厂、饲料厂和技术部,同时拥有商品鸡销售的渠道,基地(农户)则按照公司的要求建造鸡舍、用公司提供的饲料、药物和添加剂饲养公司提供的鸡苗,待到出栏时集中到公司进行销售。

传统上优质肉鸡的销售是以活鸡交易为主,到目前为止以这种方式进行交易的优质鸡依然占优质鸡交易总量的70%以上。但是,由于禽流感病毒感染人的问题,从20世纪90年代开始一些地方政府陆续出台政策,禁止(或在某个时期禁止)活禽交易,目前在较多的大中城市都开始禁止活禽交易。这项禁令对于优质肉鸡的生产和销售将会产生一定的影响。在禁止活禽交易的趋势下,冰鲜鸡将成为黄羽肉鸡产品上市的重要形式,销售模式的改变是我国黄羽肉鸡产业发展面临的又一大挑战。虽然已经有不少针对优质肉鸡屠宰加工销售的项目上马,但是目前这些深加工链条都是惨淡经营,面临很大的生存困难。主要原因在于:一是与白羽肉鸡相比,优质肉鸡屠体丰满度不够,卖相不好;二是冻品对肉质的影响很大,优质鸡的传统消费是以新鲜的为主;三是冰鲜鸡产品无法可靠地判断鸡的品种类型,质量好坏仅凭借感官难以区分。

经过多年的发展,优质鸡的产业发展水平虽然得到了一定提升,但仍存在着一些制约产业向更高层次发展的问题,这些问题主要体现在以下几个方面。一是产业化体系有待完善。如存在生产的集约化、现代化水平不高的情况;有经营方式单一、产品加工滞后的问题;良种繁育体系不够健全、品种(品系)选育程度低、特定疫病的净化不充分等因素都使产业化体系还不够成熟和完善。二是市场供求机制有待改善。随着国家经济水平的发展,传统的生产优势不再突出,如原料、人工、运输成本不断增加,使得养殖总成本增高,有人认为,优质鸡的生产成本已经达到白羽肉鸡的3倍;宏观调控不给力,市场混乱;产品价格波动幅度大等因素都暴露出市场供求机制的弊端。三是市场品牌战略有待推进。知名企业和知名品牌打造不力,能够在市场占有较大份额的企业或品牌不多;品种审定工作任重道远等问题都延缓了我国优质鸡产业向高端领域发展的步伐。四是标准化程度有待提高。不同品种的饲养标准欠缺,标准化的饲养体系不完善等问题都阻碍了我国优质鸡向标准化、现代化的方向发展。

加快制定优质肉鸡标准已经成为保障产业健康持续发展的迫切要求。未来活鸡交易市场受到限制，冰鲜鸡势必成为优质肉鸡上市的重要形式。但面对屠宰后的黄羽肉鸡，消费者仅凭感官难以正确识别优劣。而黄羽肉鸡行业内部缺乏统一标准，黄羽肉鸡饲养天数参差不齐，致使市场上的黄羽肉鸡品质好坏不一，容易造成消费者失去消费信心，导致行业发展更加艰难。为了能够促进黄羽肉鸡行业的健康持续发展，应该借鉴其他国家的经验，实施优质肉鸡"特定标签"制度，对肉鸡品种、养殖鸡舍、养殖周期等做出严格、具体的规定，并且配以严格的监督机制。完善的制度有助于保证黄羽肉鸡饲养品质，让消费者放心消费，也利于产业健康有序发展。

第三节　优质肉鸡生产的基本条件要求

现代优质鸡产业是一项系统工程，是多种相关技术条件的高度整合，如果在整个链条中的某一环节有欠缺或出现问题，整个生产经营过程就会受到影响。作为一个生产和经营管理人员要提高养鸡场的生产经营效果也必须做好这些基础性的准备工作。

一、要不断提高人员素质

现代养鸡企业处于激烈的竞争状态，能否在竞争中占有有利位置以不断使企业发展壮大，企业人员的职业素质是最重要的条件。要提高企业生产经营水平就必须不断地提高管理人员和工作人员的素质。

1. 要选拔较高素质的人员充实管理和生产队伍

作为企业的管理和生产一线人员应具备的素质主要有三方面。

(1) 要有高度的责任意识　工作人员要有高度的敬业精神，力求干一行爱一行专一行，努力成为本行业的行家里手；具有积极向上的劳动态度和艰苦奋斗精神；保持高昂的工作热情和务实精神。高度的责任意识体现在每个人要明确自己工作岗位的职责，并落实好自己的职责。在养鸡生产中对从业人员的责任意识要求更高，因为鸡群的生理状况、健康状况、生产性能容易受各种外界因素的影响。很多细微的工作环节对生产影响很大，如育雏需要昼夜值班以观察雏鸡对周围环境的反应，免疫接种时需要保证疫苗接种的数量、部位的准确性，在孵化过程中需昼夜值班以了解孵化设备的运行是否正常等。

如果对工作的责任心不强、处理问题粗心则常常导致不良的后果。

(2)要有良好的技术素质　养鸡生产是一门专业技术,很多产品、用品、设备都是高技术的成果,其中的每个环节看似简单,但是要真正做好并不是件容易的事情。因此,不仅要求技术人员有扎实的专业理论、熟练的专业技能,还要注意培养技术工人,后者对生产效果的影响更大。

(3)要有良好的管理素质　管理者的管理素质从根本上说就是提高企业的组织管理效率的能力。管理人员如果不能很好地确定经营理念,制定经营策略,加强企业内人事、财务、物资、技术和质量管理,则很难在市场竞争中站稳脚跟。

2. 要定期开展技术交流和培训

科技在不断进步,新工艺、新产品、新方法都在不断地发生变化,一个企业要在发展中不落后于别的企业就需要不断更新观念,及时引进新技术、新工艺和新产品。因此,作为现代化优质鸡生产企业必须定期邀请专家到企业开展讲座,提高鸡场管理人员、技术人员的专业素质。同时,要在场内定期进行工作交流,把生产中的经验、教训进行分析和总结,探索适合本场实际的工作内容和方法。要购买一些专业书籍、订一些专业刊物,规定一些学习时间,使学习成为技术和管理人员的自觉行为。

现实生产中常见的问题是优质鸡养殖场(尤其是中小型养殖场)从业者大多数文化素质不高,对专业知识和技能掌握得不够好,这也是优质鸡产业在市场竞争中常常有一些企业被淘汰的重要原因。

二、善于把握市场变化合理安排生产

养殖业生产是我国跨入市场运行机制最早的产业,产品的价格受市场需求(供求)的影响很大。因而,鸡场的生产经营效益也在很大程度上受产品的市场价格影响。近年来,优质鸡产品的市场供需情况一直处于波动的过程之中,鸡场的效益同样也在经历这种波动。如在低谷期优质鸡的雏鸡价格每只仅有 0.5 元左右,而在行情看好的时期能够达到每只 3 元以上,大多数时间鸡苗的价格在每只 2 元上下波动。同样,以中速型优质鸡商品鸡为例,每千克的价格高的能够达到 15 元,而低的可能只有 8 元左右。

作为优质鸡生产和经营者来说,在进行投资之前需要对市场的需求进行广泛的调查,了解市场对某种产品的需求量和供应情况。以此作为调节本场种鸡或商品鸡饲养时间和数量的依据,把种蛋、雏鸡和商品鸡上市的主要阶段安排在市场价格最好的时期。

现实生产中，有很多因素会影响优质鸡市场价格的变化（如优质肉鸡的上市量、主要消费地区有无禽流感疫情、季节因素、鸡苗价格、饲料价格、其他畜禽产品价格等），而大多数鸡场经营者缺少对这些因素的综合分析能力，往往是根据经验来确定鸡群的养殖量或淘汰时间，这就容易造成经营亏损的问题。

三、选择合适的经营方式

优质肉鸡的经营方式主要有两种：自产自销型和“公司＋农户”型。

1. 自产自销型经营方式

多为一些小型养殖场（户）所采用，根据对市场的分析购买鸡苗，饲养到上市体重进行出售。出售方式可能是联系鸡贩子，一次性将鸡售出；也可能是自己零散出售。对于养殖场（户）来说这种经营方式存在较大的市场风险，如果没有对市场进行分析和把握，遇到行情较差的时期可能会因为鸡的销售价格低或鸡群无法按时出售而导致亏损。

2. “公司＋农户”经营方式

这是目前一些大型优质肉鸡公司所普遍采用的一种紧密合作型经营模式，如广东温氏集团、江苏立华公司等。对于小型养殖场（户）来说，与公司签订养殖合同，公司提供鸡苗、饲料、药品和技术指导，鸡养成后按照合同约定价格由公司集中收购。这种方式在签订合同时一般都是有保底价格，只要饲养管理和卫生防疫方面不出现较大的问题，养殖场（户）都是有利润的。对于小型养殖场（户）来说，这是一种比较稳定的经营方式，但是在选择公司的时候要多了解公司的实力，一些经济实力不够的公司在遇到持续性市场行情不好的情况下是无法支撑下去的。

四、优质鸡的品种质量要好

品种质量是优质鸡安全生产的重要基础，没有优秀的种鸡就没有健康优质的商品肉鸡。作为优良品种应该具备的条件有以下几点：

1. 产品符合市场需要

在国内不同地区对优质鸡的外貌特征、生长速度的要求差异很大，只有商品优质肉鸡符合市场的需要才能够以理想的价格顺利地销售。有的地方喜欢三黄鸡、有的地方喜欢麻鸡、有的喜欢芦花鸡；有的喜欢黄腿鸡、有的喜欢青腿鸡;有些地方喜欢吃生长期较长的慢速型优质鸡,有的地方则喜欢体形较大的优质鸡;更有一些地方喜欢具有特殊外貌特征的优质鸡(如贵妃鸡等)。只有了解自己所饲养优质鸡的主销地区消费者对鸡外貌特征的需要,再合理选择所饲养的品种(配套系),才能保证产品有较好的销路。如在山东、四川、湖北等省份大体型的红羽或黄羽、麻羽公鸡销售较好,在河南生长速度较快、体型丰满的黄羽或麻羽优质鸡销售量较大,而在浙江、广东和港、澳地区生长期较长的慢速型母鸡更受欢迎。

2. *要有良好的生产性能*

与蛋鸡配套系或白羽肉鸡配套系相比,我国优质鸡的育种历史较短,育种技术也相对落后,各地优质鸡的种鸡繁殖力差别较大,有的品种(配套系)64周龄产蛋量能够达到180多个,而有的仅有130多个;商品优质肉鸡的生长速度也不一样,同样是快大型优质鸡(黄鸡或麻鸡)其50日龄公鸡的体重有的能够达到2.5千克,有的仅为2千克。由此可见,选择生产性能高的品种对于提高生产水平是十分重要的。

3. *要有良好的适应性和抗病力*

不同品种(配套系)的适应性有差异,有的品种在某些地区(尤其是原产地)能够表现出良好的生产水平,但是引种到其他地区后则生产性能或抗病力明显下降。这就需要考虑拟饲养优质鸡品种的适应性。

优质鸡在育种过程中有很多种鸡场不重视垂直传播疾病(如鸡白痢、淋巴白血病、败血支原体等)的净化,一旦被引种后其自身生产性能偏低,其后代的健康和生产性能也会受很大影响,这在目前已经成为优质肉鸡健康养殖生产中的一个重要问题。

在优质鸡生产实践中常见的问题是品种比较混乱,没有经过国家审定的一些所谓的优质鸡品种在市场上流通,给正规的企业造成很多麻烦;有相当一部分种鸡场对特定传染病(垂直传播的疾病)净化不严格,给商品优质鸡的健康生产带来较多问题;有的品种(配套系)育种时间较短,外貌特征尚不一致,生产中出现杂色羽毛或不同胫色的情况较多见;在市场行情较好的时候,一些场家使用商品代优质鸡作为种鸡进行扩繁,后代雏鸡的质量无法得到保证。

五、要有良好的生产设施与环境

优质鸡生产的设施设备条件包括鸡场地址、场区内的规划布局、各种房舍、各种生产设备以及场内绿化、交通、排污等。良好的生产设施能够为鸡群提供一个良好的生活和生产环境，能够有效地缓解外界不良条件对鸡群的影响。此外，还可以降低生产成本、改善劳动条件、提高劳动效率。

优质鸡生产的绝大多数环节都是在舍内进行的，鸡舍内环境对鸡群的健康和生产有着直接影响。由于生产设施对鸡舍内环境影响很大，能否保持舍内环境条件的适宜是衡量生产设施质量的决定因素。良好的生产设施能够有效缓解外界不良气候条件对鸡舍内环境的影响，能够使鸡舍内环境可控。目前，一些企业生产的环境控制设备能够探测鸡舍内若干部位的各项环境指标（如温度、湿度、光照强度、氨气含量等），根据设定的条件可以实现自动调控。

鸡舍建造和设备的投资也是生产成本的重要组成部分，合理利用当地资源，在保证设施牢固性和高效能的前提下降低投资也是降低生产成本的重要途径。

优质鸡的生产环境还包括环境污染防控，环境污染是造成当前我国优质鸡生产过程中疫病问题频发并难以有效控制的根本原因，也是造成鸡群生产能力低下的重要原因，同时也是影响鸡肉质量安全的重要隐患。许多优质鸡养殖场户由于在生产中不注意粪便、污水和病死鸡的无害化处理，导致生产环境被严重污染，如土壤、地下水被有机物、有害元素、微生物污染，建筑物表面、设备工具表面、草木、道路等被粉尘、微生物污染，使鸡群生活在一个充满威胁的环境中，任何因素造成的机体抵抗力下降都可能导致疾病的发生。现代优质鸡生产要求实现清洁生产，其实它的重要本质就是及时收集、合理处理各种污染物，减少对鸡场环境的污染，再通过其他综合性卫生防疫措施的实施，保证鸡群的健康。

在现实生产中常见的问题是一些场的场址选择不合理，隔离效果不好，排水效果差，鸡场内规划混乱，净道和污道相连，鸡舍建筑材料的保温隔热性能差，自动化程度低，鸡舍内环境不佳，鸡场的污染比较严重，这都在影响着鸡群的健康生产。

六、合理配制和使用全价饲料

优质鸡的生产性能是由遗传品质所决定的，而这种遗传潜力的发挥则很大程度上受饲料质量的影响。没有优质的饲料任何优良品种的鸡都不可能发挥出高产的遗传潜力。优质鸡的风味和某些外观性状（如皮肤颜色的深浅、脂肪的颜色等）不仅取决于其遗传基础，而且在很大程度上受饲料组成和质量的影响。

由于鸡自身的生物学特性和不同类型鸡群饲养目的的不同，它们各自对饲料配合要求有明显的区别，必须按照不同类型、阶段鸡的生产要求配制饲料。饲料的选择使用不准确势必会影响鸡群生产性能的发挥。

饲料质量对鸡群的影响是多方面的。一是直接影响鸡的生产水平，饲料质量不符合特定鸡群的需要就会使该鸡群生产性能偏低；二是影响产品质量，如屠体中脂肪含量、蛋黄的颜色深浅、肉蛋中有些营养素（如维生素、微量元素、不饱和脂肪酸等）的含量等，有些饲料营养成分还能够进入肉或蛋内，进而影响肉和蛋的质量；三是影响鸡群的健康，如果某种营养素缺乏或过多就会出现营养缺乏症或中毒，而且有的营养素还与机体的免疫力形成有关。

生产实践中，优质鸡饲料方面存在的主要问题：一是许多种鸡场（育种公司）没有制定本公司种鸡或商品代优质鸡的饲养标准和体重发育控制标准，让养殖场在配制饲料的时候无据可依，还有的育种公司提供的饲养标准是没有科学依据的，对其用户会造成误导；二是对饲料原料的质量把关不严，一些发霉的饲料原料（如玉米等）或其他劣质原料常常被使用；三是有的饲料公司配制饲料时添加的维生素和微量元素不足。

七、加强卫生防疫管理，保证鸡群健康

我国优质鸡生产主要采用“公司＋农户”的模式，商品鸡群集中在广大养殖户，呈现出大群体、小规模分散饲养的生产和经营方式，给疫病的防治工作带来很大困难，也使疫病成为当前威胁优质鸡生产发展的主要障碍。

疫病的频繁发生和难以根治不仅导致鸡群死亡率增加、生产水平下降，生产成本增高，而且还直接影响到产品的卫生质量。一些优质鸡养殖场、户在生产中常常使用药物预防和治疗鸡病，但是由于缺少确诊手段而出现防治效果不佳，药物滥用问题。

优质鸡生产过程中疫病的防治不仅要从思想认识上给予高度重视，还需要采取综合性的卫生防疫措施，把预防工作放在首位。单纯依靠某一项措施或方法是难以达到防治目的的。

在生产实际中有关疾病防控的问题是最常见的问题，也是被广泛关注却没有得到有效控制的问题。主要原因在于鸡场的隔离条件措施不足、综合性卫生防疫制度和措施不完善而且落实不到位、粪便和病死鸡的无害化处理没做好造成鸡场环境的污染、疫苗或药品的选择使用把关不严、缺少疫病的确诊

设备和技术人员。

八、研究和落实规范的生产管理技术

饲养管理技术实际上是有关鸡场生产设施设备、环境条件控制、饲料配制与使用、种质品种管理、卫生防疫制度与措施的落实等各项条件按照不同鸡群的特点和生产目的经过合理配置形成的一个新的体系，包含了上述各环节的所有内容。

生产管理技术要用生产管理制度和生产管理规程来体现，它要求根据不同生产目的、生理阶段、生产环境和季节等具体情况，选择恰当的配合饲料、采取合理的喂饲方法、调整适宜的环境条件、采取综合性卫生防疫措施。满足鸡的生长发育和生活需要，创造达到最佳的生产性能的条件。

九、要具备一定的经济基础

作为优质鸡生产需要有一定的经济基础做后盾，这不仅关系到正常条件下鸡场的固定投入和生产运行过程中的流动资金投入，也包括在市场低迷的阶段抵御资金风险的经济实力。在采用“公司＋农户”模式条件下，一般来说养殖户投资的主要是场地和鸡舍及设备，加上饲养过程中的人员工资、水电和燃料支出，这些在初始阶段一只商品优质肉鸡的固定投资需25～35元；而公司会负担鸡苗、饲料、药物和疫苗的成本，当鸡养成由公司回收销售后再从销售款中扣除这些成本。一般的公司都会与合作养殖户签订肉鸡回收合同，制定最低保护价，养殖户的效益比较稳定。

作为自养模式生产优质鸡则需要承担固定投资和饲养过程中的各项投入，其效益受市场肉鸡价格变化的影响很大。一旦遇到市场持续低迷的情况，如果没有后续资金来维持则很可能出现亏损甚至倒闭的结局。十多年来，在市场竞争过程中被淘汰的大都是那些资金实力较小的个体自养模式的养殖户。

十、要有科学的决策水平

对鸡场决策者来说优质鸡生产也需要科学决策，否则在现有条件下很难获得理想效益。生产经营中每件事都需要决策，但是重要的决策事件包括：饲养什么品种（配套系），种鸡引进的时间、数量，种鸡淘汰时间，采用何种生产经营模式，商品鸡的饲养时间和数量，采用哪种饲养方式，使用什么样的饲料和药物，投入哪些生产设备，产品销到哪里或销给谁，如何争取政府的惠农政策和资金等。

科学地决策需要决策者要广泛收集市场信息并加以分析和利用，需要权衡每一个决定的利与弊，尽可能避免所做决定的盲目性。

第二章　优质肉鸡养殖设施与设备

养殖设施与设备包括鸡场的场址所处位置、大小和形状，鸡场内的各种建筑物、道路、各种生产设备等，属于鸡场的硬件条件。目前，在我国的优质肉鸡生产中，有很多养殖场户的硬件条件较差，这给鸡群的生产环境带来很多问题，也在很大程度上影响了鸡群的健康和生产性能，同时也不利于提高劳动生产效率和改善生产与生活环境条件。因此，在现代优质鸡健康养殖方面，很重要的一个环节就是改善或提高养殖设施和设备条件。

第一节　优质肉鸡场的选址与规划

一个鸡场的选址和规划决定了该鸡场以后的生产条件和运行效率，也在很大程度上影响着鸡场内环境，尤其是对于卫生防疫来说影响更突出。

一、场址选择

一个理想的优质鸡场场址，应该符合以下几个条件：能够满足基本的生产需要，包括饲料、水、电、供热燃料的供应和运输；要有足够大的面积用于建设鸡舍，储存饲料、堆放垫草及粪便，控制风、雪和径流，能消纳和利用粪便；要有适宜的周边环境，包括地形和排污，自然遮护，与居民区和周边单位保持足够的距离和适宜的风向，可合理地使用附近的土地，符合当地的区划和环境距离要求。

在进行场址选择的时候要考虑自然条件、社会条件等因素。

（一）自然条件因素

1. 地势地形

地势是指场地的高低起伏状况；地形是指场地的形状、范围以及地物——山岭、河流、道路、草地、树林、居民点等的相对平面位置状况。优质鸡场的场地应选在地势较高、干燥、排水良好、较为平坦和向阳背风的地方。

（1）平原地区　一般场地比较平坦、开阔，场址应注意选择在相对于周围地段稍高的地方，以利排水。地下水位要低，以低于建筑物地基深度 0.5 米以下为宜。目的在于防止雨后场区内积水和潮湿。因为，对于优质鸡养殖来讲，潮湿的环境会带来诸多不利影响，如垫料发霉、饲料变质、疾病增多、羽毛脏污、设备锈蚀、生产操作不便等。

（2）在靠近河流、湖泊、水库的地区　场地要选择在较高的地方，应比当地水文资料中最高水位高 1 米以上，以防涨水时受水淹没。与水位线的距离不应少于 500 米，如果这些水源属于饮用水的水源，则要求与水源的距离不少于 1 000 米，而且生产污水不能向这些水源中排放。

（3）在丘陵和浅山区　建场应选在稍平的缓坡上，坡面向阳，总坡度不超过 25%，建筑区相对坡度应在 2.5% 以内。坡度过大，不但在施工中需要大量填挖土方（这对于保持地基的稳定不理想），增加工程投资，而且在建成投产后也会给场内运输和管理工作造成不便。在山沟内建场要注意沟内有一定面积的平缓地区用于修建鸡舍，而且要能够防止雨后出现山洪对鸡舍安全的影响。山区建场还要注意地质构造情况，避开断层、滑坡、塌方的地段，也要避开坡底和谷地以及风口，以免受山洪和暴风雪的袭击。

2. 水源水质

水源是指鸡场用水的来源途径，水质则是指水中矿物质的种类和含量、细菌总数、酸碱度、悬浮物的量等指标。了解水源水质状况是为了便于计算拟建场地地段范围内的水的资源，供水能力，能否满足养殖场生产、生活、消防用水要求。水源水质关系着养鸡生产和员工生活用水与建筑施工用水，要给以足够的重视。在确定鸡场水源的时候首先要了解水源的情况，如地面水（河流、湖泊）的流量，汛期水位；地下水的初见水位和最高水位，含水层的层次、厚度和流向等。一般的优质鸡养殖场使用的是地下水，规模较大的场应该使用深井水；由于距离村镇有较远的距离，一般不使用城市自来水；在一些山区如果使用溪流中的地表水则应提前对水质进行分析，而且水质能够保持相对稳定。对水质情况需要通过物理、化学和生物污染等方面的化验分析，了解其酸碱度、硬度、透明度，有无污染源和有害化学物质等。

在仅有地下水源地区建场，第一步应先打一眼井。如果打井时出现任何意外，如流速慢、泥沙或水质问题，最好是另选场址，这样可减少损失。对养鸡场而言，建立自己的水源，确保供水是十分必要的。

此外，水源和水质与建筑工程施工用水也有关系，主要与砂浆和钢筋混凝土搅拌用水的质量要求有关。水中的有机质在混凝土凝固过程中发生化学反应，会降低混凝土的强度，锈蚀钢筋，形成对钢混结构的破坏。

3. 地质土壤

建场前要对鸡场所处地段的地质状况进行深入了解，主要是收集工地附近的地质勘查资料，地层的构造状况，如断层、陷落、塌方及地下泥沼地层。对土层土壤的了解也很重要，如土层土壤的承载力，是否是膨胀土或回填土。膨胀土遇水后出现膨胀，容易导致建筑物的基础破坏，不能直接作为建筑物基础的受力层；回填土土质松紧不均，会造成建筑物基础不均匀沉降，使建筑物倾斜或是地基沉陷、墙体断裂。遇到这样的土层，需要做好加固处理，不便处理的或投资过大的则应放弃选用。此外，还可以了解拟建地段附近土质情况，对施工用材也有意义，如沙层可以作为砂浆、垫层的骨料，可以就地取材节省投资。

4. 气候因素

主要了解与建筑设计有关和影响鸡场小气候的气候气象资料，包括平均气温、绝对最高与最低气温、土壤冻结深度、降水量与积雪深度、最大风力、常年主导风向、风频率、日照情况等。

气温资料不但在鸡舍热工设计时需要，而且对鸡场防暑、防寒措施及鸡舍朝向、遮阳设施的设置等均有意义。风向、风力、日照情况与鸡舍的建筑方位、朝向、间距、排列次序均有关系。

（二）社会条件因素

1. 地理位置

鸡场场址应尽可能接近饲料产地和加工地，靠近产品销售地，确保其有合理的运输半径。鸡场要求交通相对便利，特别是大型集约化商品场，其物资需求和产品供销量极大，对外联系密切，故应保证交通方便。鸡场场外应通有公路，但不应与主要交通线路相距过近。主干道是车辆来往较多的道路，如果与主干道距离太近则车辆产生的噪声、车辆及运载物品所携带的微生物和寄生虫都可能会对鸡场的安全生产造成威胁。为确保防疫卫生要求，避免噪声对健康和生产性能的影响，鸡场与主要干道的距离一般在300米以上。按照畜牧场建设标准，要求距离国道、省际公路500米；距省道、区际公路300米；一般道路100米。对有围墙的畜牧场，距离可适当缩短50米。

鸡场与人员来往频繁的地方要有较大距离，以减少相互影响。一般要求距居民区1 200米以上，与学校、集市的距离不少于1 500米。一些与居民区或学校相距较近的鸡场在生产过程中会遇到很多问题，如鸡场内产生的臭味、粉尘、苍蝇、老鼠、排放的污水等污染了人们的生活、学习环境，造成相互之间矛盾的发生；居民自己饲养的猪禽、宠物可能会携带有病原体，可能会通过飞鸟及灰尘等传播到鸡场，危害鸡群的健康。

2. 水电供应

对于优质鸡生产来说，水的供应是非常重要的，不仅鸡群每天需要饮水，人员的生活需要水，鸡舍内外的冲洗消毒也离不开水，夏季鸡舍的降温也离不开水。供水及排水要统一考虑，供水一般都是在本场打井修建水塔；采用深层水作为主要供水来源或者作为地面水量不足时的补充水源。水井的出水量要充足，按照一般需要计算，一只鸡每天需要消耗水约2米。室外水管要有隔热保护，防止夏天暴晒和冬季结冰。

鸡场生产、生活用电都要求有可靠的供电条件，一些生产环节如孵化、照明、育雏加热、机械通风等电力供应必须绝对保证。因此，需了解供电源的位置，与鸡场的距离，最大供电允许量，是否经常停电，有无可能双路供电等。通常，建设鸡场要求有Ⅱ级供电电源。在Ⅲ级以下供电电源时，则需自备发电机，以保证场内供电的稳定可靠。为减少供电投资，应尽可能靠近输电线路，以缩短新线路敷设距离。

3. 疫情环境

鸡场的场址选择最重要目的就是要考虑有利于卫生防疫工作，如果鸡场已经被污染或容易被周围环境污染都将会为鸡群的健康生产带来严重的后果。为防止鸡场受到周围环境的污染，选址时应避开居民点的污水排出口；不能将场址选在化工厂、屠宰场、制革厂等容易产生环境污染企业的下风向或附近。与其他畜牧场之间必须保持足够的安全距离，直线距离不能少于500米。

目前，在养鸡场的场址选择时多趋向于以下几个思路：远离村庄密集的地区、远离养殖场密集地区、远离工业企业聚集区、远离自然隔离条件不好的地区。有实力的公司常常把鸡场建在浅山丘陵地区，这样既能够减少对农田的占用，也能够符合上述“四个远离”的要求。

为了防疫工作的需要，一个养鸡场的场区必须是相对独立的，能够与外界有很好的隔离效果。除鸡场大门外，从鸡场周围其他地方不能靠近鸡场。如有的在山沟里建场，将大门建在山沟口，无关人员和车辆就无法进入山沟内。

（三）其他因素

1. 土地征用

选择场址必须符合本地区农牧业生产发展总体规划、土地利用发展规划和城乡建设发展规划的用地要求。必须遵守十分珍惜和合理利用土地的原则，不得占用基本农田，尽量利用荒地和劣地建场。大型养殖企业分期建设时，场址选择应一次完成，分期征地。近期工程应集中布置，征用土地满足本期工程所需面积；远期工程可预留用地，随建随征。以下地区或地段的土地不宜征用：①规定的自然保护区、生活饮用水水源保护区、风景旅游区。②受洪水或山洪威胁及有泥石流、滑坡等自然灾害多发地带。③自然环境污染严重的地区。

一些城市和村镇在一定区域内规划有“禁养区”和“限养区”，不能在这些区域内建场。

2. 与周边环境的协调

鸡场和蓄粪池应尽可能远离周围住宅区，以最大限度地驱散臭味、减轻噪声和减低蚊蝇的干扰，建立良好的邻里关系。

应仔细核算粪便和污水的排放量，以准确计算粪便的储存能力，并在粪便最易向环境扩散的季节里，储存好所产生的所有粪便，防止深秋至翌年春天因积雪、冻土或涝地使粪便发生流失和扩散。建场的同时，最好是规划一个粪便综合处理利用厂，化害为益。要充分考虑附近的农田（包括农作物种植、果园、蔬菜和瓜果种植、园林苗木培养等）的有机肥使用量，使生产出的鸡粪能够被附近农田消纳，减少环境污染。

在开始建设以前，应获得市政、建设、环保等有关部门的批准，此外，还必须取得实用法规的施工许可证。

3. 要考虑城镇发展规划

近年来，农村小城镇发展很快，尤其是在经济比较发达地区小城镇扩张速度更快。因此，在选择场址的时候要了解当地的村镇发展规划，避免在建成后不长的时期内被强制拆迁。

4. 环境保护要求

新建规模化养殖场都需要通过环境评价，取得环保局给予同意建设的批文后才能开始建设。因此，在建场之前必须先进行环评。要注意的方面包括鸡场对周边环境的污染可能性、鸡场污染物的这类和产生数量、污染物的无害化处理方法与设施等。

二、场区规划

优质鸡养殖场内的小区可以分为生产区、办公区、生活区、辅助生产区、粪污处理区等区域。但是，在生产实际中根据不同的规划方案（生产工艺），这些小区也可能不会在一个场内都存在，如采用“公司＋农户”经营模式的情况下一个商品优质鸡养殖场（户）可能只有鸡舍（生产区）和生活用房（食宿等），其他如办公区、辅助生产区和污物处理区有可能不纳入设计范畴内。有的规模较大的优质鸡场，也有可能会把办公区设在城镇，在鸡场内主要是生活区、生产区、辅助生产区和污物处理区。总体规划要综合考虑鸡舍朝向、鸡舍间距、道路、排污、防火、防疫等方面的因素。

（一）布局原则

1. 有利于卫生防疫工作

鸡场内各种设施的位置确定必须依据有利于卫生防疫工作的开展，减少不同功能小区之间以及不同鸡舍之间的相互影响。避免净道和污道的交叉；

避免一个鸡舍的排风口与另一个鸡舍的进风口靠得太近。

2. 有利于提高生产效率

各个生产设施布局时要减少工作中人员和车辆的往返次数和路程，道路的设计也要减少折返的情况。

3. 各区优先顺序

按主导风向，地势高低及水流方向依次为生活区、办公区、辅助生产区、生产区和污粪处理区。如地势与风向不一致时，则以主导风向为主。

4. 有利于提高土地利用效率

合理规划能够在有限的土地范围内饲养较多数量的优质鸡，而且能够保证鸡场内良好的环境条件和卫生防疫条件，也能够充分利用空闲土地种植经济作物或林果。

5. 有利于鸡场的美观

环境美观不仅能够有一个良好的外在形象，也能够使场内工作人员有一个好的心情，有助于提高管理效果。

（二）各小区的功能

1. 办公区

办公区是养鸡场对外交流和对内落实管理措施的行政机构所在地。包括行政办公室、接待室、财务室、会议室、档案室等。规模小的场一般把办公室布局在鸡场的前部，大中型规模的鸡场常常把办公区设置在城镇中，方便与外界的交流沟通，减少对鸡场生产安全的威胁。而且，通过远程监控系统可以将鸡场内各个部位的情况传输到办公室的电脑屏幕上，实施远程管理和指导。这种方式也是今后推广的模式。

2. 生活区

生活区是鸡场员工吃饭、休息、住宿的场所。包括餐厅、宿舍、娱乐室、卫生间、洗浴房等。

3. 生产辅助区

主要包括配电室、水泵房、车库、蛋库（种鸡场）、维修库、饲料库（有的还有饲料加工车间）、药品添加剂室、化验室等。这些库房常常位于生活区与生产区交界处。

4. 生产区

主要是鸡舍、道路和绿化等设施，是养鸡场内的主要区域。如果是商品肉鸡场鸡舍的类型基本是相同的；如果是种鸡场则可能有不同类型的鸡舍用于饲养不同阶段的种鸡。

5. 污物处理区

包括粪便堆放处理、病死鸡处理、污水处理等设施，一般要求在鸡场的下风向并与生产区保持一定的距离、有隔离设施。

（三）鸡场内的道路设计

1. 道路类型

鸡场中的道路按照其功用分为净道和污道。净道是供工作人员平时行走、运输饲料的车辆通行的专用道，一般设置在鸡舍的前端；污道是清理鸡粪或其他污物的专用道，一般设置在鸡舍后端。净道和污道不能交叉，以防相互污染。

2. 净道设计

净道一端与鸡场生产区消毒室（池）向对应，进入生产区的人员和车辆经过消毒后通过净道进入生产区。净道的宽度一般为6米左右，能够保证两辆车的正常通行，道路中间略高于两侧以利于排水；净道两侧有排水沟，主要用于雨后排出积水。净道与鸡舍前端门之间有支道连接，支道的长度和宽度一般均为3米左右。

3. 污道设计

污道常常是与鸡场通往排污区的大门连通，主要由于运送鸡粪、废垫料、病死鸡及其他废弃物。污道宽度不应少于5米，在其内侧一般设有污水排放沟。在污道与鸡舍末端大门之间也有支道连接，长度和宽度一般也均为3米。

（四）鸡场内的给排水设计

1. 给水设计

鸡场的位置一般都与城镇相距较远，使用自来水不方便，水源主要是深井水，井的深度一般不少于50米。取水设备一般使用无塔供水系统。

从储水罐到鸡舍之间的水管一般沿净道的一侧铺设，通过支管道连接主水管和鸡舍内的水管。水管应埋在地下0.5米的深度以防止冬季水管中的水结冰、预防夏季水管内的水被太阳晒热。

水管进入鸡舍后从地下引出，在通入饮水器的水箱之前一般需要在管道上安装过滤器和加药器。

通往鸡场办公和生活区的水管设计要求与上相同。

2. 排水设计

排水设计有分流制与合流制两种。分流制，是指污水管道和雨水管道分别采用不同管道系统的排水方式;合流制是指同一管渠内接纳污水和雨水的排水方式。为了减少对环境的污染,一般要求采用分流制排水设计,在排水系统中,雨水由雨水管渠系统收集就近排入水体或雨水管渠系统;污水则由污水管道系统收集,集中排到场区的粪污处理站。要注意不要将雨水排入需要专门处理的粪污系统中。

(1)排水设施设计

1)管道系统　包括集流场区的各种污废水和雨水管道及管道系统上的附属构筑物。管道包括接出管、小区支管、小区干管;管道系统上的附属构筑物种类较多,主要包括:检查井、雨水口、溢流井、跌水井等。

2)污废水处理设备构筑物　场区排水系统污废水处理构筑有:在与城镇排水连接处有化粪池,在食堂排出管处有隔油池,在锅炉排污管处有降温池等简单处理的构筑物。

3)排水泵站　如果小区地势低洼,排水困难,应视具体情况设置排水泵站。

排水管道布置应根据鸡场的总体规划、道路和建筑物的布置、地形标高、污水雨水流向等按管线短、埋深小、尽量自流排出的原则确定。

(2)污水管道的布置与敷设　排水管道宜沿道路和建筑物的周边呈平行布置,路线最短,减少转弯,并尽量减少相互间及与其他管线、道路间的交叉。检查井间的管段应为直线;管道与道路交叉时,应尽量垂直于路的中心线;干管应靠近主要排水建筑物,并布置在连接支管较多的一侧;管道应尽量布置在道路外侧的花坛或草地的下面。不允许布置在乔、灌木的下面;应尽量远离饮用水给水管道;与其他管道和建筑物、构筑物的水平净距离不少于3米。

场区内污水管道布置的程序一般按干管、支管、接入管的顺序进行,布置干管时应考虑支管接入位置,布置支管时应考虑接户管的接入位置。

敷设污水管道,要注意在安装和检修管道时,不应互相影响;管道损坏时,管内污水不得冲刷或侵蚀建筑物以及构筑物的基础和污染生活饮用水管道;管道不得因机械振动而被破坏,也不得因气温低而使管内水流冰冻;污水管道及合流制管道与给水管道交叉时,应敷设在给水管道下面。

污水管材应根据污水性质、成分、温度、地下水侵蚀性,外部荷载、土壤情况和施工条件等因素,因地制宜就地取材。一般情况下,重力流排水管宜选用埋地塑料管、混凝土或钢筋混凝土管;排至场区污水处理装置的排水管宜采用塑料排水管;穿越管沟、道路等特殊地段或承压的管段可采用钢管或球墨铸铁管，若采用塑料管应外加金属套管（套管直径较塑料管外径大200毫米）；当排水温度大于40℃时应采用金属排水管；输送腐蚀性污水的管道可采用塑料管。

为了整个场区的环境卫生和防疫需要，生产污水一般应采用暗埋管沟排放。暗埋管沟排水系统如果超过200米，中间应增设沉淀井，以免污物淤塞，影响排水。沉淀井不应设在运动场中或交通频繁的干道附近。沉淀井距供水水源至少应有200米以上的间距。暗埋管沟应埋在冻土层以下，以免因受冻而阻塞。

（3）雨水管道系统的布置　雨水管渠系统设计的基本要求是通畅、及时的排走场区内的暴雨径流量。根据场区规划要求，在平面布置上尽量利用自然地形坡度，以最短的距离靠重力流排入水体或场外雨水管道。雨水中也有些场地中的零星粪污，有条件也宜采用暗埋管沟，雨水管道应平行道路敷设且布置在花草地带下，以免积水时影响交通或维修管道时破坏路面。

雨水口是收集地面雨水的构筑物，场区内雨水不能及时排除或低洼处形成积水往往是由于雨水口布置不当造成的。场区内雨水口的布置一般根据地形、建筑物和道路布置情况确定。在道路交汇处、畜禽舍出入口附近、畜禽舍雨水落管附近以及建筑物前后空地和绿地的低洼处设置雨水口。雨水口沿道路布置间距一般为20～40米，雨水口连接管长度不超过25米。如采用方形明沟排水时，其最深处不应超过30厘米，沟底应有1%～2%的相对坡度，上口宽30～60厘米。

（4）场区雨水利用　为了节约水资源，可将雨水收集后经混凝、沉淀、过滤等处理后予以直接利用，用作生活杂用水如冲厕、洗车、绿化、水景补水等，或将径流引入场区中水调蓄构筑物。在旱季，设备常处于闲置状态，其可行性和经济性略差，但对于严重缺水地区是可行的。屋顶雨水收集设备见图2－1。

图2－1　屋顶雨水收集设备

第二节　优质肉鸡的生产设施

一、鸡舍的类型

在优质鸡生产中常见的鸡舍类型有以下几种。

（一）有窗鸡舍

有窗鸡舍（图2－2）是目前应用最广泛的鸡舍类型，这种鸡舍四面有墙，在前后墙上设置一定数量的窗户用于通风、采光；两端山墙上设置有门。窗户的数量、尺寸、形状、安装位置都会对通风和采光效果产生影响，根据通风量的需要决定打开窗户的数量，根据采光要求决定是否需要设置窗帘。由于这类鸡舍通过墙体、窗户、屋顶等围护结构能够形成全封闭状态的鸡舍形式，具有较好的保温隔热能力，便于人工控制舍内环境条件。它的特点是防寒较易，防暑较难，可以采用环境控制设施进行调控；舍内温度分布不均匀，必须加强鸡舍外围护结构的保温隔热设计，满足鸡群的要求；外界环境条件（尤其是光照强度和时间）对鸡舍内的环境条件有影响。

图2－2　有窗鸡舍

（二）密闭式鸡舍

密闭式鸡舍（图2－3）又称全封闭无窗鸡舍。这种鸡舍屋顶没有设置天窗；四面墙壁不设窗户，或设置少数的应激窗供停电时进行通风和采光，应激窗平时都被严密遮挡（不透风、不透光），舍内环境主要通过人工或仪器控制进行调节，造成鸡舍内的“人工气候”，使之尽可能地接近最适宜于鸡体生理机能的需要。在大型和部分中型养鸡场内这种类型鸡舍的应用有逐渐增多的趋势。

这种鸡舍的光照、加热、降温、通风等都需要安装相应的设备，其优点是室内各种环境条件都能够人为控制，能够按照不同周龄阶段鸡群的特点设置各项环境条件的变动范围，鸡群能够保持良好的健康状态和较高的生产性能。其缺点在于建设和运行成本较高。

图 2－3　密闭式鸡舍

（三）塑料大棚鸡舍

塑料大棚鸡舍（图 2－4）在商品优质肉鸡养殖场或养殖户中的应用较多，每个鸡舍的养鸡数量在 0.5 万～1.5 万只。其建筑的基本结构与蔬菜大棚有许多相似之处，优点在于建造成本较低，保温效果较好；缺点在于夏季防暑效果不佳，平时室内湿度容易偏高。

建造时要求前后墙的高度为 1.5 米左右，用土坯或砖块砌筑，每间隔 3 米开设一个窗户，窗户的高度约 0.7 米、宽度约 0.4 米用于通风和采光。两端山墙的形状和高度则依顶棚的形状而定。

塑料大棚鸡舍以钢管或以小毛竹为骨架，最里层铺一层无纺布以减少水珠的凝结，上面覆以双层塑料薄膜，并在双膜夹层中填充草类软性秸秆，有增强防寒和隔热效果。最外层使用油毡覆盖用于提高保温、防水效果。

图 2－4　塑料大棚鸡舍（左为内景，右为外景）

（四）卷帘式鸡舍

卷帘式鸡舍（图 2－5）是在敞棚式鸡舍的两侧壁安装卷帘，卷帘由升降机、帘子布、固定绳、伸展杆组成。当卷帘关闭后就如同密闭式鸡舍，打开一部分卷帘则如同有窗鸡舍，完全打开卷帘则像敞开式鸡舍。为了防止鸟类等动物进入鸡舍，在两侧壁要设置金属网(一般安装在卷帘的内侧)。

图2－5　卷帘式鸡舍

二、鸡舍的外围护结构

(一)地面与基础

1. 地面

鸡舍地面的基本要求坚实、致密、平坦、不硬、不滑，有利于消毒排污，保温、不冷、不渗水、不潮湿，经济适用。常见鸡舍地面类型鸡舍一般采用混凝土地面，它除了保温性能差外，其他性能均较好。

地面的防水、隔潮性能对地面本身的导热性和舍内小气候状况、卫生状况的影响也很大。地面隔潮防水不好是地面潮湿、鸡舍空气湿度大的原因之一。地面防水效果差会造成粪水及冲洗水渗入地面下土层。这样，微生物容易繁殖，污水腐败分解也易使空气污染，不利于卫生防疫。

2. 基础

基础是鸡舍地面以下承受鸡舍的各种荷载并将其传给地基的构件。它的作用是将鸡舍本身重量及舍内固定在地面和墙上的设备、屋顶积雪等全部荷载传给地基。它关系到墙和整个鸡舍的坚固与稳定状况。要求基础应具备坚固、耐久、抗机械作用能力及防潮、抗震、抗冻能力。常用的条形基础一般由垫层、大放脚(墙以下的加宽部分)和基础墙组成。砖基础每层放脚一般宽出60毫米。

基础受潮是引起墙壁潮湿及舍内湿度大的原因之一，故应注意基础防潮、防水。基础的防潮层设在基础墙的顶部，舍内地坪以下60毫米。基础应尽量避免埋置在地下水中。加强基础的保温对改善鸡舍环境有重要意义。

3. 地基

地基是基础下面承受荷载的土层，有天然地基和人工地基之分。总荷载

较小的简易鸡舍或小型鸡舍可直接建在天然地基上，可作鸡舍天然地基的土层必须具备足够的承重能力，足够的厚度，且组成一致、压缩性（下沉度）小而匀（不超过3厘米）、抗冲刷力强、膨胀性小、地下水位在2米以下，且无侵蚀作用。

常用的天然地基有：沙砾、碎石、岩性土层以及有足够厚度且不受地下水冲刷的沙质土层是良好的天然地基。黏土、黄土含水多时压缩性很大，且冬季膨胀性也大，如不能保证干燥，不适于做天然地基。富含植物有机质的土层、填土也不适用。

土层在施工前经过人工处理加固的称为人工地基，鸡舍一般应尽量选用天然地基，为了选准地基，在建筑鸡舍之前，应确切地掌握有关土层的组成情况、厚度及地下水位等资料，只有这样，才能保证选择的正确性。

（二）墙壁

墙壁是基础以上露出地面的、将鸡舍与外部空间隔开的外围护结构，是鸡舍的主要结构。以砖墙为例，墙的重量占鸡舍建筑物总重量的40%～65%；造价占总造价的30%～40%；其冬季通过墙散失的热量占整个鸡舍总失热量的35%～40%。一般还负有承载屋顶重量的作用。

墙体必须具备：坚固、耐久、抗震、耐水、防火、抗冻；结构简单、便于清扫、消毒；同时应有良好的保温与隔热性能。墙体的保温、隔热能力取决于所采用的建筑材料的特性与厚度。尽可能选用隔热性能好的材料，保证最好的隔热设计，是最有利的经济措施。受潮不仅可使墙的导热加快，造成舍内潮湿，而且会影响墙体寿命，所以必须对墙采取严格的防潮、防水措施。

在鸡舍建筑中，常采用双层金属板中间夹聚苯板或岩棉等保温材料的复合板块作为墙体，效果较好。其他使用的墙体材料还有砖、石、土、混凝土等。

（三）屋顶

屋顶是鸡舍顶部的承重构件和围护构件，它由支承结构（屋架）和屋面组成。支承结构承受着鸡舍顶部包括自重在内的全部荷载，并将其传给墙或柱；屋面起围护作用，可以抵御降水和风沙的侵袭，以及隔绝太阳辐射等，以满足生产需要。屋顶对于鸡舍的冬季保温和夏季隔热都有重要意义。屋顶的保温与隔热的作用比墙重要，因为舍内上部空气温度高，屋顶内外实际温差总是大于外墙内外温差；而其面积一般也大于墙体。屋顶除了要求防水、保温、承重外，还要求不透气、光滑、耐久、耐火、结构轻便、简单、造价便宜。在鸡舍建筑中采用的屋顶材料是彩钢瓦，如果用聚苯保温板，容重必须达到15千克/米^3

以上。

双坡式屋顶是最基本的鸡舍屋顶形式，目前我国使用最为广泛。这种形式的屋顶可适用于较大跨度的鸡舍和各种规模的不同畜群，同时有利保温和通风，且易于修建，比较经济。

拱顶式屋顶是一种省木料、省钢材的屋顶，一般适用于跨度较小的鸡舍。它有单曲拱与双曲拱之分，后者比较坚固。

单坡式屋顶一般用于容量较小的鸡舍，在优质肉鸡放养场地建的鸡舍有这种屋顶形式；平顶式的屋顶要用预制结构，横梁较大，建造成本高，使用很少。

钟楼式和半钟楼式屋顶是自然通风鸡舍屋顶通风结构方面的差异，半钟楼式屋顶使用较少。

常见鸡舍屋顶形式见图 2－6。

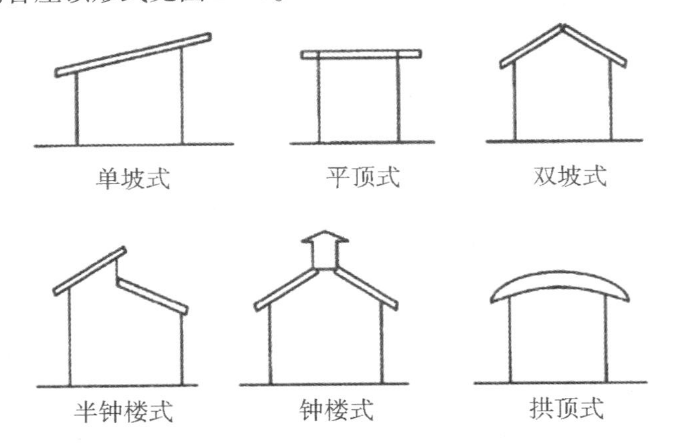

图 2－6　鸡舍屋顶形式

（四）顶棚

顶棚又名天棚、天花板，是将鸡舍与屋顶下空间隔开的结构。天棚的功能主要在于加强鸡舍冬季的保温和夏季的防热，同时也有利于通风换气。

天棚必须具备：保温、隔热、不透水、不透气、坚固、耐久、防潮、耐火、光滑、结构轻便、简单的特点。无论在寒冷的北方或炎热的南方，在天棚上铺设足够厚度的保温层（或隔热层），是天棚能否起到保温隔热作用的关键，而结构严密（不透水、不透气）是保温隔热的重要保证。常用的天棚材料有胶合板、矿棉吸音板等，在农村常常可见到草泥、芦苇、草席等简易天棚。

三、鸡舍的设计

(一)鸡舍设计应遵从的原则

1. 有利于卫生防疫

鸡舍能够控制闲杂人员的进入,能够防止鸟雀、老鼠等动物的进入,因为它们都是疫病的传播者;舍内地面要经过硬化处理,以便于清扫和冲洗;鸡舍之间要有适当的距离,能够减少相互之间的影响。鸡舍还要有利于排水和清除粪便。

2. 能够保持鸡舍内环境条件的相对稳定

不同阶段的鸡群对环境条件的要求有差异,尤其是环境温度和光照,而且要求各项环境条件要相对稳定。而自然气候条件在不同季节会有较大变化,并不是饲养肉鸡的最合适条件,一些恶劣的气候如风雨雷电、高温酷暑、冰雪严寒都会对肉鸡的生长发育和健康造成不良影响。鸡舍的屋顶、墙壁、门窗应该能够起到保温隔热和防风防雨效果,同时门窗也要有采光控制设备,这样才能够使舍内环境更适合肉鸡生产的需要。

3. 有利于生产管理操作

鸡舍的高度要合适,不影响灯泡的安装和人员的走动;鸡舍内的立柱位置要合适,有利于喂料和饮水设备的摆放并有利于添加饲料和饮水;舍内加热设备、喂饲设备的安放要不影响人员走动和鸡群活动;笼养鸡舍的笼具高度及安装要方便人员观察、检查。

4. 有利于安全生产

保证建筑设计的科学性和建筑材料的质量,防止房屋垮塌,尤其是遇到大风、暴雨暴雪天气,必须保证屋顶的牢固性和门窗的密闭性与外界能够较好地隔离,使鸡舍受外界因素的影响越少越好;注意防火要求,由于肉鸡生产中用电多,需要注意供电线路和电器设备的安全使用,由于经常需要加热,也需要注意防止加热设备发生问题;喂料、清粪等经常需要运行的设备要注意防止运转部位出现异常;风机的内侧要有金属网遮挡;电力线路的开关要在鸡舍内外分别安装。

5. 有利于节约用地

我国是土地资源紧缺的国家,减少耕地的占用是应自觉遵守的原则。除在鸡场场址选择时尽量少占用耕地外,在鸡舍设计时要充分考虑提高土地的利用效率,增加单位面积承载的鸡数量。如使用叠层式肉鸡笼、使用联体鸡舍等设计等。

6. 有利于节约投资

在鸡舍设计和建造过程中,应进行周密的计划和核算,根据当地的技术经济条件和气候条件,因地制宜、就地取材,尽量做到节省劳动力、节约建筑材料,减少投资。在满足先进的生产工艺前提下,尽可能做到经济实用。

(二)鸡舍设计

1. 鸡舍长度设计

(1)影响鸡舍长度的因素　鸡舍长度主要受场地的限制,也受房舍牢固性、自动化设备(喂料、清粪、纵向通风等)工作效率和鸡舍容量的影响。

地势狭窄的地方鸡舍的长度受场地的有些比较大。在地势开阔的地方建造鸡舍,场区内鸡舍的布局也会影响鸡舍的长度。通风方式对鸡舍长度的影响主要发生在采用负压纵向通风时。如果鸡舍的长度超过 80 米,风机在拉动舍内气流流动时所受的阻力大,影响通风效率。

(2)鸡舍长度设计　目前,由于有不同规模的鸡场共存,鸡舍的长度差异很大,短的有 20 米左右,长的有近 100 米。按照规模化肉鸡生产的一般要求,综合考虑各种影响因素,鸡舍的长度以 50 ~ 80 米为宜。

如果是采用笼养方式(包括种鸡和商品优质肉鸡)在实际设计过程中重点考虑鸡笼的长度和数量以及两端通道宽度,舍内鸡笼两端与山墙之间留的通道宽度,靠前端宽度在 3 米左右,末端宽度在 1.5 米左右。假设一组鸡笼的长度为 2.0 米。如一个长度 75 米(25 间房)的鸡舍,舍内的净长度为 74.5 米,每列放置 35 组鸡笼(长度为 70 米),靠前端走道宽度留 3.5 米,末端走道 1.5 米。

2. 鸡舍跨度设计

(1)影响鸡舍跨度的因素　主要有鸡笼宽度、走道宽度、鸡笼在鸡舍内的布局方式、屋顶材料、鸡舍牢固性、通风方式等因素。

(2)鸡舍跨度设计　如果是平养鸡舍可以用立柱支撑屋顶,不必过多考虑屋架的宽度和所用材料的规格,鸡舍的跨度设计具有较大的灵活性。如果是笼养鸡舍,不同的鸡笼其宽度不同,如采用 3 层全阶梯全架鸡笼其宽度为 2.18 米,走道宽度为 0.8 ~ 1.0 米。鸡笼在舍内的排列方式有多种,如果使用 3 层全阶梯全架鸡笼采用 3 列 4 走道排列方式,3 列鸡笼的宽度为 2.18 米 ×3(6.54 米),4 个走道的宽度为 3.2 米,鸡舍内净跨度为 9.74 米,示意图见图 2 -7。

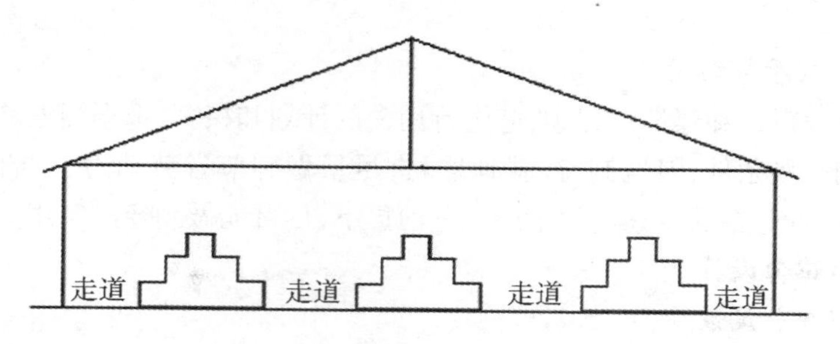

图 2－7　鸡笼 3 列 4 走道布局方式

鸡舍结构和所使用的建筑材料对鸡舍跨度的影响也很大。鸡舍的屋顶结构有"人"字形、拱形、平顶、波形等多种,"人"字形屋顶的鸡舍不适宜跨度大;鸡舍的宽度还受屋顶建筑材料的影响,屋顶为木质结构时宽度不宜超过 7 米,否则需要的材料规格太大,成本高、牢固度低;使用轻钢结构或钢筋混凝土结构则可以使鸡舍的跨度加大。

通风方式也影响鸡舍的跨度,采用自然通风方式的鸡舍其跨度不宜超过 7 米,否则会造成通风不畅,舍内气流分布不均匀等问题;采用横向机械通风方式的鸡舍其跨度在 5 ~ 7 米都是适宜的;采用纵向机械通风方式的鸡舍则可以采用更大的跨度。采用自然通风或横向通风时是否设置天窗也会影响鸡舍跨度的设计,如果安装天窗则可以适当增加鸡舍的跨度。

有的为了加大鸡舍跨度,在鸡舍内设置 1 或 2 列立柱用于支撑屋顶,对于笼养鸡舍要注意立柱应与笼具底部外缘位置靠近。

3. 鸡舍高度设计

(1) 影响鸡舍高度的因素　鸡舍屋顶类型对鸡舍高度的影响很大,采用"人"字形屋顶或拱形屋顶时梁上到屋顶下的空间比较大,梁下的高度可以适当减小,而采用平顶屋顶结构则梁下的高度要适当增加;饲养方式对鸡舍高度也有影响,采用地面平养方式的鸡舍其梁下高度最低,网上平养方式次之,笼养方式要求梁下高度大;通风方式也会影响到鸡舍的高度,采用自然通风方式要求鸡舍的高度要大些,采用机械通风则鸡舍高度可以小些;清粪方式对鸡舍高度的影响,采用半高床或高床饲养方式,平时的鸡粪堆积在鸡笼下面,要求鸡舍的高度要高些;采用机械刮板清粪方式则鸡舍的高度不需要额外增高。

(2) 鸡舍高度的设计　当采用"A"字形屋顶时,笼具设备的顶部与横梁之间的距离为 1 米左右,采用平顶结构则应有 1.2 米以上距离。采用自然通风时鸡舍高度应较大,采用纵向负压机械通风则鸡舍高度应稍低。

以产蛋种鸡舍为例,采用"A"字形屋顶,使用3层全阶梯产蛋鸡笼,产蛋鸡笼高度1.60米,笼顶至横梁1米,横梁距舍内地面高度则为2.60米;鸡舍内地面比舍外高0.4米,横梁距舍外地面高度则为3.0米。

4. 鸡舍朝向设计

鸡舍的朝向应根据当地的地理位置、气候环境等因素来确定,要满足鸡舍日照、温度和通风的要求。适宜的朝向一方面可以合理地利用太阳辐射能,避免夏季过多的热量进入舍内,而冬季则最大限度地允许太阳辐射能进入舍内以提高舍温;另一方面,可以合理利用主导风向,改善通风条件,从而为获得良好的鸡舍环境提供条件。

综合考虑各种因素,在我国中原地区建造有窗鸡舍或卷帘鸡舍宜采用南向或南偏东、偏西30°以内为宜。这样,冬季南墙及屋顶可被利用最大限度地收集太阳辐射能以利防寒保温,有窗式或开放式鸡舍还可以利用进入鸡舍的直射光起一定的杀菌作用;而夏季则避免过多地接受太阳辐射热,引起舍内温度增高。

对于密闭式鸡舍,其朝向对舍内环境的影响相对较小,主要考虑场地对朝向的影响。

5. 门窗设计

(1)门的设计　门的主要作用是交通和分隔房间,有时兼有采光和通风作用。鸡舍门有外门与内门之分,舍内分间的门和鸡舍附属建筑通向舍内的门叫内门,鸡舍通向舍外的门叫外门。

专供人员出入鸡舍的门一般高度为2.0~2.4米,宽度为0.9~1.0米;供人、鸡、手推车出入的门一般高2.0~2.4米,宽1.4~2.0米。但是,不同类型的鸡舍门的高度会有所差异,有的门高度可能只有1.7米左右。门的位置可根据鸡舍的长度和跨度确定,一般设在两端墙上;若鸡舍在前后侧墙上设门,最好设在向阳背风的一侧。

在寒冷地区为加强门的保温,通常设门斗以防冷空气侵入,门斗的深度应不小于2米,宽度应比门大出1.0~1.2米。

鸡舍门应向外开,门上不应有尖锐突出物,不应有木门槛,不应有台阶。舍内外以坡道相联系。

为了防止蚊蝇和鸟雀进入鸡舍,通常要安装纱网式门帘。

(2)窗户的设计　对于有窗鸡舍窗户的主要作用是采光和通风,同时还

具有分隔和围护作用。鸡舍窗户可为木窗、钢窗和铝合金窗,形式多为外开平开窗,也可用悬窗或推拉窗。由于窗户多设在前后侧墙或屋顶上,是墙与屋顶散热的重要部分,因此窗的面积、位置、形状和数量等,应根据不同的气候条件和鸡群的要求,合理进行设计。考虑到采光、通风与保温的矛盾,在寒冷地区窗的设置必须统筹兼顾。为了防止飞鸟和老鼠等进入鸡舍,要求在窗户靠室内一侧装设金属网。

鸡舍窗户设计的一般原则是:在保证采光系数要求的前提下尽量少设窗户,以能保证夏季通风为宜。有的鸡舍采用一种导热系数小的透明、半透明的材料做屋顶或屋顶的一部分(如阳光板),这就解决了采光与保温的矛盾。在鸡舍建筑中也有采用密闭鸡舍,即无窗鸡舍,目的是为了更有效地控制鸡舍环境;但前提是必须保证可靠的人工照明和可靠的通风换气系统,要有充足可靠的电源。

在密闭式鸡舍的设计上,一般会在前后墙上设置少量的窗户(通常每间隔10米设置1个),而且窗户相对较小,这些窗户一般称为应急窗。平时窗户内外两侧均用木板封闭,起到防止透光和隔热作用,只有当鸡场出现停电的情况下才打开进行通风和采光。

(3)天窗的设计　对于采用自然通风的鸡舍,有些在屋顶设置有天窗(图2-8),一般每间隔1~2间房设置1个天窗。天窗的作用在于使室内上部的热空气从其中逸出,而新鲜空气从地窗或窗户进入,起到通风换气的作用。天窗必须有遮雨的顶罩,有防止鸟雀进入的金属网,有调节通风量的挡板。

图2-8　天窗

(4)地窗的设计　采用地面平养、放养方式的鸡舍可以设置地窗(图2－9),供鸡出入鸡舍以便于到舍外运动场活动。地窗的高度要高于鸡站立时头顶的高度,一般为0.7米,宽度1米。对于一些采用自然通风方式的鸡舍也有设置地窗的,地窗的规格略小。地窗一般设置在窗户的下面,每间房设置1个。地窗要安装小门,用于调节通风量或阻挡鸡出入或其他动物进入。门应向外开以不影响舍内的操作。

图2－9　地窗

笼养有窗式鸡舍也常常设置地窗以提高通风效果。

6. 鸡舍的通风设计

通风是保证鸡舍良好空气质量的关键,通风设计的核心在于能够对通风量进行有效控制,能够使气流在鸡舍内均匀分布,冬季能够防止进入鸡舍的冷空气直接吹到鸡身上,气流在鸡舍内的流动阻力较小。生产中采用的通风方式包括自然通风和机械通风两类。

(1)自然通风设计　依靠自然风的风压作用和鸡舍内外温差的热压作用,形成空气的自然流动,使舍内外的空气得以交换。一般开有窗式鸡舍采用自然通风,空气通过窗户、地窗和天窗等进行交换。自然通风较难将鸡舍内的热量和有害气体排出。自然通风适用于小规模、小跨度的鸡舍,要求鸡舍跨度不应超过8米。

自然通风设计要合理布局地窗的位置、窗户的大小和位置、窗户的开关方式、天窗的数量与控制方法。

(2)机械通风设计　是借助风机进行通风,根据气流方向可以分为纵向通风与横向通风;根据鸡舍内外空气压力差别可以分为负压通风(图2－10)与正压通风。

纵向通风与横向通风:纵向通风是将排风扇全部安装在鸡舍一端的山墙或山墙附近的两侧墙壁上,进风口在另一侧山墙或靠山墙的两侧墙壁上,鸡舍其他部位无门窗或将门窗关闭,空气沿鸡舍肉种鸡舍的通风管理要点的纵轴方向流动;横向通风的风机和进风口分别均匀分布在鸡舍两侧纵墙上,空气从进风口进入鸡舍后横穿鸡舍,由对侧墙上的排风扇抽出,适用于雏鸡、冬天和晚上。

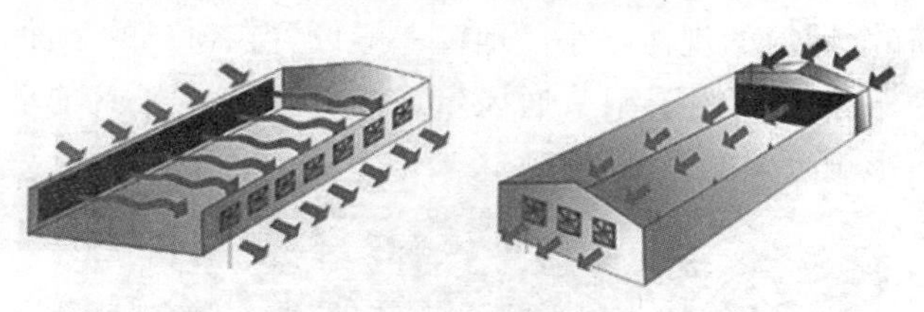

图 2-10　负压横向通风与纵向通风示意图

负压通风与正压通风:负压通风是依靠机械动力,对舍内外空气进行强制交换,一般使用轴流式风机将鸡舍内的污浊空气强行排出舍外,在建筑物内形成负压,使新鲜空气从进风口自行进入鸡舍。正压通风是用风扇将空气强制输入鸡舍,而出风口做相应调节以便出风量稍小于进风量使鸡舍内产生微小的正压,通常是将空气通过纵向安置在鸡舍的风管送风到鸡舍内的各个点上。负压通风常常用于通风降温,正压通风常常用于冬季使用热风炉向舍内供暖。

目前,生产中常用的是负压纵向通风设计,这种通风方式综合了负压通风和纵向通风两者的优点,鸡舍内没有通风死角,能够降低舍内温度,并将有害气体排出外,纵向通风系统是夏季最佳的通风系统。设计的时候将风机安装在鸡舍的末端山墙上,进风口装设湿帘,设计在鸡舍的前端山墙,进风口的面积应是风机外口面积总和的 1.5 倍以上,湿帘内侧设置挡板将冷风导向鸡舍中上部,避免直接吹到鸡身上。风机选用时可以大小结合,以方便不同季节对通风量的控制;风机的总流量(米^3/时)应按照夏季最大通风量气流速度(1.2 米/秒)设计。鸡舍的横截面积对风机总流量的影响很大,如当鸡舍横截面积为 45 米^2 时,风机总流量应为 13.5 万米^3/时。

7. 鸡舍的采光设计

(1) 自然采光设计　就是让太阳直射光或散射光通过鸡舍的窗户、天窗等透光部位进入舍内以达到照明的目的。自然光照的面积取决于窗户和天窗面积,窗户面积越大,进入舍内的光线越多。窗户的位置越高光线能够达到鸡舍内的地面越远。但采光面积不仅与冬天的保温和夏天的防辐射热相矛盾,还与夏季通风有密切关系。所以应综合考虑诸方面因素合理确定采光面积。有的肉鸡舍在屋顶每间隔一定距离用透明玻璃钢代替其他屋顶材料用于采光,其效果也很好。

（2）人工光照设计　人工照明可以补充自然光照的不足，而且可以按照动物的生物学要求建立人工照明制度。一般采用电灯作为光源。在舍内安装电灯和电源控制开关，根据不同日龄的光照要求和不同季节的自然光照时间进行控制，使优质鸡达到最佳生产性能。

笼养鸡舍的灯泡一般安装在鸡舍走道的正中上方，距离地面约 2 米，这样能够使各层鸡笼都能够接受到比较均匀的光照。平养鸡舍每列灯泡（横向）之间距离约 2 米，纵向之间约 3 米，尽量分布均匀。

四、鸡场的隔离与消毒设施

（一）隔离设施

隔离的目的是为了防止外界的各种传播媒介（人员、车辆和动物等）进入鸡场内，带进病原体并威胁鸡群的健康。

1. 围墙

在鸡场的周围修砌砖墙用于阻挡人员、车辆和其他动物进入鸡场，这是比较常见的隔离设施。围墙高度不低于 2 米，墙顶可以设钢丝刺网或装碎玻璃块。

2. 围网

用金属网将鸡场周围围挡起来，围网高度高于 1.8 米，每间隔 2 米用立柱作为支撑。

3. 防疫沟

在鸡场周围开挖一个环形水沟，宽度约 2 米、深度约 1.5 米，平时沟里保持 1 米左右的水深度。有时防疫沟内侧再架设围网。

4. 隔离绿化

鸡场各分区之间和沿鸡场四周围墙，要设置隔离的绿化设施，可种植带有针刺的树木，起到篱笆作用。要尽可能密植。

5. 自然隔离

有的鸡场在选址的时候会选择在山沟内，陡峭的沟崖可以成为进出鸡场的自然屏障；有的靠近水渠，也可以以水渠作为鸡场一侧的隔离屏障。

（二）消毒设施

消毒是畜禽场环境管理和卫生防疫的重要内容，通过消毒可降低畜禽场内病原体的密度，净化生产环境，建立良好的生物安全体系。

1. 车辆消毒设施

一般要求设立两道车辆消毒系统，第一道设在场区的大门口，所有进入场

内的车辆都必须经过消毒；第二道设在生产区入口处，凡进入生产区的车辆都需要经过再次消毒。

车辆消毒系统一般为消毒走廊（图 2－11），走廊宽度约 3 米，长度约 3.5 米，高度约 3.5 米，能够保证卡车的正常通过。走廊的地面为消毒池，深度约 0.25 米，池内消毒药水的深度约 0.15 米，主要是对车轮进行消毒；走道的两侧壁和顶部内壁安装喷雾消毒系统，当车辆进入消毒走廊时喷雾消毒系统自动启动，将消毒药水以雾状喷洒在车辆的外表面，对车辆进行消毒。

图 2－11　车辆消毒走廊

也有在鸡场大门口两侧各竖立 2 根或 4 根金属立柱，将雾化喷头安装在立柱的上中下若干部位，当车辆经过时自动进行喷雾消毒。

图 2－12　车辆雾化消毒喷雾柱

2. 人员消毒设施

人员是畜禽疾病传播中最危险、最常见也最难以防范的传播媒介，必须靠严格的消毒制度并配合设施进行有效控制。在鸡场大门口应设置人员消毒通道，在生产区门口应设置更衣消毒室。

设在鸡场大门入口处的人员消毒通道一般要求配备雾化消毒系统，该系统自动控制，当人员进入消毒通道后出口的门自动关闭，雾化消毒系统将消毒药水以喷雾的形式喷向通道的空间内，5 分后消毒系统关闭、出口的门自动打开，人员可以进入场内。消毒通道的地面铺麻袋或塑料垫，经常用消毒液喷洒以保持其潮湿，用于消毒鞋底。

图 2－13　鸡场超声波雾化消毒通道

在生产区入口处要设置更衣消毒室。其组成包括更衣室、淋浴间、工作衣穿戴室和喷雾消毒通道（图 2－13）4 部分。更衣室内设置更衣柜、鞋柜；之后进入淋浴室，洗浴后进入工作衣穿戴室，穿工作服和工作鞋，之后通过喷雾消毒通道进入生产区。

（三）粪便堆放设施

如果鸡场内的鸡粪清理后不能马上运出去，就需要粪便堆放场地。要求在粪便堆放场地建造堆积池，堆积池地面要经过硬化处理以防止粪水渗漏到地下；池周围用砖和水泥修砌高约 1 米的围墙，防止粪便到处流淌；堆积池的上面要设置天棚，用于防止下雨时雨水淋到粪堆上面。鸡粪堆放设施见图 2－14。

图 2－14　鸡粪堆放设施

在有的鸡场，与鸡粪堆放设施配套的有鸡粪发酵和烘干设备，收集的鸡粪经过适当晾晒后堆积发酵，发酵后的粪便再通过烘干和粉碎设备制成有机肥。

第三节　优质肉鸡生产设备

生产设备类型是衡量鸡场现代化程度的重要标志，良好的生产设备能够改善生产环境、改善劳动条件、提高劳动效率和鸡群生产水平。

一、环境控制设备

(一) 加热设备

1. 地下火道

在中小型养鸡场的育雏室或优质肉鸡舍经常采用这种加热方式，主要以煤炭为燃料。其结构是在鸡舍的前端设置炉灶，灶坑深约 1.5 米，炉膛比鸡舍内地面低约 30 厘米，在鸡舍的后端设置烟囱。炉膛与烟囱之间由 3～5 条管道相连（管道可以用陶瓷管连接而成，也可以用砖砌成），管道均匀分布在鸡舍内的地下，一般管道之间的距离在 1.5 米左右。靠近炉膛处管道顶壁距地面约 30 厘米，靠近烟囱处距地面约 10 厘米，管道由前向后逐渐抬升有利于热空气的通过，也有助于缩小育雏室前后部的温差。

使用地下火道加热方式的鸡舍，地面温度高、室内湿度小，温度变化较慢有利于稳定。缺点是老鼠易在管道内挖洞而堵塞管道，另外管道设计不合理时室内各处温度不均匀。

2. 煤火炉供温

此方法适用于较小规模的养鸡场户使用，也可以与地下火道结合使用。煤火炉由炉灶和铁皮烟筒组成。使用时先将煤炉放进育雏室内再加煤升温，炉上加铁皮烟筒，烟筒伸出室外，烟筒的接口处必须密封，以防煤烟漏出致使雏鸡发生煤气中毒死亡。如果使用的垫料是易燃物品还需要注意防火。一般在煤火炉周围用金属网围起来，既可以防止引燃垫料，又可以防止被炉壁烫伤。

3. 保温伞供温

此种方法一般用于地面垫料平养方式。保温伞（图 2－15）由伞罩和加热控热两部分组成。伞罩用镀锌铁皮或防火隔热布制成伞状外罩，内有隔热材料，以利保温。热源用电热管安装在伞内壁周围，伞中心安装电热灯泡，温度控制仪安装在伞罩外面，可以调节和自动控制伞下温度。直径为 2 米的保温伞可养雏鸡 200 ~ 300 只。保温伞育雏时要求室温 24℃以上，伞下距地面高度 5 厘米处温度 35℃，雏鸡可以在伞下自由出入。

图 2 – 15　保温伞

4. 红外线灯泡育雏

利用红外线灯泡散发出的热量为雏鸡提供保温，在笼养、平养方式中都可以使用，一般用于小规模养殖方式。为了增加红外线灯的取暖效果，可在灯泡上部制作一个大小适宜的保温灯罩，红外线灯泡的悬挂高度一般离地 25 ~ 30 厘米。一只 250 瓦的红外线灯泡在室温 25℃时一般可供 110 只雏鸡保温，20℃时可供 90 只雏鸡保温。

5. 水暖加热系统

水暖加热系统（图 2 – 16）适用于大型鸡舍，一般要求鸡舍的面积不少于 500 $米^2$。该设备由室外加热、热水输送管道和室内散热等部分组成。室外部分为锅炉，常常用煤炭做燃料，可以通过风门开启的大小控制产热量，目前有很多产品可以自动控制风门以控制产热量（在鸡舍内有感温探头与锅炉的微电脑连接，设定温度后如果舍内温度偏低则自动加大通风量以增加供温，如果温度偏高则自动降低炉膛内的进风量减少产热）。室内主要是散热器，散热器由散热片和其后面的小风机组成，锅炉与散热器之间由热水管道连接，当设备启动后来自锅炉的热水通过管道到达散热器，向外散发热量，此时散热片后面的风机运行将散热片散发的热量吹向鸡群所在的鸡笼或圈舍。热水通过管道可以循环利用。

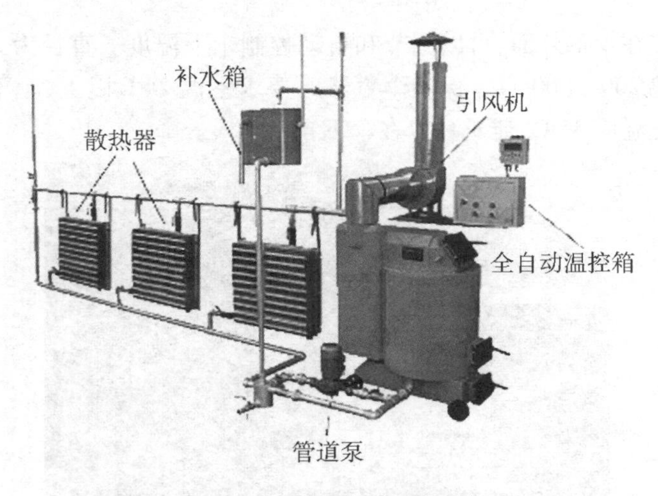

图 2－16　鸡舍水暖加热系统

6. 热风炉

热风炉(图 2－17)由室外火炉、风机和送风管组成。火炉用煤炭或木材做燃料,可以自动控制发热量,风管围绕炉膛,当进入风管的空气被加热后由风机吹向送风管;送风管设在鸡舍的横梁上或下面,其下部有出风孔。当设备启用后热风源源不断地通过出风孔吹入鸡舍内,使鸡舍温度得到提高的同时也起到了通风作用。

图 2－17　热风炉

7. 燃油热风机

燃油热风机(图 2－18)是近年来开发出的用于鸡舍(尤其是育雏室)加热的设备,燃油热风机风温调节范围为 30～120℃,可以根据不同季节不同类型鸡舍不同日龄鸡群的不同要求,实现自动、半自动、手动调节。燃油热风机采用直燃式间接加热,升温迅速,热风干燥清新,能够保证室内良好的温、湿环境。

燃油热风机使用柴油或煤油做燃料,不要使用汽油、酒精或其他高度易燃燃料;关闭电源并拔掉插座后待所有的火焰指示灯都熄灭了,并且暖风机冷却以后,才能加燃料;在加燃料的时候,要检查油管和油管连接处是否有泄漏,在暖风机运行前,任何一个泄漏处都必须修理好。

只使用带接地的插头;要与易燃物保持的最低安全距离:出口为 250 厘米;两侧、顶部和后侧:125 厘米。如果暖风机是带有余热或者运行中,需把暖风机放置在平坦并且水平的地方,否则可能会发生火灾。不应堵住暖风机的进风(后面)口和出风口(前面)。

图 2－18　燃油热风机

8. 电热风机

电热风机(图 2 －19)由鼓风机、加热器、控制电路三大部分组成。通电后,鼓风机把空气吹送到加热器里,令空气从螺旋状的电热丝内、外侧均匀通过,电热丝通电后产生的热量与通过的冷空气进行热交换,从而使用出风口的风温升高。出风口处的 K 型热电偶及时将探测到的出风温度反馈到温控仪,仪表根据设定的温度监测着工作的实际温度,并将有关信息传递回固态继电器进而控制加热器是否工作。同时,通风机可利用风量调节器(变频器、风门)调节吹送空气的风量大小,由此,实现工作温度、风量的调控。

图 2－19　电热风机

(二)降温设备

1. 湿帘降温设备

湿帘降温设备也称为纵向通风湿帘降温系统。该系统由湿帘和风机两部分组成,湿帘安装在畜禽舍前端的山墙上或靠近山墙的两侧壁,风机安装在畜禽舍末端的山墙上或靠近山墙的两侧壁。

湿帘纸采用独特的高分子材料与木浆纤维分子间双重空间交联,并用高耐水、耐候性材料胶结而成的蜂窝状结构。既保证了足够的湿挺度、高耐水性能,又具有较大的蒸发比表面积和较低的过流阻力损失。波纹纸经特殊处理,结构强度高,耐腐蚀,使用周期长。具有优良的渗透吸水性,可以保证水均匀淋透整个湿帘墙特定的立体空间结构,为水与空气的热交换提供了最大的蒸发面积。在湿帘的上部安装有淋水管,可以通过水管上面的小孔不断地将凉水均匀地淋在湿帘上;湿帘下部有盛水槽能够承接从湿帘上流下的水并集中到一个水箱内,可以供循环使用。

鸡舍常用大直径、低速、小功率的轴流式风机通风。这种风机通风量大、耗电少、维修方便(图 2－20)。

图 2－20　湿帘和轴流式风机

使用该系统时要将门窗关严，减少漏风。风机启动后将室内热空气抽出，使室内形成负压，这时室外空气通过湿帘进入鸡舍，当空气经过湿帘的过程中发生热交换，进入舍内的空气温度降低 4 ~6℃，在夏季能够起到很好的降温效果。

为了保证湿帘的热交换效率，湿帘要定期进行消毒以防止藻类在蜂窝纸表面生长，也需要定期冲洗以清除其表面的灰尘。在不使用的季节要用塑料膜将湿帘覆盖住以减少表面灰尘。安装时在外面加装铁丝网以防止老鼠和麻雀对湿帘造成损坏。

2. 湿帘风箱

湿帘风箱（图 2 -21）也称为冷风机，该设备的结构和工作原理与家用空调扇相似，由表面积很大的特种纸质波纹蜂窝状湿帘、高效节能风机、水循环系统、浮球阀补水装置、机壳及电气元件等组成。其降温原理是：当风机运行时冷风机腔内产生负压，使机外空气流进多孔湿润有着优异吸水性的湿帘表面进入腔内，湿帘上的水在绝热状态下蒸发，带走大量潜热，迫使过帘空气的温度比室外温度低 5 ~6℃，空气愈干热，其温差愈大，降温效果愈好。

图 2 -21　湿帘风箱

该设备运行成本低，耗电量少，只有 0.5 千瓦，降温效果明显，空气新鲜，时刻保持室内空气清新凉爽，风量大、噪声低，静音舒适，使用环境可以不闭门窗。在需要进行局部降温的情况下使用效果比较好。

3. 喷雾降温系统

将喷雾系统的水管和雾化喷头安装在鸡舍横梁下，需要降温的时候打开压力泵，清水（或消毒药水）通过雾化喷头将水雾喷向舍内，同时打开鸡舍的风机将吸收热量后的湿润空气排出舍外，起到降低舍温的作用。

常用的喷雾降温系统主要由水箱、水泵、过滤器、喷头、管路及控制装置组成，该系统设备简单，效果显著，但易导致舍内湿度提高。若将喷雾装置设置在负压通风鸡舍的进风口处，雾滴的喷出方向与进气气流相对，雾滴在下落时受气流的带动而降落缓慢，延长了雾滴的汽化时间，提高了降温效果。

（三）通风控制设备

1. 轴流式风机

轴流式风机（图 2－22），主要由外壳、叶片和电机组成，叶片直接固定在电机的转轴上。

图 2－22　轴流式风机

轴流式风机风向与轴平行，具有风量大、耗能少、噪声低、结构简单、安装维修方便、运行可靠等特点，而且叶片可以逆转，以改变输送气流的方向，而风量和风压不变，因此，既可用于送风，也可用于排风，但风压衰减较快。目前禽舍的纵向通风常用节能、大直径、低转速的轴流式风机。

2. 离心式风机

离心式风机（图 2－23）主要由蜗牛形外壳、工作轮和机座组成。这种风机工作时，空气从进风口进入风机，旋转的带叶片工作轮形成离心力将其压入外壳，然后再沿着外壳经出风口送入通风管中。离心风机不具逆转性，但产生的压力较大，多用于鸡舍热风和冷风输送。

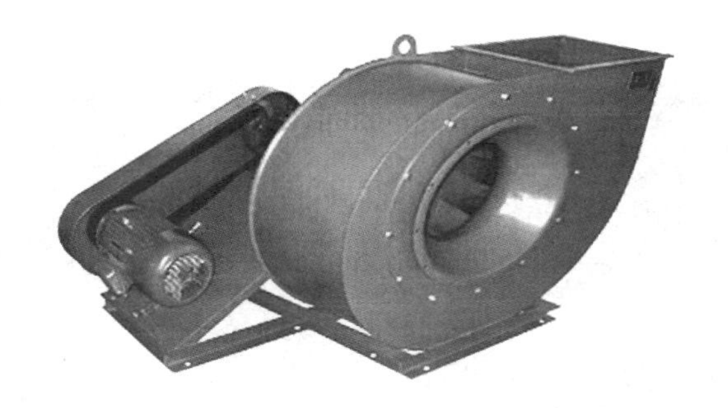

图 2－23　离心式风机

3. 吊扇

在平养肉鸡舍内有安装吊扇进行通风的。使用一般的工业吊扇，固定在横梁上，启动后风扇转动并搅动周围空气流动。

4. 壁扇

壁扇是最简易的风机（图 2－24），一般安装在鸡舍的前后墙上，启动后气流比较缓慢，多数用于育雏室或肉鸡舍的通风。

图 2－24　壁扇

5. 无动力风帽

无动力风帽（图 2－25）是利用自然界的自然风速推动风机的涡轮旋转及室内外空气对流的原理，将任何平行方向的空气流动，加速并转变为由下而上垂直的空气流动，以提高室内通风换气效果的一种装置。它不用电，无噪声，可长期运转，排除室内的热气、湿气和秽气，其根据空气自然规律和气流流动原理，合理化设置在屋面的顶部，能迅速排出室内的热气和污浊气体，改善室内环境。

其工作原理是涡轮通风机利用自然风力及室内外温度差造成的空气热对

流，推动涡轮旋转从而利用离心力和负压效应将室内不新鲜的热空气排出。

图 2－25　无动力风帽

6. 通风控制器

畜禽舍夏季通风降温除湿，冬季通风排污除湿，都可以通过具有可编程 PLC 的通风控制器来实现控制（图 2－26）。利用传感器获得的舍内湿度、温度，空气中氨、硫化氢含量的物理参数，由操作者确定开启通风装置的位置、开启程度和开启时间，从而为畜禽创造一个更加舒适的舍内生长环境。

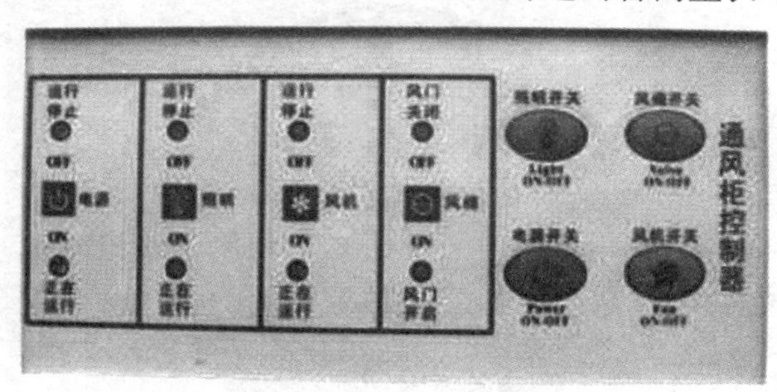

图 2－26　通风控制器

（四）光照控制设备

1. 白炽灯

照明设计时，应尽量减少白炽灯的使用量。白炽灯（图 2－27）属第一代光源，光效低（约 20 勒/瓦），寿命短（约 1 000 小时）。因为没有电磁干扰，便于调节，适合频繁开关，对于局部照明、信号指示，白炽灯是可以使用的光源。也可用它的换代产品卤钨灯代替。卤钨灯的光效和寿命比普通白炽灯高 1 倍以上，尤其是要求显色性高、高档冷光或聚光的场合，可用各种结构形式不同的卤钨灯取代普通白炽灯，达到节约能源、提高照明质量的目的。

图 2－27　白炽灯

2. 荧光灯

荧光灯(图 2－28)是应用最广泛、用量最大的气体放电光源,具有结构简单、光效高、发光柔和、寿命长等优点,一般为首选的高效节能光源。

目前一般推荐采用紧凑型荧光灯取代普通白炽灯。紧凑型荧光灯可以和镇流器(电感式或电子式)连接在一起,组成一体化的整体型灯,优点:光效高,每瓦产生的光通量是普通白炽灯的 3 ~ 4 倍;寿命长,一般是白炽灯的 10 倍;显色指数可以达到 80 左右;使用方便,可以与普通白炽灯直接替换,还可与各种类型的灯具配套。

管型荧光灯一般为直管型,两端各有一个灯头;根据灯管的直径不同,预热式直管荧光灯有,ø26 毫米(T8)和 ø16 毫米(T5)等几种;T8 灯可配电感式或高频电子镇流器,T5 灯采用电子镇流器。

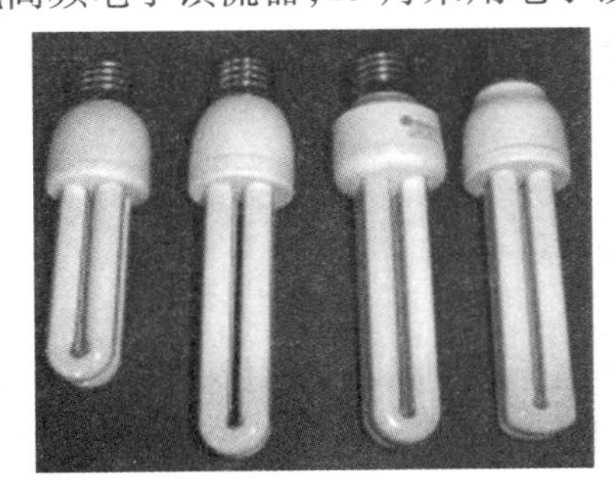

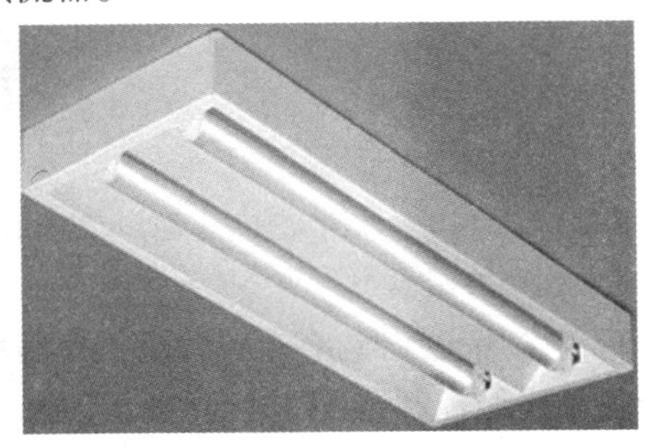

图 2－28　荧光灯

3. LED 灯

LED 灯(图 2－29)为发光二极管,是一种能够将电能转化为可见光的固态的半导体器件,它可以直接把电转化为光。

LED的心脏是一个半导体的晶片,晶片的一端附在一个支架上,一端是负极,另一端连接电源的正极,使整个晶片被环氧树脂封装起来。半导体晶片由两部分组成,一部分是P型半导体,在它里面空穴占主导地位,另一端是N型半导体,在这边主要是电子。但这两种半导体连接起来的时候,它们之间就形成一个P-N结。当电流通过导线作用于这个晶片的时候,电子就会被推向P区,在P区里电子跟空穴复合,然后就会以光子的形式发出能量,这就是LED灯发光的原理。而光的波长也就是光的颜色,是由形成P-N结的材料决定的。

LED灯具有以下优点:发光效率高,LED的发光效率是一般白炽灯发光效率的3倍左右;耗电量少,LED电能利用率高达80%以上;可靠性高、使用寿命长。LED没有玻璃、钨丝等易损部件,可承受高强度机械冲击和振动,不易破碎,故障率极低;安全性好,属于绿色照明光源。LED发热量低、无热辐射,可以安全触摸;光色柔和、无眩光:不含汞、钠元素等可能危害健康的物质;单色性好、色彩鲜艳丰富。LED有多种颜色,光源体积小,可以随意组合,还可以控制发光强度和调整发光方式。

图2-29 LED灯

4. 光照控制器

畜禽舍用光控器,有石英钟机械控制和电子控制两种,使用效果较好的是电子显示光照控制器(图2-30)。其功能主要有:根据设定,自动调节光的强弱明暗;设定开启和关闭时间,自动补充光源等,从而控制畜禽的采食饮水、生长发育、产蛋,避免光照过强造成畜禽群的应激。

图 2－30　光照控制器

（五）鸡舍环境控制系统

鸡舍环境控制系统（图 2－31）是采用先进的传感技术将禽舍内的温度、湿度、氨气、粉尘、光照等多种环境参数采集到微电脑处理器中。微电脑处理器通过智能算法，自动开启或关闭风机、湿帘、加热设备等，自动实现氨气排出，新风补充，加热保温，喷雾消毒、定时光照、故障报警等功能，使标准化畜禽舍内环境在无人值守的情况下设备能自动工作，使畜禽每分钟都处于最适合的养殖环境中。

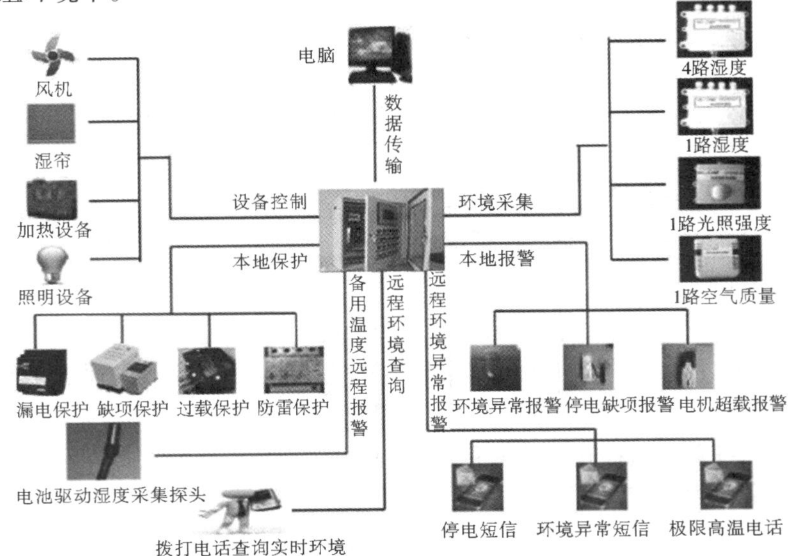

图 2－31　鸡舍环境控制器工作示意图

鸡场生产与环境管理的智能化控制技术已经在大型养鸡场得到应用，而且其参数设定的科学性、系统操作的方便性都在不断改进。

二、喂料与饮水设备

（一）喂料设备

1. 料塔

料塔（图2－32）在大、中型养鸡场中使用较多，用于和室内自动喂料系统相配套，主要用作短期储存干粉状或颗粒状配合饲料。一般建在鸡舍前部的一侧，容量大多数在6～12吨（主要是依据鸡舍内饲养鸡的数量，如存栏10 000只的成年优质肉种鸡舍每天消耗饲料约1.2吨）。料塔上有电子秤，能够显示料塔内的饲料重量。在料塔底部有电机和输料管，可以将料塔内的饲料输送到鸡舍内喂料设备的料箱内。

图2－32　鸡舍外的料塔

2. 输料机

输料机是料塔和舍内喂料机的连接通道，将料塔或储料间的饲料输送到舍内喂料机的料箱内。输料机有螺旋弹簧式、螺旋叶片式、链式，目前使用较多的是前两种。

（1）螺旋弹簧式　这是使用最多的类型，螺旋弹簧式输料机由电机驱动皮带轮带动空心弹簧在输料管内高速旋转，将饲料传送入鸡舍，通过落料管依次落入喂料机的料箱中。当最后一个料箱落满料时，该料箱上的料位器弹起切断电源，使输料机停止向该料箱输料，并通过信号传导使设备停止运行。

（2）螺旋叶片式　螺旋叶片式输料机是一种广泛使用的输料设备，主要工作部件是螺旋叶片。在完成由舍外向舍内输料作业时，由于螺旋叶片不能弯成一定角度，故一般由两台螺旋叶片式输料机组成，一台倾斜输料机将饲料送入水平输料机和料斗内，再由水平输料机将饲料输送到喂料机各料箱中。

3. 自动喂料设备

笼养优质肉鸡或肉种鸡生产中常用的自动喂饲设备有轨道车式和航车式两种。

(1)轨道车喂饲机　用于多层笼养鸡舍，是一种骑跨在鸡笼上的喂料车，沿鸡笼上或旁边的轨道缓慢行走，将料箱中的饲料分送至各层食槽中，根据料箱的配置形式可分为顶料箱式和跨笼料箱式。顶料箱行车式喂料机只有一个料桶，料箱底部装有搅龙，当喂料机工作时搅龙随之运转，将饲料推出料箱沿溜管均匀流入食槽。跨笼料箱喂料机根据鸡笼形式配置，每列食槽上都跨设一个矩形小料箱，料箱下部锥形扁口通向食槽中，当沿鸡笼移动时，饲料便沿锥面下滑落入食槽中。饲槽底部固定一条螺旋形弹簧圈，可防止鸡采食时选择饲料和将饲料抛出槽外。阶梯式鸡笼喂料车和叠层式鸡笼喂料车分别见图2－33和图2－34。

图2－33　阶梯式鸡笼喂料车

图2－34　叠层式鸡笼喂料车

（2）航车式喂饲机（图 2－35） 也称为龙门架自动喂料机。料车的行走轨道设在走道上，一个横架上安装若干个料箱，每个料箱通过 3 条（与笼的层数对应）下料管将饲料加入到料槽内，航车式料车示意图见图 2－36。

图 2－35 航车式喂饲机

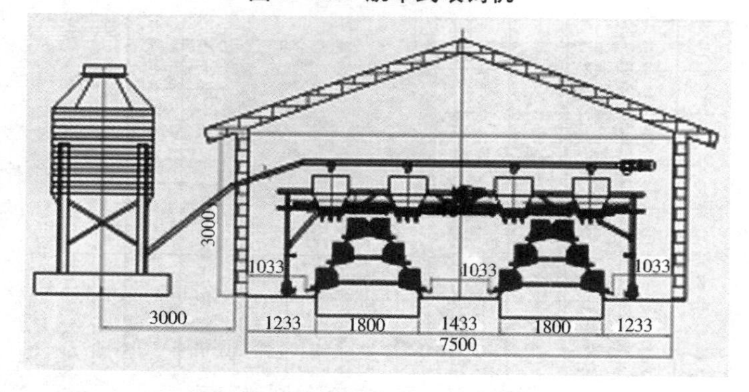

图 2－36 航车式料车示意图（单位：毫米）

（3）链板式喂料设备（图 2－37） 可用于平养和笼养。它由料箱、驱动机构、链板、长饲槽、转角轮、饲料清洁筛、饲槽支架等组成。链板是该设备的主要部件，它由若干链板相连而构成一封闭环。链板的前缘是一铲形斜面，当驱动机构带动链板沿饲槽和料斗构成的环路移动时，铲形斜面就将料斗内的饲料推送到整个长饲槽。按喂料机链片运行速度又分为高速链式喂料机（18～24 米/分）和低速链式喂料机（7～13 米/分）两种。

一般跨度 10 米左右的种鸡舍，跨度 7 米左右的肉鸡和蛋鸡舍用单链，跨度 10 米左右的蛋、肉鸡舍常用双链。链板式喂饲机用于笼养时，三层料机可单独设置料斗和驱动机构，也可采用同一料斗和使用同一驱动机构。

链板式喂饲机的优点是结构简单、工作可靠。缺点是饲料易被污染和分级(粉料)。

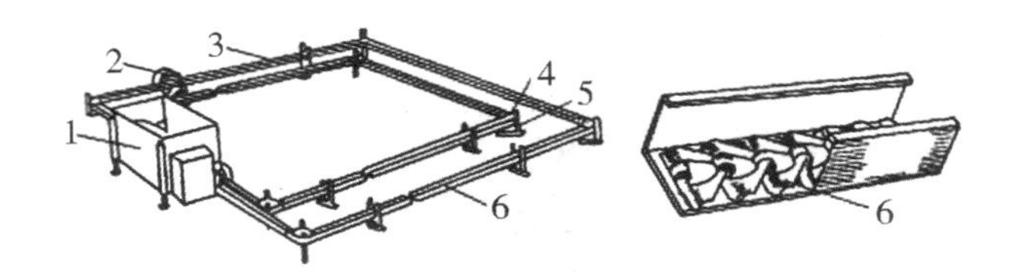

图 2－37　9WL－42P 链板式喂饲机

1. 料箱　2. 清洁器　3. 长饲槽　4. 转角轮　5. 升降器　6. 输送链

(4)螺旋弹簧式喂料系统(图 2－38)　主要由机头驱动部分、料箱、螺旋弹簧、输料管、食盘、悬挂钢丝绳、机尾等组成。属于直线型喂料设备,料线长度从 40～150 米均可,根据鸡舍长度确定。其主要工作部件是螺旋弹簧。工作过程为:驱动器带动螺旋弹簧转,弹簧的螺旋面就连续地把饲料向前推进,通过落料口落放每个食盘,当所有食盘都加满料后,最后一个食槽中的料位器就会自动控制电机停止转动,从而停止输料。当食槽中的饲料随着鸡的采食减少到料位器启动位置时,电机又开始转动,螺旋弹簧又将饲料推送至每个食盘,如此使喂料机周而复始地自动工作。本系统也可以定时启动。主要技术参数:螺旋弹簧外径 60、45 毫米,螺旋弹簧节距 42、60 毫米,配套动力范围 0.37～1.1 千瓦,主轴转速 300～400 转/分,输料量 400～800 千克/时。

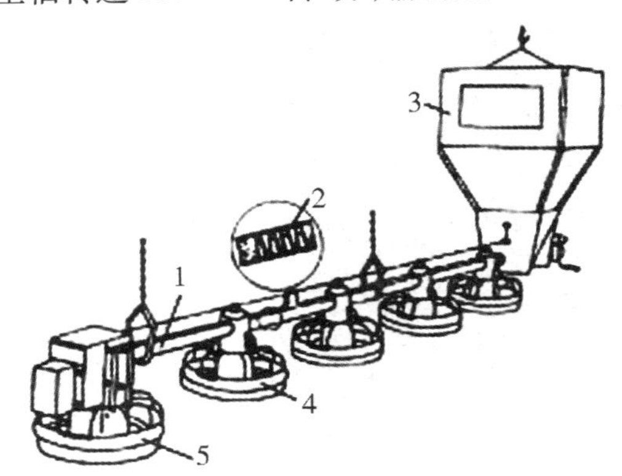

图 2－38　螺旋弹簧式自动喂料系统

1. 送料管　2. 螺旋弹簧　3. 料箱　4. 料盘　5. 带料位器的料盘

4. 料桶

料桶是小型优质鸡养殖场采用平养方式的时候较多使用的喂料设备,由料桶、料盘和格栅组成(图 2－39)。料桶与料盘可以用螺丝固定,在其连接处有一定的缝隙能够使料桶中的饲料落入料盘内。格栅罩在料盘上，防止鸡踩入饲料中。料桶的容量为 2～10 千克。

图 2－39　料桶

（二）供水设备

1. 乳头式饮水器（图 2－40）

该设备用毛细管原理，使阀杆底部经常保持挂有一滴水，当鸡啄水滴时便触动阀杆顶开阀门，水便自动流出供其饮用。平时则靠供水系统对阀体顶部的压力，使阀体紧压在阀座上防止漏水。乳头式饮水设备适用于笼养和平养鸡舍给成鸡或 2 周龄以上雏鸡供水。要求配有适当的水压和纯净的水源，使饮水器能正常供水。

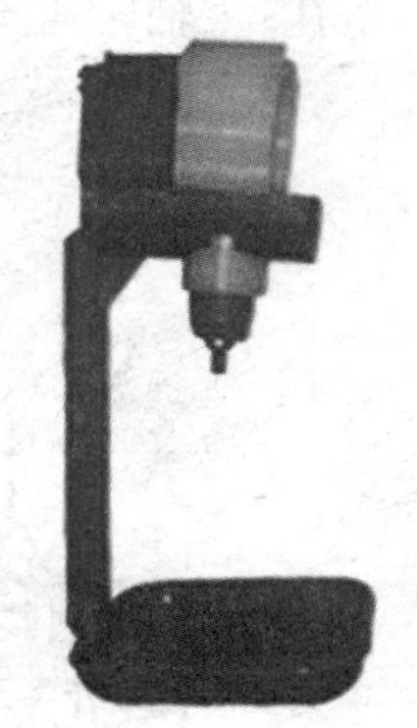

图 2－40　乳头式饮水器

2. 吊塔式

吊塔式饮水器又称普拉松饮水器，见图 2－41，由饮水碗，活动支架，弹簧，封水垫及安在活动支架上的主水管，进水管等组成。靠盘内水的重量来启闭供水阀门，即当盘内无水时，阀门打开，当盘内水达到一定量时，阀门关闭。主要用于平养鸡舍，用绳索吊在离地面一定高度（与雏鸡的背部或成鸡的眼睛等高)。该饮水器的优点是适应性广,不妨碍鸡群活动,主要用于平养鸡舍。

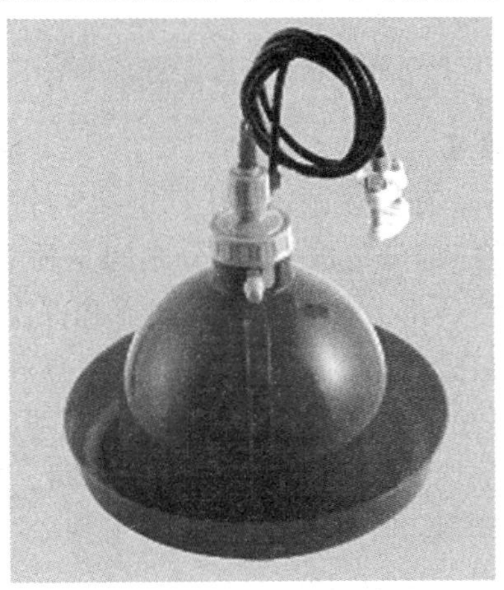

图2-41　吊塔式饮水器

3. 水槽

水槽一般安装于鸡笼食槽上方,是由镀锌板、搪瓷或塑料制成的"V"形槽,每2米一根由接头连接而成。水槽一头通入长流动水,使整条水槽内保持一定水位供鸡饮用,另一头流入管道将水排出鸡舍。槽式饮水设备简单,但耗水量大。安装要求整列鸡笼几十米长度内,水槽高度误差小于5米,误差过大不能保证正常供水。目前已经基本不使用。

4. 真空饮水器

真空饮水器(图2-42)由水筒和盘两部分组成,多为塑料制品。筒倒扣在盘中部,并由销子定位。筒内的水由筒下部壁上的小孔流入饮水器盘的环形槽内,能保持一定的水位。真空饮水器主要用于平养鸡舍及育雏笼(早期)。

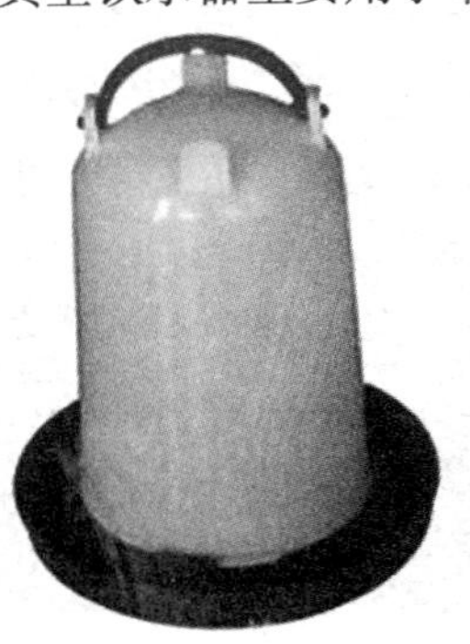

图2-42　真空饮水器

三、鸡笼

(一)育雏笼

1. 叠层式电热育雏笼

这种雏鸡笼养设备带有加热源,适用于1~45日龄雏鸡的饲养。由加热笼、保温笼、雏鸡活动笼三部分组成,各部分之间是独立结构,根据环境条件,可以单独使用,也可进行各部分的组合。加热笼和保温笼前后都有门封闭,运动笼前后则为网。雏鸡在加热笼和保温笼内时,料盘和真空饮水器放在笼内。雏鸡长大后保温笼门可卸下,并装上网,饲槽和水槽可安装在笼的两侧。还有一种叠层式育雏笼,无加热装置,两者结构基本相同。每层笼间设承粪板,间隙50~70毫米,笼高330毫米,人工定期清粪,见图2-43;也可以在每层笼的下面安装粪便传送带,用于自动清粪,见图2-44。

图2-43　叠层式育雏笼(人工清粪)

图2-44　叠层式育雏笼(自动清粪)

2. 阶梯式育雏笼

一般为3层，由下往上每层的位置逐渐向后收缩，呈楼梯状，见图2－45。每层笼的高度约40厘米、深度约60厘米。一般采用集中供暖方式。雏鸡在其中可以饲养至13周龄。

图2－45　阶梯式育雏笼

（二）育成鸡笼

从结构上分为阶梯式和叠层式两大类，主要用于饲养7～18周龄的青年鸡，有3层、4层和5层之分，可以与喂料机、乳头式饮水器、清粪设备等配套使用，见图2－46。根据育成鸡的品种与体形，每只鸡占用底网面积在340～400厘米^2。总体结构与相应的育雏笼相似，每层笼的高度稍高一些。

图2－46　阶梯式育成笼

（三）育雏育成一体笼

基本上与育成鸡笼相似，前网有两层，外面的一层是可移动的，用螺栓固定，用于调节前网的宽度以适应不同周龄的鸡。可以饲养1～14周龄的鸡群。

（四）成年种母鸡笼

目前，优质肉种鸡饲养中采用的多是为3层全阶梯鸡笼，也有采用两层笼的，见图2－47。鸡笼由笼架、笼体和护蛋板组成。笼架由横梁和斜撑组成，一般用厚2.0～2.5毫米的角钢或槽钢制成。笼体由冷拔钢丝经点焊成片，然后镀锌再拼装而成，包括顶网、底网、前网、后网、隔网和笼门等。一般前网和顶网压制在一起，后网和底网压制在一起，隔网为单网片。笼门作为前网或顶网的一部分，有的可以取下，有的可以上翻。笼底网要有一定坡度，一般为7°～9°，伸出笼外12～16厘米形成集蛋槽。笼体的规格，一般前高40～45厘米，深度为45厘米左右，每个小笼养鸡3～4只。护蛋板为一条镀锌薄铁皮，放于笼内前下方，下缘与底网间距5.0～5.5厘米。

图2－47　3层阶梯式种母鸡笼

（五）种公鸡笼

种公鸡笼（图2－48）一般为两层，底网是水平的，笼的深度和高度均比蛋鸡笼要大，前网栅格的宽度也略宽。每只公鸡占用1个小单笼。

图2－48　种公鸡笼

此外，还有叠层式自然交配种鸡笼，与叠层式蛋鸡笼相比每个单层鸡笼的高度约高出25厘米，达到75厘米左右。每条单笼内可以饲养2只公鸡和20～24只母鸡。

（六）自然交配种鸡笼

目前使用的多是2～3层的叠层式种鸡笼，见图2－49。单条笼的长度为2米，宽度1.8米，底网向两侧倾斜，笼的高度为0.8米。每个单元可以饲养种公鸡2只，母鸡20只。如果采用3层设备则常常配套使用种蛋自动收集系统。

图2－49　自然交配种鸡笼

四、清粪设备

（一）刮板式清粪机

由电动机、减速器、绳索、转角轮和刮板等组成，见图2－50至图2－52。用于网上平养和笼养，安置在鸡笼下的粪沟内，刮板长度略小于粪沟宽度。每开动一次，刮板做一次往返移动，刮板向前移动时将鸡粪刮到鸡舍一端的横向粪沟内，返回时，刮板上抬空行。横向粪沟内的鸡粪由螺旋清粪机排至舍外。根据鸡舍设计，一台电机可负载单列、双列或多列。

图 2－50　刮板式清粪机电动机与减速器

图 2－51　刮板式清粪机转角轮

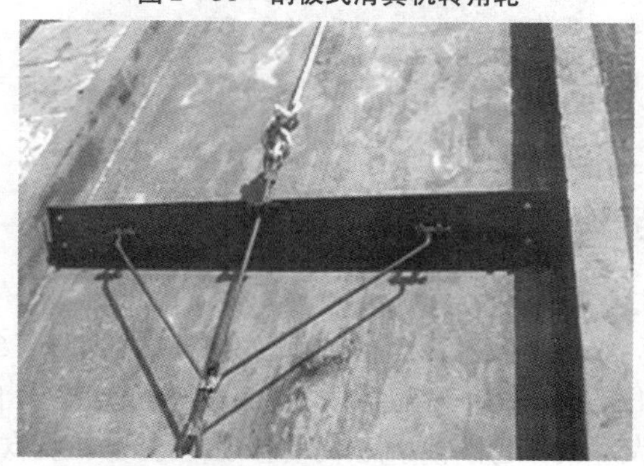

图 2－52　刮板式清粪机刮板

自动刮粪板的主要技术参数见表 2－1，大多数生产厂家的技术参数相同。

表 2-1　自动刮粪板主要技术参数

参数	单位	规格
型号	/	9FQM-2H-1960-25
类型	/	牵引式
功率	千瓦	1.5~3
电压	伏	380
电源类型	/	AC,3 相电源
最大工作牵引力	牛	2 800~3 200
主机结构尺寸(长×宽×高)	米	(0.6~1.2)×(0.5~0.7)×(0.25~0.45)
重量	千克	350
刮粪板宽度	毫米	1 800~2 000
刮粪板回程离地间隙	毫米	≤50
刮净率	%	≥95
粪沟宽度	米	2

(二)输送带式清粪机

适用于叠层式笼养鸡舍清粪,主要由电机和链传动装置,主、被动辊,传送带等组成(见图 2-53)。传送带安装在每层鸡笼下面,启动时由电机、减速器通过链条带动各层的主动辊运转,将鸡粪输送到一端,被端部设置的刮粪板刮落,从而完成清粪作业。

图 2-53　鸡笼粪便传送带(左为叠层式、右为阶梯式)

(三)横向清粪机

横向清粪机(图 2-54)是机械清粪的配套设备。当纵向清粪机将鸡粪清理到鸡舍一端时,再由横向清粪机将刮出的鸡粪输送到舍外。如果使输送带的末端抬高，可以将粪便直接输送到运输粪便的卡车上，整个清粪和运输过程不需要人员接触粪便。

图 2－54　横向清粪机

（四）粪车

粪车（图 2－55）也称为斗式手推车，用于平养鸡舍鸡群出栏后的粪便和垫料清理。将粪便垫料混合物直接装入车斗中送到贮粪场。

图 2－55　粪车

五、消毒设备

（一）喷雾消毒设备

该喷雾器主要用于鸡舍内部的大面积消毒和生产区入口处理的消毒，见

图 2－56。在对鸡舍进行带鸡消毒时，可沿每列笼上部（距笼顶距离超过 1 米）装设水管，每隔一定距离安置一个喷头；用于车辆消毒时可在不同位置设置多个喷头，见图 2－57，以便对车辆进行彻底的消毒，该设备的主要零部件包括固定式水管和喷头、压缩泵、药液桶等。因雾粒大小对禽的呼吸有影响，应按鸡龄的不同选择合适的喷头。

图 2－56　养殖场人员消毒通道

图 2－57　车辆消毒通道和消毒池

（二）紫外线消毒灯

为了杀灭附着在人体衣物表面或车辆及其他物品表面的细菌或病菌随人员、物品进入生产区，在门卫或传达室处设置紫外线消毒设备，进行消杀。紫外线消毒灯（图 2－58）就是用紫外线杀灭包括细菌繁殖体、芽孢、分枝杆菌、冠状病毒、真菌、立克次体和衣原体等，凡被上述病毒污染的物体表面、水和空气，均可采用紫外线消毒。但是对紫外线不能直接照射到的角落或阴影的地方，仍需用其他方法消毒。还发现，经紫外线灭活的微生物，有时仍可复活。

紫外线对酶类、毒素、抗体等都有灭活作用，对病毒、细菌、真菌及原生动物等都有一定的抑制及杀灭作用。但紫外线对不同的细菌杀灭力不一，有的细菌在距离紫外线灯管 1.5 米可 1 小时被杀死，而有的则需在 0.5 米的距离 1 小时才可杀死。

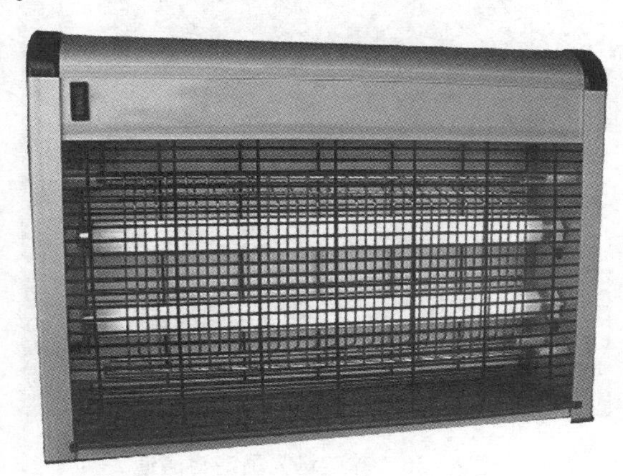

图 2－58　紫外线消毒灯

（三）高压冲洗消毒机

高压清洗机（图 2－59）是通过动力装置使高压柱塞泵产生高压水来冲洗物体表面的机器。它能将污垢剥离，并将附着在被冲洗表面的灰尘、杂物、病原体冲走，达到清洗物体表面的目的。按驱动引擎来分有电机驱动高压清洗机、汽油机驱动高压清洗机和柴油机驱动清洗机三大类。如果在冲洗用水中加入消毒剂则能够起到更好的消毒效果。

图 2－59　高压冲洗消毒机

（四）火焰消毒器

火焰消毒器（图 2－60）是利用液化石油气或煤油燃烧产生的高温火焰对禽舍设备及建筑物表面进行消毒的机器。火焰消毒器的杀菌率可达 97%，一般用药物消毒后，再用火焰消毒器消毒，可达到禽场防疫的要求，而且消毒后的设备和物体表面干燥。而只用药物消毒，杀菌率一般仅达 84%，达不到规定的必须在 93% 以上的要求。

主要用于鸡群淘汰后舍内笼网设施的消毒，它主要由储油罐、油管、阀门、火焰喷嘴、燃烧器等组成。该设备结构简单、易操作、安全可靠，消毒效果好，喷嘴可更换，主要是使用液化石油气、煤油和柴油，手压式工作压力为 205～510 千帕，喷孔向外形成锥体，便于发火。操作时，最好戴防护眼镜，并注意防火。如果鸡笼采用的是涂塑工艺则不能用火焰消毒器消毒。

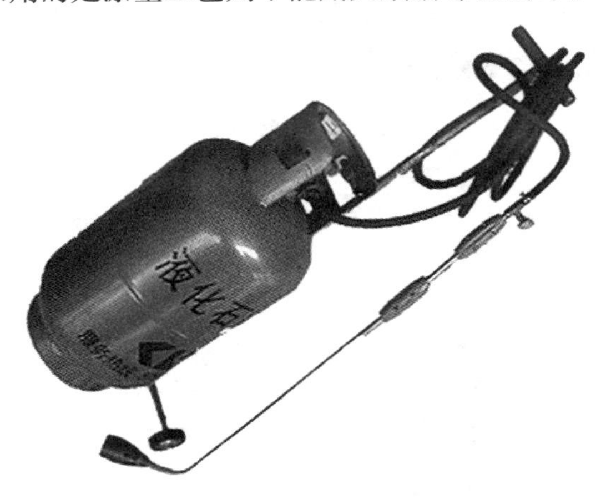

图 2－60　火焰消毒器

六、其他设备

（一）断喙器

目前，采用最多的是台式自动断喙器（图 2－61）。它采用低速电机，通过链杆传动机件，带动电热动刀上下运动，并与微动鸡嘴定位刀片自动对刀，快速完成切嘴止血功能。整机由变压器、电机冷却抽风机等构成；机头装有电机启动船形开关电热动刀电压调节的多段开关和停刀止血时间调节旋钮（0～4 秒任意可调）。使用电压为 220 伏 ×（1 ±15%），消耗功率 220～250 瓦，刀片温度 600～800℃。断喙效率：1 000～1 500 只/时。

使用时打开电源，将刀温调到微红至橘红程度，具体应按鸡的大小实际确定；带动刀发红后，立即开动电机及风扇船形开关；根据鸡的大小，选好微动刀孔径，然后左手提稳鸡的双脚，右手拇指压鸡后脑，食指压喉部。接着把鸡喙伸进刀孔，动刀落下后，应停 2 ~3 秒止血；使用完毕，应关闭开关，拔下电源插头，整机待冷却后用塑料袋套好，以防积尘，受潮。

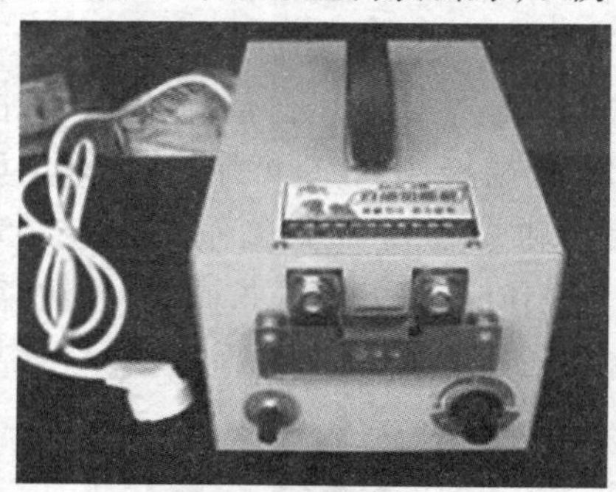

图 2 - 61　断喙器

（二）蛋托

用于收集和盛放种蛋，有纸浆和塑料两种材质，一般的蛋托上面为 5 列 6 行，可以放 30 枚鸡蛋（图 2 - 62）。

图 2 - 62　纸浆蛋托

（三）鸡用周转箱

为网格状长方体结构，外尺寸 750 毫米 ×550 毫米 ×270 毫米；箱底为“米”字形细孔，承载性能好，能有效避免活鸡擦伤、瘀血，长方形体结构有利于装车、卸货，提高工作效率（图 2 - 63）。箱体上盖设有推拉式小门，便于箱门自由闭合。单箱载重 50 千克以上，可装活鸡 10 ~ 15 只；运输途中可叠放 7 ~9 层。

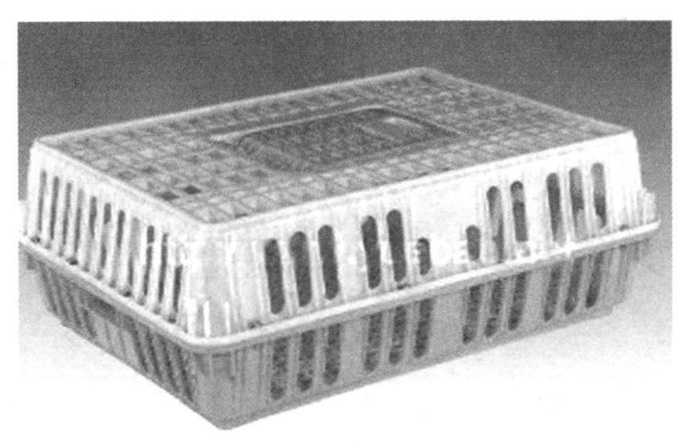

图 2 - 63　鸡周转箱

（四）鸡眼镜

鸡眼镜（图 2 - 64）是指用佩戴在鸡的头部遮挡鸡眼正常平视光线的特殊材料。鸡眼镜，使鸡不能正常平视，只能斜视和看下方，防止饲养在一起的鸡群相互打架，相互啄毛，降低死亡率，提高养殖效益。在优质肉公鸡舍内饲养中已经普遍使用。鸡眼镜是分型号的。根据鸡的品种，体重，饲养方式等来分的。

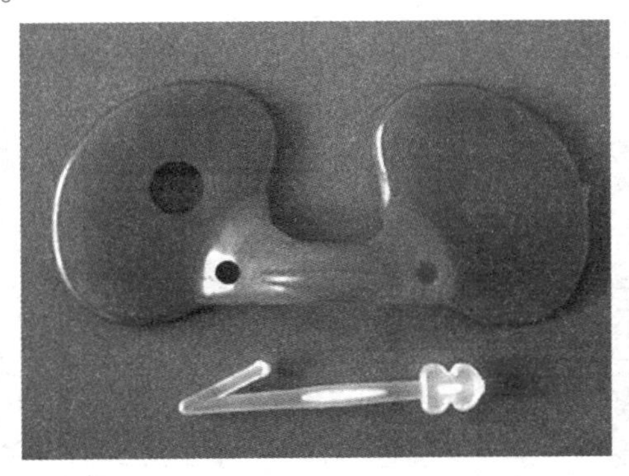

图 2 - 64　鸡的眼镜与佩戴方法

此外，在优质肉鸡生产中还会用到其他一些设备如水盆、设备维修工具、卫生工具等。

第三章　优质肉鸡的品种与繁育

优质肉鸡品种类型繁多,在国内的养殖实践中既有被列为优良地方品种的鸡,也有经过国家畜禽品种资源委员会审定的品种或配套系,更多的则是一些大中型企业自己选育后向市场推广的鸡群。这就造成了不同的优质鸡生产性能、外貌特征方面存在较大差异。不同地区对优质肉鸡的外表特征、生长速度、上市日龄和体重,甚至性别都有不同的要求,在某个地区畅销的优质鸡到了另外一个地区也许就不被市场所认可。

第一节　优质肉鸡的外貌特征与特性

一、优质肉鸡的外貌特征

鸡的外貌部位大体可以分为头部、颈部、体躯与翅膀、尾部和腿 5 个部分（图 3－1）。羽毛也是表达鸡外貌特征的重要组成部分。

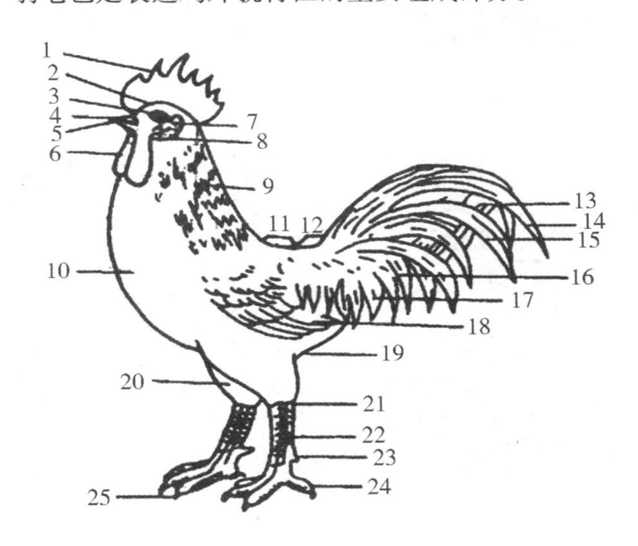

图 3－1　鸡的外貌部位

1. 冠　2. 头顶　3. 眼　4. 鼻孔　5. 喙　6. 肉髯　7. 耳孔　8. 耳叶　9. 颈和颈羽　10. 胸　11. 背　12. 腰　13. 主尾羽　14. 大镰羽　15. 小镰羽　16. 覆尾羽　17. 鞍羽　18. 翼羽　19. 腹　20. 小腿　21. 踝关节　22. 跖（胫）　23. 距　24. 趾　25. 爪

（一）头部

鸡的头部包括喙与鼻孔、面部、眼睛、耳叶、耳孔、鸡冠与肉髯等。头部的形态及发育程度能反映品种、性别、健康和生产性能高低等情况。分述如下：

1. 冠

冠为皮肤衍生物，位于头顶，是富有血管的上皮构造。不同品种有不同冠形；就是同一种冠形，不同品种，也有差异。鸡冠的种类很多，是品种的重要特征，可分为单冠、豆冠、玫瑰冠、草莓冠、羽毛冠等，见图 3－2 至图 3－5。

图 3－2　单冠

图 3－3　豆冠

图 3－4　玫瑰冠

图 3－5　羽毛冠

大多数品种的鸡冠为单冠。冠的发育受雄性激素控制，公鸡的冠较母鸡发达。冠的颜色大多为红色（羽毛冠指肉质部分），色泽鲜红、细致、丰满、滋润是健康的征状。有病的鸡，冠常皱缩，不红，甚至呈紫色（除乌骨鸡）。产蛋母鸡的冠愈红，愈丰满的，产蛋能力愈高。

2. 喙

喙（图 3－6）由表皮衍生的角质化产物，是啄食与自卫器官，分为上喙和下喙，上喙略长于下喙。喙的前端较尖，其颜色因品种而异，一般与胫部的颜色一致。健壮鸡的喙应短粗，稍微弯曲。鼻孔位于上喙后部的两侧，为扁长型。

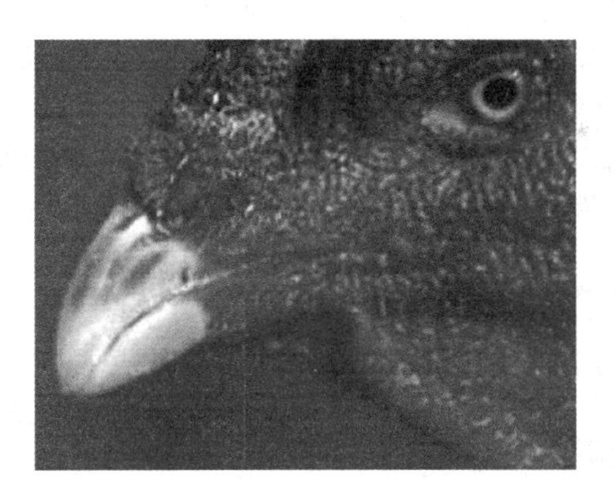

图 3－6　鸡的喙部

3. 脸

脸（面部）表面着生有细小的羽毛，部分皮肤外露。雏鸡面部皮肤颜色为灰黄色或黄红色，10 周龄前后在性激素的作用下，面部皮肤变红；健康鸡脸色红润无皱纹，老弱病鸡脸色苍白而有皱纹。

4. 眼

眼位于脸中央，健康鸡眼大有神且反应灵敏，向外突出，眼睑单薄，颜色因品种而异。

5. 耳叶

耳叶位于耳孔下侧，呈椭圆形或圆形，有皱纹，颜色因品种而异，常见的有红、白两种。耳孔位于面部的后方两侧，外面覆盖有短小的羽毛能够防止飞虫和粉尘进入。

6. 肉髯

肉髯是颌下下垂的皮肤衍生物，左右组成一对，大小对称，其色泽和健康的关系与冠同。

7. 胡须

胡为脸颊两侧羽毛，须为颌下的羽毛。

（二）颈部

因品种不同颈部长短不同，鸡颈由 13～14 个颈椎组成。颈部比较灵活，能够上下和左右转动，能够梳理全身的羽毛。

（三）体躯

鸡的体躯由胸、背、腰和腹 4 部分构成，与性别、生产性能、健康状况有密切关系。胸部是心脏与肺所在的位置，应宽、深、发达，既表示体质强健，如为肉鸡,也表示胸肌发达。腹部容纳消化器官和生殖器官,应有较大的腹部容积。特别是产蛋母鸡,腹部容积要大。腹部容积常采用以手指和手掌来量胸骨末端到耻骨末端之间距离和两耻骨末端之间的距离来表示。这两个距离愈大,表示正在产蛋期或产蛋能力很好。尾部应端正而不下垂。

(四)四肢

鸟类适应飞翔,前肢发育成翼,又称翅膀。翼的状态可反映禽的健康状况。正常的鸡翅膀应紧扣身体,下垂是体弱多病的表现。鸟类后肢骨骼较长,其股骨包入体内,胫骨肌肉发达,外形称为大腿;胫部细长,胫部鳞片为皮肤衍生物,年幼时鳞柔软,成年后角质化,年龄愈大,鳞片愈硬,甚至向外侧突起。因此可以从胫部鳞片软硬程度和鳞片是否突起来判断鸡的年龄大小。胫部因品种不同而有不同的色泽,优质肉鸡的胫部颜色常见的为黄色、青色,个别有肉色、黑色。鸡一般有 4 个脚趾,少数为 5 个。公鸡在胫部内侧有距,距随年龄的增长而增大,故可根据距的长短来鉴别公鸡的年龄。

胫部的长短在优质鸡育种方面具有重要意义,主要是因为不同地区消费者对优质鸡胫部的长度要求不同,如在广东、广西和香港、澳门地区喜欢胫部较短的,而在江西、浙江、上海地区则喜欢中等长度的,北方地区的要求不严格。一些适宜于放牧饲养的优质鸡要求胫部要较长,便于奔跑和跳跃。胫部的粗细与生长速度有关,胫部粗的品种其生长速度较快。

(五)尾部

尾部主要包括生长在尾综骨上的尾羽和尾脂腺。公鸡尾部在主尾羽和覆尾羽的上面有大镰羽和小镰羽,母鸡有主尾羽和覆尾羽。尾脂腺位于尾综骨的背侧,有 2 个,但是以一个锥状突起开口于其尖端,其分泌物涂抹在羽毛上能够使羽毛光润。

(六)羽毛

羽毛是禽类表皮特有的衍生物,成分是角质蛋白。羽毛供维持体温之用,对飞翔也很重要,也是保护性体组织,同时还能够反映出鸡的性别、性成熟状态等。羽毛在不同部位有明显界限,鸡的各部位的羽毛特征如下:

1. 颈羽

着生于颈部,上段的羽毛较为短小,下段羽毛较长。母鸡颈羽短,末端钝圆,缺乏光泽,公鸡颈羽后侧及两侧长而尖,像梳齿一样,也叫梳羽。

2. 翼羽

两翼外侧的长硬羽毛,是飞翔和快速行走时用于平衡躯体的羽毛。翼羽中央有一较短的羽毛称为轴羽，由轴羽向外侧数，有 10 根羽毛称为主翼羽；向内侧数，一般有 11 根羽毛，叫副翼羽，见图 3 –7。每根主翼羽上覆盖着一根短羽，称覆主翼羽；每根副翼羽上，也覆盖一根短羽，称为覆副翼羽。

图 3 –7　鸡的主翼羽和副翼羽

3. 鞍羽

家禽腰部亦叫鞍部，母鸡鞍部羽毛短而圆钝，公鸡鞍羽长呈尖形，像蓑衣一样披在鞍部，故称为蓑羽。

4. 尾羽

尾羽包括主尾羽和覆尾羽。公母鸡都有短的主尾羽，两者的覆尾羽有较大差别，母鸡覆尾羽直而且较短，公鸡的覆尾羽发达，长而弯曲，状如镰刀形，覆盖第一对主尾羽的覆尾羽叫大镰羽，其余相对较短称为小镰羽。

二、优质肉鸡的体尺指标

1. 体斜长

用皮尺沿体表测量肩关节至坐骨结节间距离，代表的是鸡体型的大小，本指标数据大说明鸡的体型大、体重大。

2. 胸宽

用卡尺测量两肩关节之间的体表距离，是衡量胸部发育的重要指标，胸宽数据大说明鸡的胸部发达，胸肌较多。

3. 胸深

用卡尺测量第一胸椎到龙骨前缘间的距离，是衡量胸部发育的另一重要指标，胸深数据大同样表示鸡的胸部发达，胸肌较多。

4. 胸角

用胸角器在龙骨前缘测量两侧胸部角度，是衡量胸肌发育情况的体尺指标，示度值越大说明胸肌越发达。

5. 龙骨长

用皮尺测量体表龙骨突前端到龙骨末端的距离。

6. 骨盆宽

用卡尺测量两坐骨结节间的距离。

7. 胫长

用卡尺测量胫部上关节到第三、第四趾间的直线距离。不同品种的胫长存在差异,有的品种胫部长,尤其是地方良种鸡;有的培育品种或配套系鸡的胫部较短。胫部长短不同的优质鸡在不同地区市场的认可度不一样。

8. 胫围

胫部中部的周长。与胫长类似,存在品种间的差异。

三、优质肉鸡的生物学习性

(一)代谢旺盛

只有给鸡创造一个良好的养殖环境,给予充分的饲料和平衡的营养才能保证正常代谢。鸡的正常体温为41℃,比一般哺乳动物高。鸡的发热体温为43~44℃。抱窝鸡的体温也比正常体温略高0.5~1℃。初生雏的体温比成年鸡体温略低,大约4日龄后才开始增高,到7~10日龄即达正常体温。幼雏的绒毛保温能力很差,因此,育雏时需要较高的温度(32~34℃)。幼雏在正常的饲养管理条件下,长到6~7周龄时,绒毛脱尽,换上羽毛,才具有一定的保温能力。

(二)消化系统结构特殊

鸡消化道短,饲料利用率低。鸡的消化道只有体长的6倍,因此消化快吸收不完全。饲料在消化道内停留的时间短,产蛋鸡和小鸡需4小时,非产蛋鸡需8小时,抱窝鸡需12小时。因此,鸡每天采食次数也比一般家畜多。

(三)抗病能力差

鸡没有淋巴结,阻止病原体侵入体内的能力差,肺与气囊又相通,气囊通向骨髓腔,因此极易由空气吸入而被感染支原体。

(四)对环境敏感

鸡喜干怕湿,潮湿的环境不利于鸡群的健康和生长发育。鸡对温度的变化敏感,虽然羽毛具有良好的保温作用,使鸡能够耐寒,但是成年母鸡在较低的气温下,虽不至于冻死,但产蛋量显著下降,甚至停产。鸡也不太耐热,主要是体表的羽毛会阻碍体热的散发,而且由于没有汗腺,无法通过皮肤出汗进行散热，当气温升高时，鸡能依靠加速呼吸空气借以散热，来保持体温的平衡，因此在天气炎热时，应搞好防暑措施。温度的突然下降会引起鸡受凉而发生感冒，并继发其他感染。育成后期和成年鸡对光照时间变化和光照强度的反应也很敏感。环境中有害气体的浓度高会刺激鸡的呼吸道黏膜和眼结膜，造成炎症的出现并诱发传染病。

（五）合群性与好斗性

鸡喜欢集群，一般不单独活动，适宜群饲，但从生理学角度看，鸡的认辨力不超过120只，若鸡群过大，鸡相互不熟悉易斗架。平养鸡群每个小群（小圈）鸡的数量不宜过多，在容易发生啄癖的3周龄后阶段，每个小群的鸡数量应控制在100～300只。饲养密度要适当，否则会引起互啄癖的发生，使生产受损。3周龄以后的鸡群要注意不同小圈的鸡尽量避免混群，否则容易发生争斗，尤其是公鸡之间的争斗比较常见。

（六）易受惊吓

鸡的神经类型活跃，易受惊吓引起骚动不安，陌生的声音、动作以及陌生人和其他动物的靠近等都会引起鸡的应激反应，惊叫、逃跑、炸群，甚至乱窜乱撞，从而影响生产力甚至造成死亡。因此，开放型鸡舍实行笼养时，鸡体所在高度的鸡舍围护侧壁应设遮挡鸡群视线的护板或护墙；要注意保持鸡舍的安静，不能让陌生人和动物进入鸡舍。

（七）抱窝习性

抱窝是鸡在粗放养殖状态下繁育后代的一种行为，抱窝期间鸡的采食和饮水减少，长时间卧在产蛋窝里，停止产蛋。经过长期高强度选育的配套系其抱窝习性基本上已经消失，而我国绝大部分的地方鸡种依然保留有强弱不等的抱窝习性。许多培育的优质鸡种鸡还有较弱的抱性，需要及时采取措施进行醒抱处理。

（八）杂食习性

鸡是杂食性禽类，能够采食动物性、植物性和矿物性饲料，在饲料配制时要考虑饲料原料的多样性。在放养条件下鸡能够自主觅食各种虫子、草籽、青草、根茎和瓜果。

（九）栖高习性

鸡喜欢登高栖息，习惯在栖架上休息。放养的鸡在10周龄后能够飞跃到树上或屋顶。

（十）沙浴习性

放养的鸡喜欢在放养场地用爪和喙在地上刨出许多小坑，采食刨出的草根和沙粒，并卧在地上将细沙土揉到羽毛中，之后站起来抖落沙土，这样有助于使皮肤保持干爽，同时也能驱除体表寄生虫。

第二节　国内主要的优质肉鸡育种公司

我国开展优质鸡育种的公司比较多，其推向市场的鸡种也十分复杂，有很多是未经国家畜禽品种资源委员会审定的。作为在国内优质鸡行业影响较大的育种公司及其主要的商业鸡种见表3－1。

表3－1　我国主要的优质鸡育种公司概况

育种公司名称	主要推广的鸡种（配套系）
广东温氏南方家禽育种有限公司	新兴矮脚黄鸡、新兴黄鸡、新兴麻鸡、快大黄鸡、竹丝鸡、天露黑鸡、天露黄鸡、天露麻鸡、青脚麻鸡
康达尔养鸡公司	康达尔黄鸡配套系
广州江丰实业公司	江村黄鸡系列
广东省家禽研究所	粤禽黄鸡
新广畜牧公司	新广黄鸡
安徽省宣城市华大集团家禽育种公司	皖南黄鸡
广东省佛山市墟岗黄鸡畜牧公司	墟岗黄鸡
浙江省萧山玉泉家禽公司	萧山草鸡系列
江苏省武进市立华畜禽公司	雪山草鸡配套系
安徽省宣城市华卫禽业育种公司	皖江黄鸡、皖江麻鸡
北京市农林科学院畜牧兽医研究所	北京油鸡
河南固始县三高集团	固始鸡
广西南宁市良凤农牧有限责任公司	良凤花鸡、快大型良凤黄鸡、良凤黑鸡、良凤青脚麻鸡、乌鸡
广西凤翔集团畜禽食品有限公司	凤翔青脚麻鸡、凤翔乌鸡
江西泰和县乌鸡养殖场	泰和丝羽乌骨鸡

续表

育种公司名称	主要推广的鸡种(配套系)
广东天农食品有限公司	清远麻鸡
海南(潭牛)文昌鸡育种有限公司	文昌鸡
四川大恒家禽育种有限公司	大恒699肉鸡配套系
山东省农业科学院家禽研究所	鲁禽系列麻鸡
河南兴农(舞阳)牧业有限公司	漯河麻鸡、新农绿壳蛋鸡、新农土蛋鸡

其他一些大中型优质肉种鸡场也在一定范围内推广自己选育的种群,很多都是以自己的公司名称进行命名的,其总量较少。

第三节　优质肉鸡品种与配套系

一、优质肉鸡地方品种

《中国家禽地方品种资源图谱》收录81个鸡品种,《中国禽类遗传资源》收入地方鸡种108个。这里介绍几个具有代表性的我国地方良种鸡。

(一)国家级鸡遗传资源保护品种

根据2014年农业部第2061号公告显示,进入国家级动物遗传资源保护名录的地方良种鸡有29种:大骨鸡、白耳黄鸡、仙居鸡、北京油鸡、丝羽乌骨鸡、茶花鸡、狼山鸡、清远麻鸡、藏鸡、矮脚鸡、浦东鸡、溧阳鸡、文昌鸡、惠阳胡须鸡、河田鸡、边鸡、金阳丝毛鸡、静原鸡、瓢鸡、林甸鸡、怀乡鸡、鹿苑鸡、龙胜凤鸡、汶上芦花鸡、闽清毛脚鸡、长顺绿壳蛋鸡、拜城油鸡、双莲鸡。这里主要介绍一部分在优质鸡生产与开发利用方面做得比较好的地方良种鸡。

1. 大骨鸡

大骨鸡又称庄河鸡,属肉蛋兼用型。原产于辽宁省庄河市。体形硕大,胸深背宽腹部丰满,颈粗,胫长而粗,墩实有力。单冠直立。喙、胫和趾多为黄色。成年公鸡体重3.0~6.5千克,母鸡2.3~4.8千克。210日龄开产,年产蛋140~160枚,平均蛋重60~70克。蛋壳深褐色。

2. 白耳黄鸡

白耳黄鸡属优质蛋用型鸡种。主产区在江西上饶地区广丰、上饶、玉山和浙江省江山市。体重较轻,羽毛紧密,后躯宽大。黄羽、黄喙、黄脚、白耳,故称

"三黄一白"。耳叶白色。眼大有神,虹彩橘红色。全身羽毛呈黄色。公、母鸡的皮肤和胫部呈黄色,无胫羽。母鸡开产日龄平均为151.75天,年产蛋平均为180枚,平均蛋重为54.23克。150日龄体重:公鸡1.43千克,母鸡1.02千克。

3. 仙居鸡

仙居鸡原产于浙江省仙居县。体形小巧,体形体态颇似来航鸡。头小颈长,背平直,翼紧贴体躯,尾部上翘,骨骼纤细。体质结实,体态匀称紧凑。单冠。喙、胫和趾有肉色、黄色和青色。成年公鸡体重1.4~1.5千克,母鸡0.75~1.25千克。150日龄开产,年产蛋180~200枚,最高产蛋269枚,平均蛋重40~45克。蛋壳颜色以浅褐色为主。

4. 北京油鸡

北京油鸡也称中华宫廷黄鸡,产于北京市北郊。肉蛋品质均优。体形中等,羽毛丰满蓬松,尾羽高翘。红色单冠和毛冠,有的个体有胡须。喙和胫为黄色。具有冠羽、胫羽、趾羽。成年公鸡体重2.0~2.5千克,母鸡1.5~2.5千克。210日龄开产,年产蛋110~125枚,平均蛋重56~60克。蛋壳颜色以褐色为主,也有少量淡紫色。

5. 丝羽乌骨鸡

丝羽乌骨鸡又名泰和乌鸡,是江西省泰和县特产,原产于泰和县武山北麓,根据产地又称武山鸡,因具有丛冠、缨头、绿耳、胡须、丝毛、毛脚、五爪、乌皮、乌肉、乌骨"十大"特征以及极高营养价值和药用价值而闻名世界。不同产区在不同饲养条件下其体重也存在较大差异。成年公鸡为1.3~1.8千克,母鸡相应为0.97~1.66千克。产肉性能:丝毛乌骨鸡的生长速度、蛋重和饲料营养水平密切相关,如5月龄时公鸡体重达成年公鸡体重的70.23%~80.62%,母鸡相应为82.53%~87.73%。公鸡半净膛屠宰率为88.35%,全净膛屠宰率为75.86%;母鸡分别为84.18%和69.50%。产蛋性能:开产日龄一般为170~205天,年产蛋为75~150枚,蛋重为37.56~46.85克。繁殖性能:公、母配种比例为1:(15~17),种蛋受精率为87%~89%,受精蛋孵化率为75%~86%。60日龄育雏率为78%~94%。

6. 清远麻鸡

清远麻鸡属小型肉用型鸡。原产于广东省清远县。体形呈楔形,前躯紧凑,后躯丰满圆浑,单冠,喙、胫黄色。公鸡羽色枣红色,母鸡麻色。成年公鸡体重2.18千克,母鸡1.7千克。开产日龄为150~180天,年产蛋量72~85

枚，平均蛋重46.6克，蛋壳淡褐色和乳白色。

7. 文昌鸡

文昌鸡原产海南岛东北部。该品种数量少，以散养为主，以母鸡肉似公鸡肉而著称，肉质鲜美，以肉用为主。近年来海南省利用文昌鸡为主要原料，研制成的"文昌椰子鸡"风味独特。

8. 惠阳胡须鸡

惠阳胡须鸡属中型肉用鸡种。原产于广东省惠州地区，体质结实，胸深背宽，胸肌发达，体形似葫芦瓜。单冠，喙、胫和皮肤金黄色。成年公鸡体重2.2千克，母鸡体重1.6千克，开产日龄为150～180天，年产蛋60～108枚，平均蛋重47克，蛋壳褐色。该品种以"三黄"(即黄喙、黄羽和黄脚)，肉嫩骨细，皮脆味鲜而成为广东三大名鸡之一。

9. 河田鸡

河田鸡属肉用型鸡。原产于福建省的西南地区，体形宽深，近似方形。单冠和角冠，红耳叶。喙、胫黄色。成年公鸡体重1.725千克，母鸡1.207千克。开产日龄为180天，年产蛋量100枚，平均蛋重43克，蛋壳颜色浅褐色和灰白色两种。

10. 溧阳鸡

溧阳鸡属肉用型鸡，原产于江苏省溧阳市。体形大，体形呈方形，胸宽，肌肉丰满，脚粗壮。单冠，喙、胫黄色。成年公鸡体重3.7～4.0千克，母鸡体重2.6千克，开产日龄为204～282天，年产蛋量120～170枚，平均蛋重57克，蛋壳褐色。

(二)部分省级鸡遗传资源保护品种

1. 萧山鸡

萧山鸡属蛋肉兼用型。原产于浙江省萧山区一带，现在分布很广，浙江省和江西省均有分布。萧山鸡体形较大，胸宽体深。红色小单冠，耳叶红色，喙、胫和皮肤均为黄色。成年公鸡体重2.5～3.5千克，母鸡2.1～3.2千克。180日龄开产，年产蛋130～150枚，平均蛋重55克，蛋壳褐色。

2. 桃源鸡

桃源鸡原产于湖南省桃源县。体形高大近方形。公鸡凶悍昂首，尾上翘，背呈"U"形，母鸡后躯深圆。单冠，红耳叶，喙、胫多为青色，也有黄色和黑色。成年公鸡体重4.0～4.5千克，母鸡3.0～3.5千克。开产日龄195天，年产蛋100～120枚，平均蛋重55克，蛋壳颜色浅褐色。

3. 寿光鸡

寿光鸡属肉蛋兼用型。原产于山东省寿光市。有大、中两种体形，骨骼粗壮，体长胸深，胸肌发达，肉质好。单冠。喙、胫和爪黑色，皮肤白色。羽毛颜色黑色。成年公鸡体重 3.6～3.8 千克，母鸡 2.5～3.1 千克。180～240 日龄开产，年产蛋 90～150 枚，平均蛋重 65 克，蛋壳红褐色。

4. 固始鸡

固始鸡属蛋肉型鸡。原产于河南省固始县和安徽省霍丘等相邻地区，中心产区为河南省固始县。体形有大、中、小 3 种类型。大多数属慢羽型。羽毛生长缓慢，外观清秀，体形细致紧凑呈三角形，神经质。尾形独特，有"直尾型"和"佛手型"两种。单冠为主，也有豆冠、草莓冠、玫瑰冠等其他冠形，喙、胫以青色为主，有少量其他胫色，皮肤白色。羽毛复杂，但以黄羽和红羽为主。成年公鸡平均体重 2.0～2.5 千克，母鸡 1.25～2.25 千克。开产日龄为 180 天，年产蛋 140～160 枚，平均蛋重 51.4 克，蛋壳浅褐或灰色。

5. 淅川乌骨鸡

淅川乌骨鸡产于河南淅川，具有"乌嘴、乌腿、乌皮、乌骨、乌肉"的特征。白色鸡占绝大多数，主体为白片羽。公鸡颈羽较长，颈羽后侧及两侧长而尖，色彩美丽，称为梳羽；尾羽可分主尾羽与覆尾羽，主尾羽高翘下弯，状如镰刀，覆尾羽稍短、弯曲；母鸡颈羽较短，末端钝圆，缺乏光泽；主翼羽一般 10 根，覆翼羽一般 11 根；主尾羽和覆尾羽结合紧凑，形成尖束状上翘；背羽较颈羽稍长，末端钝圆，相对偏稀疏；腹羽短而钝圆，紧凑附着乌骨鸡腹部；鞍羽着生于鸡背鞍部，相对公鸡明显短而钝圆。杂色母乌骨鸡占比例较少，但比杂色公鸡相对较多，以黄色片羽为主，其他芦花、浅麻次之，羽毛特征除颜色外，与白母乌骨鸡相同。绝大多数鸡没有胫羽。成年公鸡体重约 1.38 千克，母鸡约 1.25 千克。开产日龄为 160～180 天，年产蛋约 150 枚，平均蛋重 46 克，蛋壳颜色主要为粉色和绿色。母鸡有就巢性。

6. 四川山地乌骨鸡

四川山地乌骨鸡原产于兴文、沐川等县，近年来当地进行了闭锁繁育。该品种乌皮、乌肉、乌骨。羽毛片羽，羽色以全黑羽为主，少数为麻羽和白羽。单冠为主，少数为玫瑰冠，冠及肉髯母鸡乌黑，公鸡乌红。耳叶为乌色或翠绿色。喙、胫、趾乌黑。该品种成年体重公鸡约 2.4 千克、母鸡约 1.95 千克，开产日龄为 165～180 天，年产蛋 140～150 枚，平均蛋重 53 克；母鸡有较弱的就巢性。经过选育的种群 70 周龄产蛋 145～172 枚，蛋重 55～58 克。

7. 江山乌骨鸡

江山乌骨鸡原产地为浙江省江山市。该品种乌骨鸡羽毛纯白片羽,乌皮、乌肉、乌骨,喙、脚也有乌色,耳垂为雀绿色,单冠呈绛色,体态清秀,呈元宝形,眼圆大突出。胫部多数有毛,4 趾 1 距。成年公鸡平均体重为 1.9 千克左右,母鸡 1.6 千克左右,平均开产日龄为 184 天,500 日龄平均产蛋量为 138 枚,平均蛋重 49 克,蛋壳浅褐色。该鸡就巢性较弱。

8. 广西三黄鸡

广西三黄鸡属肉用型地方品种,原产地为广西壮族自治区桂平麻垌与江口、平南大安、岑溪糯洞、贺州信都,主产区为玉林、北流、博白、容县、岑溪等市(县)。皮肤黄色和白色。公鸡羽色绛红,颈羽颜色比体羽较浅,翼羽常带黑边,主尾羽与瑶羽也常呈黑色。母鸡均黄羽,但主翼羽和副翼羽常带黑边和黑斑,尾羽也多黑色,第一排覆主翼羽带稠密的黑斑或呈黑色,有的母鸡颈羽呈黑色斑点,或黄色镶黑边。胫黄色,少数胫肉色。90 日龄公鸡 725 克,母鸡 703 克;120 日龄公鸡 1 000 克,母鸡 989 克;成年公鸡 2 050 克,母鸡 1 600 克。143 日龄公鸡平均半净膛屠宰率 84.31%,母鸡 85.50%;143 日龄公鸡平均全净膛屠宰率 75.77%,母鸡 76.89%。母鸡平均开产日龄 165 天,早者 135 天。平均年产蛋 77 枚,平均蛋重 41 克。平均蛋形指数 1.32,蛋壳浅褐色。

9. 淮南麻黄鸡

淮南麻黄鸡原产地为安徽省六安市霍邱县、金安区、裕安区、寿县和淮南市,体形中等偏大,结构紧凑,体态匀称。成年公鸡体型较大,体躯丰满,体质结实;头较大,眼亮有神,羽毛为金红色,少数为金黄色,腹羽淡黄色。母鸡头较小,后躯较宽,羽毛麻黄色。淮南麻黄鸡 120 天,公鸡可达到 1.4 千克,母鸡 0.97 千克,成年公鸡 2.2 千克,母鸡 1.5 千克。开产日龄 151 天,母鸡 365 日龄产蛋量 140 枚。

10. 皖南三黄鸡

皖南三黄鸡也称宣州鸡,皖南三黄鸡为蛋肉兼用的中型鸡种,体形中等大小,结构匀称。成年公鸡体重 1.8 千克,其体态雄伟而健壮,体羽呈金色泛红;成年母鸡体重 1.5 千克,母鸡 160 日龄开产,平均年产蛋 140 枚左右。

二、优质肉鸡配套系

2013 年公布的经过国家家禽品种资源审定委员会审定的部分优质鸡配套系(品种)见表 3-2。

表3-2 通过国家审定的家禽品种配套系

序号	证书编号	配套系名称	第一培育单位
1	农09新品种证字第1号	康达尔黄鸡128配套系	深圳康达尔(集团)有限公司家禽育种中心
2	农09新品种证字第3号	江村黄鸡JH-2号配套系	广州市江丰实业有限公司
3	农09新品种证字第4号	江村黄鸡JH-3号配套系	广州市江丰实业有限公司
4	农09新品种证字第5号	新兴黄鸡Ⅱ号配套系	广东温氏食品集团有限公司
5	农09新品种证字第6号	新兴矮脚黄鸡配套系	广东温氏食品集团有限公司
6	农09新品种证字第7号	岭南黄鸡Ⅰ号配套系	广东省农业科学院畜牧研究所
7	农09新品种证字第8号	岭南黄鸡Ⅱ号配套系	广东省农业科学院畜牧研究所
8	农09新品种证字第9号	京星黄鸡100配套系	中国农业科学院畜牧研究所
9	农09新品种证字第10号	京星黄鸡102配套系	中国农业科学院畜牧研究所
10	农09新品种证字第12号	邵伯鸡配套系	江苏省家禽科学研究所
11	农09新品种证字第13号	鲁禽1号麻鸡配套系	山东省农业科学院家禽研究所
12	农09新品种证字第14号	鲁禽3号麻鸡配套系	山东省农业科学院家禽研究所
13	农09新品种证字第15号	文昌鸡	海南省农业厅
14	农09新品种证字第16号	新兴竹丝鸡3号配套系	广东温氏南方家禽育种有限公司
15	农09新品种证字第17号	新兴麻鸡4号配套系	广东温氏南方家禽育种有限公司
16	农09新品种证字第18号	粤禽皇2号鸡配套系	广东粤禽育种有限公司
17	农09新品种证字第19号	粤禽皇3号鸡配套系	广东粤禽育种有限公司
18	农09新品种证字第20号	京海黄鸡	江苏京海禽业集团有限公司
19	农09新品种证字第23号	良凤花鸡配套系	广西南宁市良凤农牧有限责任公司
20	农09新品种证字第24号	墟岗黄鸡1号配套系	广东省鹤山市墟岗黄畜牧有限公司
21	农09新品种证字第25号	皖南黄鸡配套系	安徽华大生态农业科技有限公司
22	农09新品种证字第26号	皖南青脚鸡配套系	安徽华大生态农业科技有限公司

续表

序号	证书编号	配套系名称	第一培育单位
23	农09新品种证字第27号	皖江黄鸡配套系	安徽华卫集团禽业有限公司
24	农09新品种证字第28号	皖江麻鸡配套系	安徽华卫集团禽业有限公司
25	农09新品种证字第29号	雪山鸡配套系	江苏省常州市立华畜禽有限公司
26	农09新品种证字第30号	苏禽黄鸡2号配套系	江苏省家禽科学研究所
27	农09新品种证字第31号	金陵麻鸡配套系	广西金陵养殖有限公司
28	农09新品种证字第32号	金陵黄鸡配套系	广西金陵养殖有限公司
29	农09新品种证字第33号	岭南黄鸡3号配套系	广东智威农业科技股份有限公司
30	农09新品种证字第34号	金钱麻鸡1号配套系	广州宏基种禽有限公司
31	农09新品种证字第35号	南海黄麻鸡1号	佛山市南海种禽有限公司
32	农09新品种证字第36号	弘香鸡	佛山市南海种禽有限公司
33	农09新品种证字第37号	新广铁脚麻鸡	佛山市高明区新广农牧有限公司
34	农09新品种证字第38号	新广黄鸡K996	佛山市高明区新广农牧有限公司
35	农09新品种证字第39号	大恒699肉鸡配套系	四川大恒家禽育种有限公司
36	农09新品种证字第42号	凤翔青脚麻鸡	广西凤祥集团畜禽食品有限公司
37	农09新品种证字第43号	凤翔乌鸡	广西凤祥集团畜禽食品有限公司
38	农09新品种证字第46号	五星黄鸡	安徽五星食品股份有限公司
39	农09新品种证字第47号	金种麻黄鸡	惠州市金种家禽发展有限公司
40	农09新品种证字第49号	镇宁黄鸡配套系	宁波市振宁牧业有限公司
41	农09新品种证字第50号	潭牛鸡配套系	海南(潭牛)文昌鸡股份有限公司

一些在生产中养殖量较大的优质鸡配套系的情况介绍如下：

1. 江村黄鸡

江村黄鸡由广州市江丰实业有限公司培育而成，分为JH-1号和JH-2号快大型鸡、JH-3号中速型鸡。其中江村黄鸡JH-2号、JH-3号2000年通过国家畜禽品种审定委员会审定。江村黄鸡各品系的特点是鸡冠鲜红直立，喙黄而短，全身羽毛金黄，被毛紧贴，体形短而宽，肌肉丰满，肉质细嫩，鸡味鲜美，皮下脂肪特佳，抗逆性好，饲料转化率高。既适合于大规模集约化饲养，又适合于小群放养。

2. 新兴黄鸡

新兴黄鸡由广东温氏食品集团南方家禽育种有限公司和华南农业大学培育而成。新兴黄鸡2号、新兴矮脚黄鸡通过国家畜禽品种审定委员会的审定。新兴优质三黄公鸡,60～70天上市,上市体重1.5～1.6千克;新兴优质三黄母鸡,80～90天上市,上市体重1.3～1.4千克。新兴优质肉鸡目前有多个配套系,包括黄羽和麻羽肉鸡,有速生型、优质型和特优型。

3. 良凤花鸡

良凤花鸡南宁市良凤农牧有限责任公司培育。该品种体态上与土鸡极为相似,羽毛多为麻黄、麻黑色,少量为黑色。冠、肉髯、脸、耳叶均为红色,皮肤黄色,肌肉纤维细,肉质鲜嫩。公鸡单冠直立,胸宽背平,尾羽翘起。项鸡(刚开产小母鸡)头部清秀,体形紧凑,脚矮小。该鸡具有很强的适应性,耐粗饲,抗病力强,放牧饲养更能显出其优势,父母代24周龄开产,开产母鸡体重2.1～2.3千克,每只母鸡年产蛋量170枚。商品代肉鸡60日龄体重为1.7～1.8千克,料肉比为(2.2～2.4):1。

4. 岭南黄鸡

岭南黄鸡是广东省农业科学院畜牧研究所岭南家禽育种公司经过多年培育而成的黄羽肉鸡配套系。

Ⅰ号为中速型三系配套,父母代公鸡为快羽,金黄羽,胸宽背直,单冠,胫较细,性成熟早;母鸡为慢羽(母系可羽速自别雌雄,公鸡为慢羽,母鸡为快羽),矮脚,三黄,胸肌发达,体形浑圆,单冠,性成熟早,产蛋性能高,饲料消耗少,具有节粮、高产的特点。商品代外貌特征为快羽,三黄,胸肌发达,胫较细,单冠,性成熟早,外貌特征优美,整齐度高。种鸡23周龄开产,体重为1.5千克,68周龄入舍母鸡产蛋185枚,68周龄体重2.05千克。商品代公鸡56日龄体重1.4千克,母鸡70日龄体重1.5千克。

Ⅱ号为快大型四系配套,公鸡为快羽,羽、胫、皮肤均为黄色,胸宽背直,单冠,快长;母鸡为慢羽,羽、胫、皮肤均为黄色,体形呈楔形,单冠,性成熟早,蛋壳粉白色,生长速度中等,产蛋性能高。商品代可羽速自别雌雄,公鸡为慢羽,母鸡为快羽,准确率达99%以上。公鸡羽毛呈金黄色,母鸡全身羽毛黄色,部分鸡颈羽、主翼羽、尾羽为麻黄色。黄胫、黄皮肤,体形呈楔形,单冠,快长,早熟。种鸡24周龄开产,体重为2.35千克,68周龄入舍母鸡产蛋180枚,68周龄体重2.8千克。商品代公鸡56日龄体重1.75千克,母鸡56日龄体重1.5千克。

5. 凤翔青脚麻鸡

凤翔青脚麻鸡属于快大型青脚鸡，青脚红冠黄肉，体型大，羽毛黄麻色，光亮紧贴，肉质鲜美；70 天公鸡 2.4 千克，母鸡 1.9 千克。

6. 粤禽皇鸡

粤禽皇 2 号（快大型黄鸡）配套系具有生长速度快，抗病力强，整齐度好，体圆胸宽，羽速自别雌雄。通过导入矮小型基因培育，把节粮、高产、长速快整合为一体，降低生产成本，是抗市场风险的理想品种。开产周龄为 24 周，开产体重（传统快大型母鸡 2.32 千克，节粮型母鸡 1.6 千克），68 周产蛋数（传统快大型母鸡 185 个，节粮型母鸡 200 个）。商品代肉子鸡 49 日龄体重：传统快大型公鸡 1.8 千克、母鸡 1.55 千克，节粮型公鸡 1.8 千克、母鸡 1.5 千克。

粤禽皇 3 号（优质型黄鸡）配套系具有体形紧凑，细脚黄羽，肉质优良，性早熟。开产周龄 21 周，开产体重 1.42 千克；68 周产蛋数 165 个；70 日龄公鸡体重 1.25 千克、100 日龄母鸡体重 1.4 千克。

7. 良凤花鸡

羽色为麻色或麻黄色，冠、肉髯、脸、耳叶均为红色，屠体皮肤、胫为黄色，公鸡单冠直立，胸宽挺、背平。父母代种鸡开产体重：公鸡 2.8～2.9 千克，母鸡 2.1～2.3 千克，5% 产蛋周龄为 24 周，65 周龄产蛋量 180 枚，种蛋量 165 枚，平均蛋重 57.2 克，种蛋受精率 96%，受精蛋孵化率 93%。商品代 60 日龄上市，平均体重 1.65 千克，肉料比 1:（2.2～2.4）。

8. 雪山鸡

雪山鸡是江苏省常州市立华畜禽有限公司利用我国优质地方良种藏鸡、茶花鸡杂交选育而成的一个肉鸡配套系，雪山鸡肉质纤细嫩滑，味道鲜香可口，深受广大消费者喜爱。雪山鸡不但具有藏鸡的野性足、好斗、善于飞翔等特点，而且还具有茶花鸡的美丽外表。公鸡胸腹部和背部的羽毛为黑红色，尾部羽毛呈墨绿色。母鸡颈部的羽毛为黄色，尾部羽毛为黑色，其余部分为麻羽。雪山鸡长羽快，性成熟早，一般公鸡 45 天啼鸣，母鸡 100 天产蛋。商品公鸡 85 天左右上市，体重 1.4～1.5 千克，料肉比 2.8:1；商品母鸡 110 天左右上市，体重为 1.25～1.4 千克，料肉比 3.5:1。

9. 漯河麻鸡

漯河麻鸡成年公鸡头大，嘴粗短整齐且呈荷包形，单冠，冠叶大而鲜红直立；胸深且略向前突；体躯呈马鞍形，羽毛金红色；体重 2.9～3.6 千克。成年母鸡头清秀，单冠直立，冠中等大小，呈鲜红色；头部和颈前 1/3 的羽毛呈深黄

色，颈长；背部羽毛分黄、棕、褐三色，有黑色斑点，形成浅麻、中麻、深麻3种；成年母鸡体重1.8~2.6千克。种鸡65周龄产蛋量185枚，平均蛋重52克，种蛋受精率95%。商品代60日龄上市，平均体重公鸡1.7千克，母鸡1.5千克。

10. 皖江麻鸡和黄鸡

皖江麻鸡公鸡体羽为红色，尾羽呈佛手形且为墨绿色；单冠，冠叶大而鲜红；胸宽深，胫粗长；青喙青胫。母鸡体羽紧凑，麻黄色；体躯丰满，单冠，冠叶大而鲜红，胫细长，青喙青胫。蛋壳为浅褐色。20周龄母鸡体重1.85~1.95千克；66周龄产蛋数197枚，66周龄母鸡体重2.4~2.45千克。

皖江黄鸡公鸡体羽紧密，金黄色；尾羽上翘，红黑羽交错分布；单冠，冠叶大而鲜红；胸宽背平，胫粗长；黄喙黄胫。母鸡体羽呈黄色；单冠，冠叶大而鲜红；胫细长；黄喙，黄胫，体羽丰满；蛋壳为浅褐色。20周龄母鸡体重2.1~2.2千克，66周龄产蛋数193枚，66周龄母鸡体重2.75~2.85千克。

第四节　优质肉鸡的繁育

一、杂交模式

优质鸡育种过程中大都采用杂交的方式，目的在于提高商品优质鸡的生长速度和降低鸡苗成本。为了保持地方鸡种的外貌特征和良好的肉质，通常采用的杂交方法是仅用外来品种杂交1次，再用地方鸡种公鸡与杂交母鸡再次杂交，使地方鸡种的血缘在商品优质鸡体内占到75%左右。

（一）快速型优质鸡杂交模式

快速型优质鸡育种过程要求商品代8周龄体重公鸡达到1.7千克以上，母鸡达到1.4千克以上。杂交用的外来品种体重较大、早期生长速度较快、母鸡的产蛋性能较高，如隐性白、萨索黄等。其杂交模式如图3-8。

地方良种鸡A♂×外来鸡种C♀

↓

AC♀×地方良种鸡B♂

↓

商品代优质鸡（BAC）

图3-8　快速型优质肉鸡三系配套模式

（二）矮小型种母鸡配套系的杂交模式

使用这种杂交模式，生产的父母代母鸡为矮小型，可以有效节约生产成本并提高每只鸡所占的笼底面积，再与正常体型的地方良种鸡公鸡杂交后，后代商品优质肉鸡的体型正常。其杂交模式如图3－9。

矮小型纯合品种B♂×地方良种鸡C♀

↓

BC（矮小型）♀×地方良种鸡A♂

↓

商品代优质鸡（ABC）

图3－9　矮小型优质肉鸡三系配套模式

（三）中速型优质鸡的杂交模式

要求商品代优质肉鸡生长速度为13周龄公鸡达到1.75千克，母鸡达到1.35千克。通常采用两个品种之间的杂交模式。父本一般使用外貌特征符合当地市场需要的、生长速度中等的地方良种鸡，母本选用产蛋量较高的与父本外貌特征相似的地方良种鸡。这样生产出的后代外貌特征相似。也有选用外貌特征符合当地市场需要的、生长速度中等的地方良种鸡做父本，用萨索隐性黄鸡做母本，后代的外貌特征与父本相同。其杂交模式如图3－10。

地方良种鸡A♂×地方良种鸡B♀

↓

商品代优质鸡（AB）

图3－10　中速型优质肉鸡两系配套模式

慢速型优质鸡一般都是利用地方良种鸡进行本品种选育的方法进行培育，然后推向市场。

二、优质肉种鸡的良种繁育体系

当代的优质肉鸡大都是通过纯系培育、配合力测定、品系配套、品系扩繁和杂交制种等一系列的过程，才用于商业生产的。杂交鸡的培育过程，就是良种繁育体系的基本内容。这一体系包括育种和杂交制种两部分：育种部分主要由育种单位收集育种素材，进行纯系的选育提高，通过配合力测定，筛选出优秀配套杂交组合；制种部分是根据参与配套品系的多少，逐级建立曾祖代场（原种场）、祖代场（一级场）、父母代场（二级场）和商品代场。

个良种繁育体系各个环节（各级场）既是一个有机的整体，在承担任务上又各有分工，在统一目标下，各司其职，中间环节总是起承上启下的作用，垂直联系。

1. 育种场

由收集到的育种素材,进行培育纯系。为使鸡群的基因纯合化,或用近交法,或用闭锁群选育法进行家系选育。培育1个纯系,至少要有60个家系。国外的育种公司,纯系的家系一般有120~160个。家系越多,选择压就越大,选育的进展也就更快。经过一段时间的选育,鸡群基本纯合后,通过品系间的配合力测定,选出最佳杂交组合。然后将成功的配套组合中的父系和母系提供给曾祖代场,从而进入繁育体系。

2. 曾祖代场

由育种场提供的配套纯系种蛋或种雏,在曾祖代场安家落户。曾祖代场进行配套纯系的选育、扩繁纯系,也继续进行杂交组合的测定。将优秀组合中的单性纯系提供给祖代场。例如,四系配套的曾祖代场,将A系公鸡,B系母鸡,C系公鸡和D系母鸡按一定的公母比例提供给祖代场。目前我国的曾祖代场与育种场结合在一起,叫原种场。如果是三系配套,则将终端父本的公鸡和母鸡(A系)、第一父本(B系)的公鸡和第一母本(C系)的母鸡按一定的公母比例提供给祖代场。

3. 祖代场

祖代场不进行育种工作,主要任务是用从曾祖代场得到的单性鸡,进行品系间杂交制种。如四系配套的用A系公鸡与B系母鸡杂交,C系公鸡与D系母鸡杂交,然后将单交种向父母代场提供,祖代场可以向父母代场提供单性的单交种雏(AB公和CD母),也可以提供种蛋。如果是三系配套则用A系纯繁,B系公鸡与C系母鸡杂交,向父母代场提供A系公雏和BC杂交母雏。

4. 父母代场

将祖代场提供的父母代鸡进行第二次杂交制种。若为四系配套即用AB公鸡与CD母鸡进行杂交;父母代场要把AB母鸡和CD公鸡淘汰掉,绝不能用反交方式进行杂交。如果为三系配套则用A系公鸡和BC杂交母鸡再次杂交。父母代场经过杂交制种,向商品代鸡场提供双交种母雏,即商品杂交鸡。

5. 商品代场

商品代鸡场的任务是接收父母代场提供的商品杂交鸡(ABCD或ABC),按杂交鸡的饲养管理指南,进行科学饲养,向社会提供商品优质肉鸡。

三、优质肉种鸡的引种

鸡种对养殖场、户来说非常重要,好的鸡种对以后的生产管理及鸡场效益都十分关键，在优质肉鸡的引种时，需要做好以下方面：

1. 了解市场需求

种鸡养殖场、户要考虑自己的商品鸡苗或肉鸡所针对的市场，必须对该地区目前的消费状况、对优质肉鸡的外貌特征要求、市场需求量和将来的市场发展趋势等做全面而细致的调查与分析。在了解和把握市场的基础上，确定适宜的饲养品种。

2. 了解本场的技术水平

与商品肉鸡相比，种鸡饲养要求养殖企业具备更高的养殖技术和管理技巧。有一定规模的养殖企业应配备相应的畜牧兽医技术人员，并加强有关种鸡饲养管理方面的培训工作。同时，经常与供种单位和科研院校保持联系，及时了解市场行情和养殖新技术。通过科学饲养，总结制定出一套适合于本场的饲养管理操作程序。

3. 衡量本场的经济能力

饲养优质肉种鸡要有较好的资金筹措能力，能够保证在市场行情低迷的情况下筹集资金用于维持生产。鉴于种鸡饲养周期长、投入成本大、市场波动大，养殖企业无论在引种时还是在之后的生产管理中，必须根据自身的经济能力合理使用资金，做到“看菜吃饭、量体裁衣”，合理确定种鸡的养殖量。国内在近几年由于优质鸡市场价格波动而导致养殖场资金链断裂、企业倒闭的情况确实不少。

4. 确认供种单位

在引种之前，必须全面了解供种单位的技术背景，重点是了解其是否具备育种与制种能力。育种需要一个长期的、循序渐进的累积过程，品种（配套系）需要几个世代的选育才能逐步成熟，任何靠“急功近利”或“揠苗助长”的办法是不可能培育出市场认可的品种（系）。规范的种鸡场要有当地畜牧行政主管部门发放的种畜禽生产经营许可证和动物卫生防疫条件合格证。同时，要注意了解该种鸡场在鸡白血病、鸡白痢净化方面所做的工作与成效。

5. 摸清品种价格

由于我国养殖行业法规不健全、父母代种鸡市场鱼目混珠、各供种单位品种质量良莠不齐，养殖户引种绝不能贪图便宜，只看价格而不顾品种质量，必须掌握以质论价，慎重引种。市场认可的品种尽管价位高一些，引种成本大一些，但在良好的饲养管理条件下，种鸡遗传性能稳定、生产性能优异，其商品鸡苗的生产成本反而较低。据粗略计算，1 只父母代种鸡从引种到开产前的直接成本为 35 ~45 元。

6. 选择引种时间

优质肉鸡父母代引种的时间取决于种鸡产蛋高峰期所在的季节和商品鸡苗上市的最佳时间。对于采用开放式饲养条件的养殖场,因酷暑与严寒季节会影响种鸡的产蛋率和受精率,故种鸡的产蛋高峰期应尽量避开这两个季节;而对于饲养条件较好(如采用封闭式鸡舍)的养殖场,种鸡的产蛋性能几乎不受外界环境条件的影响,引种时未必考虑种鸡产蛋高峰期所在的季节。

7. 引进技术资料

供种场提供鸡苗或种蛋的同时应该向引种者提供该品种(配套系)的饲养管理手册,其中应该包括鸡体重发育标准、饲料营养标准和喂料量标准、卫生防疫要求、生产性能标准等,便于引种者在生产中参考。

第四章　优质肉鸡的繁殖技术

在优质肉种鸡场饲养的成年种鸡有的采用人工授精技术，有的采用自然交配方法，以获得数量多、合格率和受精率高的种蛋。要达到这个目的，需要了解鸡的一些生殖特点，并在生产中加以利用。

第一节　蛋的形成过程

一、鸡的性成熟

性成熟是指当青年鸡饲养到一定的周龄、体重达到一定标准、第二性征形成、有交配行为表现并能够产生成熟的配子，初始具备这些要求的时期称为性成熟期。大多数优质肉种鸡的性成熟期在20周龄前后。但是，有许多因素会影响性成熟期的早晚，如青年鸡阶段光照时间长、饲料营养水平较高则会使性成熟期提早。

第二性征是指能够反映鸡性别的外貌特征。如公鸡在性成熟后其体形和体重大，鸡冠大、直立而且红润，羽毛华丽，梳羽和鞍羽（蓑羽）长而且末端尖，大镰羽和小镰羽长而弯曲，胫部的距较长等都是雄性第二性征的表现。母鸡则表现为体形偏小、鸡冠较小，梳羽和鞍羽（蓑羽）短而且末端钝圆，没有镰羽，距短小等。

二、卵泡发育与排卵

鸡的卵巢（图3－11）只有左侧能够正常发育，右侧在胚胎期就萎缩退化了。当雏鸡出壳后其卵巢上就已经形成了大量的初级卵母细胞，随着鸡周龄的增大卵泡也在发育，只是处于发育非常缓慢的状态。

当母鸡饲养到16周龄前后其卵巢上的卵泡开始进入较快的发育阶段，18周龄后发育更快。卵泡的发育过程就是其中卵黄物质的沉积过程，卵黄物质主要是磷脂蛋白，它是饲料经过消化吸收后在鸡的肝脏合成的，合成后经过血液循环输送到卵巢，再沉积到卵泡内。

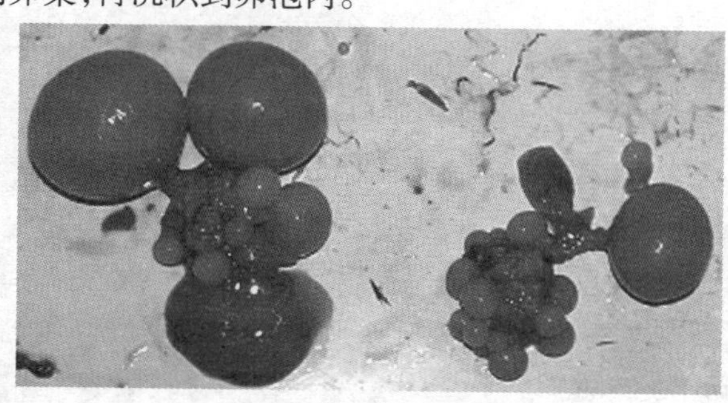

图3－11　母鸡的卵巢

一个成熟的卵泡其中的卵黄物质有90%以上是在成熟前的7~9天形成的。卵巢上虽然小卵泡数量很多，但是其发育是依序进行的，正常情况下卵巢上的大卵泡一般保持有3~4枚，中型卵泡（大于黄豆而小于桂圆）一般有4~6枚。

卵泡膜的表面有较多血管的分布，但是在其顶部有一条无血管分布的缝痕（称为排卵缝痕），当卵泡成熟后，卵泡膜从排卵缝痕处破裂，卵黄从中脱落，即发生排卵。大卵泡内的卵黄物质外周被卵黄膜所包裹。

当输卵管内有正在形成过程中的鸡蛋时，卵巢上成熟的卵泡也不排卵，通常要在蛋产出后约30分才发生排卵。如果成熟卵泡在下午2点之前没有排卵，在当天下午和晚上一般不会再排卵。

三、输卵管的功能与蛋的形成

除蛋黄外，蛋的其他部分都是在输卵管内形成的。鸡的输卵管（图3-12）在正常情况下也只有左侧能够发育（个别的右侧也会发育），输卵管长而且弯曲，根据不同区段的功能可以将输卵管分为五部分，在蛋的形成过程中各自起不同的作用。

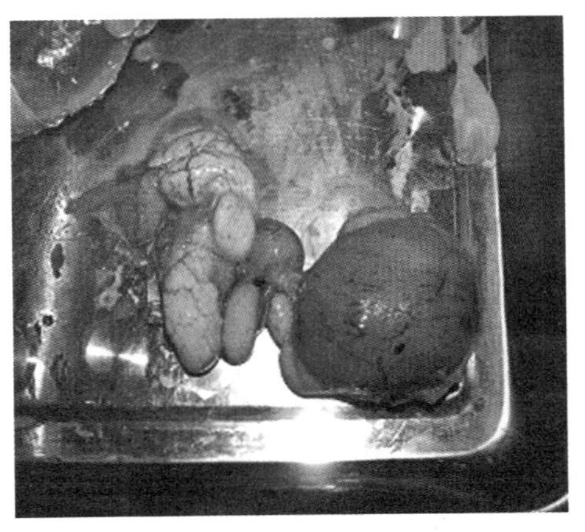

图3-12　母鸡的输卵管

1. 漏斗部

漏斗部位于输卵管的最前端，很薄，呈肉色，伸展开后呈漏斗状。当卵泡成熟排卵后，卵黄被漏斗部接纳，在漏斗的内壁皱褶处储存的精子与卵黄表面接触，并开始受精过程。漏斗部蛋黄没有发生其他变化。如果鸡受惊吓或有病，漏斗部的机能可能出现异常，不能正常地接收卵巢上排出的卵黄，致使卵黄进入腹腔，如果数量多了就会出现卵黄性腹膜炎。

2. 膨大部

膨大部是输卵管最长的部分，约占总长度的50%，管径较大，内壁黏膜层上有密集的腺体。当蛋黄通过漏斗部进入膨大部后，卵黄会刺激膨大部内壁黏膜上的腺体使其分泌浓稠的蛋白包裹在蛋黄的周围，这个过程一直持续到蛋离开膨大部。蛋黄在膨大部以旋转的形式向前运行，最初包裹在蛋黄表面的黏稠蛋白形成了系带和内稀蛋白层，之后在他们的外面又包裹了大量的浓稠蛋白。

3. 峡部

峡部的直径较细，蛋进入该部位后会刺激峡部的腺体分泌蛋白，其前半部的分泌物包裹在蛋白周围形成内壳膜、后半部的分泌物包裹在内壳膜外周形成外壳膜。蛋离开此部位的时候是软皮蛋。

4. 子宫部

子宫部的壁较厚，颜色较深。当蛋从峡部进入子宫部以后刺激子宫部腺体，腺体分泌水样的子宫液，这些液体深入壳膜内并将内部的黏稠蛋白稀释，使得靠近壳膜的蛋白成为外稀蛋白层，蛋白的重量增加约50%。大约经过1.5小时，子宫部腺体分泌碳酸钙沉积在外壳膜的表面形成蛋壳，蛋壳的形成过程持续时间为16~20小时，直到蛋产出之前。蛋壳中的色素也在子宫部随腺体分泌物一起沉积到蛋壳中。子宫部如果有炎症，蛋会刺激炎症部位引起子宫部的局部出现异常收缩，这样就会造成蛋壳出现皱纹或蛋壳粗糙(碳酸钙沉积不均匀)。

5. 阴道部

阴道部是输卵管的末段，开口于泄殖腔，是蛋产出时的通道。蛋在产出过程中经过阴道部与子宫部结合处的腺体时会刺激该部位腺体，其分泌物涂抹在蛋壳表面，在产出后遇到空气就形成胶护膜覆盖在蛋壳的外面。该部位腺体有炎症时会使蛋壳表面出现黑褐色斑点。

从蛋黄进入输卵管漏斗部开始直到蛋形成后产出，在输卵管内的经历时间为20~24小时。

四、产蛋

蛋在输卵管内形成后就等待产出。鸡的产蛋时间一般是在当天光照开始后的3~7小时，按照一般的管理方案，产蛋集中在上午9点以后至下午1点之前，这个时间段产出的鸡蛋占当天产蛋总数的90%以上。

产蛋率高的种鸡群上午产蛋最集中，健康状况不好的鸡群产蛋比较分散。

第二节　精子的形成过程

种公鸡的饲养目的在于能够提供量大质优的精液。

一、睾丸的发育

公鸡的睾丸左右对称，位于肾脏前叶的腹面、肺叶的后面，靠近腹部气囊，以短的系膜悬在腹腔顶壁正中两侧，其体表投影在最后两肋的背侧端。睾丸的外面包以浆膜和白膜，白膜由致密的结缔组织构成，其深入睾丸实质的部分形成分布在精细管间的结缔组织，称为睾丸间质。睾丸的实质主要由大量长而蜷曲的网状的精细管构成，精细管的长度和直径与性成熟有关，性成熟后精细管的长度急剧变长和直径变大。精细管的内壁是生精上皮，它是精子生成的场所。幼龄时睾丸如大麦粒状，重量不足1克；进入育成期后，其直径增大呈枣核状，颜色为淡黄色或带有其他色斑，但是重量的增加还较慢，16周龄公鸡单个睾丸的重量也只有2~3克；性成熟后睾丸体积增大，重量一般可达体重的1%~2%，公鸡的睾丸大如鸽蛋、形如橄榄或蚕豆，重量8~12克，培育品种鸡的睾丸呈白色，一些地方鸡种的睾丸颜色呈浅灰色。公鸡的睾丸和输精管见图3-13。

图3-13　公鸡的睾丸和输精管

二、精子的形成与储存

刚孵化出的公雏的睾丸中已存在精原细胞，大约在5周龄开始出现初级精母细胞，从10周龄开始产生次级精母细胞，大约在12周龄后生成精细胞，之后经过若干天发育成精子。

公鸡的附睾很小，当精子形成后就很快进入附睾并随之进入输精管，在其中储存，并完成其成熟过程。输精管壶腹部（膨大部）是主要的储存场所。精子在这里基本上不活动，并能在较长时间内保持受精能力。但是，在此处储存过久则会出现精子变性或死亡、被吸收。

鸡的精子形态：头部为弯曲的圆柱形，其前端有一个尖形的顶体，其后为一较短的颈，并连接一条较长的尾巴。尾部的长度约为头部长度的4倍。

三、精液的特性

鸡精液是由精子和精清（亦称精浆）两部分组成的，活的精子是悬浮于液态胶样的精清中。

与家畜精液相比，鸡精液中精清的含量较少，精子密度较大，以重量百分比计其中水分的含量为75% ~90%，干物质含量为10% ~25%。精清主要由输精管末端的膨大部分泌，睾丸网、睾丸输出管和附睾管也分泌少量的液体进入精液，若是采用人工授精，在采精时泄殖腔内的脉管体和淋巴褶也会分泌少量透明液进入精液。

鸡精液中几乎不含果糖、柠檬酸、硫组氨酸三甲基内盐、肌醇、磷酰胆碱和磷酸甘油胆碱；氯化物的含量低而钾的含量高；游离氨基酸的含量也较高，约为哺乳动物的10倍，而且主要是谷氨酸，它主要来源于精细管。公鸡精液中碱性磷酸酶的活性很高，这与精液有高度受精能力所需的最适能量代谢有关。

精液中所含维生素的量与种公禽本身的营养状况有密切联系，呈现为正相关关系。精液中维生素C的含量约为血液中的10倍，这与其抗氧化保护作用有关。

第三节　人工授精技术

鸡的人工授精是指通过专门技术将种公鸡的精液采出，经过适当处理，之后输入母鸡体内以代替自然交配的繁殖方式。在笼养方式已经普及的情况下，优质肉种鸡基本上都采用人工授精技术。

一、用品用具

人工授精用的用品和用具比较简单。

1. 采精器械

小玻璃漏斗形采精杯或10毫升试管。目前在生产中使用较多的是试管。

2. 输精器械

采用普通细头玻璃胶头滴管或专用输精枪、微量移液器。目前在生产中使用较多的是玻璃胶头滴管。

3. 其他器械和用品

剪刀、显微镜、高压锅或蒸锅；棉球、卫生纸。剪刀主要用于修剪公鸡肛门周围的羽毛，高压锅或蒸锅主要用于对采精和输精器械进行消毒；显微镜主要用于检查精液品质，一般不用。

二、采精技术

鸡的人工采精方法有多种，目前生产中应用最多的是按摩法。

（一）采精前的准备

1. 种公鸡的选择

要求符合品种特征，健康状况良好，发育良好，有一定营养体况，第二性征明显，性欲旺盛的个体。对于大多数优质肉种鸡的选择一般安排在19周龄前后鸡达到性成熟后进行。

2. 隔离与训练

选留的种公鸡在人工授精前2~3周饲养在专用的公鸡个体笼内，每只公鸡占用一个单体笼位。

公鸡每天训练1~2次，经2~3天后大部分可采取精液，此后坚持进行训练以促使公鸡建立条件反射。训练期间对精液品质差者、采不出精液者、精液和粪便一起排放者要淘汰。一般经过7~10天的训练就可以使公鸡形成条件反射。种公鸡条件反射建立起来后再采精就不需要按摩，可以直接挤压泄殖腔就能够采集精液。

3. 种公鸡的特殊饲养

要使用专用的种公鸡饲料，其中粗蛋白质的含量约16%，代谢能水平为11.4兆焦/千克，钙含量为1.5%；饲料中严格控制棉仁粕、菜籽粕的用量，有条件的可以不使用杂粕。

4. 环境条件控制

种公鸡每天光照时间要求为14~15小时。温度在10~30℃，注意防止温度的大幅度波动。

5. 剪毛

在采精训练开始之前应将公鸡肛门周围的羽毛剪去，要求公鸡的肛门能够显露出来，以免妨碍采精操作或污染精液。剪毛时剪刀贴近皮肤，但要防止伤及皮肤，之后用蒸馏水擦洗，待微干后采精。

6. 用具的准备和消毒

根据采精需要备足采精杯、储精杯等，经高温高压消毒后备用。集精瓶内水温保持30~35℃。

7. 人员配备与培训

人工授精人员要认真负责，并经过技术培训。

如果有条件种公鸡要有专用鸡舍，尽量避免与母鸡同舍饲养，以减少母鸡的惊群。

（二）双人按摩采精

在生产上多数情况下是3人为1个小组，2人抓鸡和保定，1人采精。

1. 鸡的保定

保定人员打开笼门后双手伸入笼内抱住公鸡的双肩，头部向前将公鸡取出鸡笼，用食指和其他3个指头握住公鸡两侧大腿的基部，并用大拇指压住部分主翼羽以防翅膀扇动，使其双腿自然分开，尾部朝前、头部朝后，保持水平位置或尾部稍高，保定者小臂自然放平将鸡固定于右侧腰部旁边，高度以适合采精者操作为宜。

对于小体型的公鸡，将其取出鸡笼后，用右手抓住鸡的双翅根部，左手抓住鸡的双腿胫部，放在身体的左前方，使公鸡尾部斜向前上方。

也可以采用其他保定方法，只要不对公鸡造成不良刺激，有利于保定和采精操作就可以。

2. 采精操作

采精者右手持采精杯（或试管）、夹于中指与无名指或小指中间，站在助手的右侧，与保定人员的面向呈90°，采精杯的杯口向外，若朝内时需将杯口握在手心，以防污染采精杯。右手的拇指和食指横跨在泄殖腔下面腹部的柔软部两侧，虎口部紧贴鸡腹部。先用左手自背鞍部向尾部方向轻快地按摩3~5次，以降低公鸡的惊恐感，并引起性冲动，接着左手顺势将尾部翻向背部，拇指和食指跨捏在泄殖腔两侧，位置中间稍靠上。与此同时采精者在鸡腹部的柔软部施以迅速而敏感的抖动按摩，然后迅速地轻轻用力向上抵压泄殖腔，此时公鸡性冲动强烈，采精者右手拇指与食指感觉到公鸡尾部和泄殖腔有下压感觉，左手拇指和食指即可在泄殖腔上部两侧下压使公鸡翻出退化的交接器并排出精液，在左手施加压力的同时，右手迅速将采精杯的口置于交接器下方承接精液。

若用背式按摩采精法时，保定方法于上同，采精者右手持杯置于泄殖腔下部的腹部柔软处，左手公鸡翅膀基部向尾根方向按摩。按摩时手掌紧贴公鸡背部，稍施压力，近尾部时手指并拢紧贴尾根部向上滑过，施加压力可稍大，按摩3～5次，待公鸡泄殖腔外翻时左手放于尾根下，拇、食指在泄殖腔上两侧施加压力，右手将采精杯置于交接器下面承接。

训练好的公鸡，在保定好后，采精者不必按摩，只要用左手把其尾巴压向背部，拇指、食指在其泄殖腔上部两侧稍施加压力即可采出精液。

每采完10～15只公鸡精液后（采精量为5～8毫升），应立即开始输精，待输完后再采。

保定和采精操作掌握的原则：不让公鸡感到不舒适、有利于提高采精效率、有利于精液卫生质量的保持。

（三）采精操作注意事项

要保持采精场所的安静和清洁卫生，减少对公鸡造成的应激和对精液造成的污染。采精人员要相对固定，不能随便换人，以利于公鸡条件反射的建立。在采精过程中一定要保持公鸡舒适，笼内抓鸡、保定时动作不能粗暴，不使公鸡受到强烈刺激，否则会采不出精液、精液量少或受污染。挤压公鸡泄殖腔要及时和用力适当，初学者往往挤压过早，即在交接器未翻出之前就急于挤压泄殖腔，导致采不出精液；有时在交接器翻出后未及时挤压泄殖腔，以致使交接器回缩。挤压泄殖腔用力要适当，过轻采不出精液，过重会造成损伤，尤其是在某些情况下鸡泄殖腔周围的皮肤发红。按摩时间过长会引起排粪尿和透明液过多及其他不良反射。整个采精过程中应遵守卫生操作，每次工作前用具要严格消毒，工作结束后也必须及时清洗消毒。工作人员手要消毒、衣服定期消毒。遇到公鸡排粪要及时擦掉，如果粪便污染精液则不要接取；遇到病鸡要标记、隔离，不要采精。采出的精液要移至储精管内置于30～35℃的保温杯内，以备使用。也可以把试管握在手中。

三、输精技术

输精时3人1组，其中2人负责抓鸡和翻泄殖腔，1人输精操作。每小时能够为400～500只母鸡输精。生产中一般当种鸡群产蛋率达到50%左右开始输精，特殊情况下也可以在产蛋率达到30%的时候开始输精。

（一）母鸡泄殖腔翻开技术

1. 抓鸡方法

在生产实践中母鸡的保定与翻开泄殖腔的操作方法常用的有3种。

（1）抓双翅翻开泄殖腔　操作时抓鸡人员左手抓住母鸡双翅基部从笼内取出，使母鸡头部朝向前下方，泄殖腔朝上，右手大拇指在母鸡后腹部柔软部位向前稍施压力进行推挤，其余四指头压在母鸡尾部腹面，泄殖腔即可翻开露出输卵管开口，然后转向输精人员，输精管插入输卵管内即可输精。输精结束后把母鸡放进笼内。

（2）抓双腿翻开泄殖腔　用左手握住母鸡的双腿，将鸡后躯拉出笼外，右手大拇指在母鸡后腹部柔软部位向前稍施压力进行推挤，其余四指头压在母鸡尾部腹面，泄殖腔即可翻开露出输卵管开口（图3－14）。

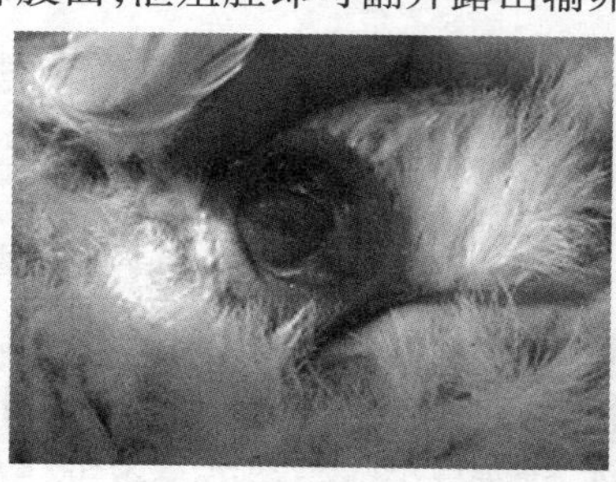
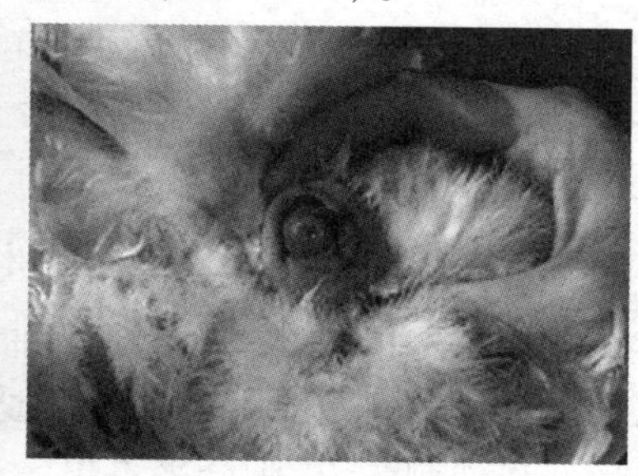

图3－14　翻开后的母鸡泄殖腔，露出输卵管开口

（3）半拉出笼外法　可以不把母鸡拉出笼外，输精时助手将手伸入笼内，以食指放于鸡两腿之间握住鸡的两条大腿将其后腹部拉出笼门（其他部分仍在笼内），使鸡的胸部紧贴笼门下缘，左手拇指和食指放在鸡泄殖腔上、下侧，按压泄殖腔，同时右手在鸡腹部稍施压力即可使输精管口翻出，输精者即可输精。当输精者拔出滴管后立即放松对鸡后腹部的按压，使泄殖腔回缩，然后将母鸡推进笼内。

如果没有翻开鸡的泄殖腔，不要继续用力，说明这只鸡没有产蛋。只要是处于产蛋期间的母鸡，泄殖腔很容易翻开。

（二）输精操作

输精人员通常左手握装有精液的试管，右手持胶头滴管。用滴管吸取0.03毫升的原精液输入到母鸡输卵管口内，拔出滴管经擦拭后再次吸取精液为下一只鸡输精。

作为输精操作人员要提早训练使用胶头滴管，控制好精液的吸取量，使得每次吸取的精液量约为0.03毫升，用于家禽输精的一般胶头滴管的玻璃管内吸入高度约1.2厘米，缓慢挤压胶头使精液刚好滴出略大于绿豆样的一滴。

（三）输精时间

输精时间与种蛋受精率之间有密切关系，当母鸡子宫内有硬壳蛋存在时会影响精子向受精地点运行，若此时输精则明显地影响种蛋受精率和受精持续时间。如鸡在蛋产出之前输精种蛋受精率仅为50%左右，产蛋后10分内输精效果有所提高，而在产蛋3小时之后输精则种蛋的平均受精率超过90%。因此，应在鸡子宫内无硬壳蛋存在时输精。

根据母鸡的产蛋时间分布规律，种鸡一般在下午2点至晚上8点输精。

（四）输精间隔

两次输精的间隔时间以4～5天为宜。生产上一般把一个鸡舍内的鸡群分为四部分，每天为其中一部分输精，四部分全输完后休息1天，再开始下一轮输精。

输精间隔超过7天种蛋受精率会受影响。如果间隔时间过短（少于3天）也不能提高种蛋受精率。

（五）输精深度与剂量

1. 输精深度

以输卵管开口处计算，输精器插入深度为2～3厘米。深度不够容易造成精液回流到泄殖腔；深度过大容易造成输卵管的损伤。

2. 输精剂量

若用未经稀释的原精液输精，鸡每次为0.025～0.03毫升，若按有效精子（具有受精能力的精子）数计算，每次输入量鸡为0.5亿～0.7亿个，总精子数最好为1亿个。

（六）输精注意事项

1. 保证精液新鲜

精液采出后应尽快输精，未稀释（或用生理盐水稀释）的精液要求在30分输完。

2. 精液应无污染

凡是被污染的精液必须丢弃，不能用于输精。

3. 输精剂量要足够

保证每次输入足够的有效精子数。

4. 减少对母鸡的不良刺激

抓取母鸡和输精动作要轻缓，插入输精管时不能用力太大以免损伤输卵管。输精后放母鸡回笼时都应该注意减少对母鸡可能造成的损伤。

5. 防止精液回流

输精深度合适；在输入精液的同时要放松对母鸡腹部的压力，防止精液回流。在抽出输精管之前，不要松开输精管的皮头，以免输入的精液被吸回管内；输精时防止滴管前端有气柱而在输精后成为气泡冒出。

6. 注意输精卫生

每输1只鸡要换一把输精器是最卫生的，但是实际生产中要多备几套，每输1只要用棉球或软纸擦净输精滴管后再用。当输完约20只鸡后换1个输精滴管。发现患病母鸡及时隔离，不对其输精以防精液污染和疾病传播。输精时遇到母鸡排粪要用软纸擦净后再输。

7. 防止漏输

第一是在一管精液输完后要做好标记，下一管精液输精时不会弄错位置；第二要防止抓错鸡；第三输精时发现母鸡子宫部有硬壳蛋时可以将其放在最后输精。

第四节 种鸡自然交配的管理

自然交配的繁殖方式适于地面散养或网上平养的种鸡。

一、自然交配的公母比例

公母配比是指一只公鸡能够负担配种的能力，即多少只母鸡应配备一只公鸡才能保证正常的种蛋受精率。快大型优质鸡种鸡采用自然交配时公母配比一般控制在1:（9~10）；中小体形的优质肉种鸡控制为1:（10~12）。

公母比例适当，对提高繁殖效果有利，若公鸡过少，则每只公鸡所负担的配种任务过大，就会影响精液品质，降低受精率；若是公鸡过多则由于“群体次序”的影响，一些体壮好斗的“进攻型”公鸡往往占有较多的母鸡，而一些胆怯的公鸡只能与少许母鸡交配，甚至不能交配，然而那些强壮好斗的鸡不一定其本身的种用价值（如遗传品质、精液质量等）就好，而且当其负担的母鸡过多时，势必造成全群受精率的降低。

要保证受精率能稳定在较高水平，不仅配偶比例要合适，还应注意选留一定数量的后备公鸡，以防在繁殖生产中个别公鸡因患病、伤残、死亡等原因而不能配种时及时更换或补充。在配种初开始时后备公鸡可按所需公鸡数量的10%选留。

二、种鸡利用年限

1. 配种适龄

家禽性成熟的主要标志是能够产生成熟的配子，然而性机能要在性成熟后几周才能稳定，若过早用于繁殖生产则种蛋合格率和受精率都低。种公鸡也易于过早衰退。母鸡一般在20周龄即达性成熟。但在其后几周内畸形蛋较多，公鸡约在12周龄开始生成精子，并可采得少量精液，然而精液质量还远达不到品质要求标准。

优质肉种鸡的配种适龄较大体型的品种在25周龄后，中小体形的种鸡在22周龄之后。

2. 种用年限

优质肉种鸡的产蛋率以第一个产蛋年度为最高，其后每年降低15%～20%，但是第二个产蛋年度蛋壳质量最好，蛋重均匀，且孵化出的雏鸡具有良好的抗病能力。由于优质肉种鸡具有容易出现腹部脂肪沉积的现象，尤其是产蛋后期这种表现更明显，因此在实际生产中一般饲养至66周龄前后就淘汰。

在育种工作中，某些特别优秀的个体可以延长使用1～2个繁殖年度。

三、自然交配配种管理

1. 大群配种

在一个数量较大的母鸡群体内按性比例要求放入公鸡进行随机配种，一般每群母鸡的数量为500～1 000只。有的种鸡舍较小，内部不分隔，一个鸡舍内只有一个鸡群；有的种鸡舍较大，可以分隔为4～6部分，就组成4～6个大群。

这种方法的优点是所需公鸡数量较少，如每百只鸡需5～6只公鸡即可，种蛋的受精率比较高。这种配种方法只能用于种禽的扩群繁殖和一般的生产性繁殖场。

2. 小群配种

将种鸡舍内分隔成多个小间，每个小间饲养种母鸡100～200只，公鸡

10～20只。

四、减少窝外蛋

窝外蛋是指种鸡将蛋产在产蛋箱之外的地面或网床上，窝外蛋容易被污染和破损，影响孵化效果。减少窝外蛋的措施：开产前提前2周在鸡舍内放置产蛋箱或设置产蛋窝；产蛋箱的数量要足够，3～4只母鸡要有一个产蛋窝；产蛋箱（窝）不要放在光线太强的地方；产蛋窝内的垫料要干净、松软，定期更换，以吸引母鸡进窝产蛋；发现产窝外蛋的个体，及时将其放入产蛋窝。

第五章　优质肉鸡孵化技术

在优质肉鸡生产中，孵化技术尤为关键。在种蛋的管理环节要做好种蛋的收集、种蛋的挑选、种蛋的消毒、种蛋的保存等操作。在孵化环节，孵化条件的控制、孵化的日常观察与记录以及照蛋、落盘、出雏、冲洗等操作要认真负责来完成。

第一节　种蛋管理

一、种蛋收集

种鸡产蛋后要及时收捡鸡蛋并送往蛋库，鸡蛋在鸡舍放置的时间越长则蛋壳表面微生物的数量会越多，微生物进入蛋内的概率就越高。

一般要求种鸡场从上午10点开始，每间隔1～2小时要捡蛋1次。在捡蛋的时候要注意将不合格的蛋与合格单分开放置。不合格的蛋包括：双黄蛋、重量过小的蛋、破蛋、裂纹蛋、软壳蛋、沙皮蛋、畸形蛋、沾有粪便的蛋等。

二、种蛋选择

（一）种蛋的来源选择

种蛋的品质取决于种鸡的遗传品质和饲养管理条件的优劣。种蛋应该来源于生产性能高而稳定，繁殖力强和健康无病的种鸡群，种鸡应该喂饲全价饲料，有科学的环境管理和配种制度。种鸡的年龄适当，饲养管理方法科学。

引进种蛋时尤其要考虑种鸡的健康状况，凡患有沙门菌病（白痢、伤寒、副伤寒）、慢性呼吸道病、大肠杆菌、淋巴白血病等疾病的种鸡往往通过感染种蛋而将病传给雏鸡；患病或初愈的种鸡所产蛋也不宜做种蛋用。引种时不能从疫区引种。目前，我国有相当一部分优质肉鸡育种公司不重视对白痢和白血病的净化，致使种鸡群中这两种可以垂直传播的疾病阳性率很高，据我们对部分种鸡群的测定，白痢阳性率一般为2%～5%，个别的能够超过10%；白血病阳性率个别的达到20%以上，这必须引起注意。

作为种鸡场应该有种畜禽生产经营许可证和动物卫生防疫合格证。

（二）种蛋性状的选择

目前主要采用外观性状选择法。

1. 蛋壳颜色

蛋壳颜色是重要的品种特征之一，壳色应符合本品种的要求，颜色要均匀一致。有时在饲养优质肉种鸡时会发现一些蛋表面的颜色不一致（也称阴阳蛋），其受精率比较低。

2. 蛋重

蛋重应符合品种标准，优质肉种鸡由于类型较多，体型和体重差异较大，

对种蛋重量的要求也有差异。一般要求在45～55克，超过标准范围±10%的蛋不宜做种用，蛋重过小则雏鸡体重小，体质弱，蛋重大则孵化率低；蛋重大小均匀可以使出壳时间集中，雏鸡均匀一致。对于一些优质肉种鸡场，有合作种鸡养殖户，从不同养殖户收集的种蛋大小会有差异，一般要求按照种蛋大小分级孵化，保证每个孵化器出的雏鸡体重大小均匀。

3. 蛋的形状

蛋的形状应为卵圆形，一端稍大钝圆，另一端略小。蛋形指数（横径与纵径之比）以0.70～0.74为好。过长、过圆、腰凸、橄榄形（两头尖）的蛋都应剔除。

4. 蛋壳清洁度

蛋壳表面应清洁无污物。受粪便、破蛋液等污染的蛋在孵化中胚胎死亡率高，易产生臭蛋污染孵化器和其他胚蛋。若沾有少许污物的蛋可经水洗、消毒后尽快入孵。

5. 蛋壳质地

要求蛋壳应致密，表面光滑不粗糙。首先要剔出破蛋，裂纹蛋，皱纹蛋；厚度为0.25～0.33毫米，过厚的蛋影响蛋内水分的正常蒸发，出雏也困难；蛋壳过薄容易破裂，蛋内水分蒸发过速，也不利于胚胎发育。砂皮蛋厚薄不均也不宜用。

三、种蛋运输

1. 种蛋的包装要求

种鸡蛋的包装常用特制的种蛋箱，种蛋箱分为两种：一种是塑料或纸浆蛋托和纸箱；另一种是有层间、蛋间间隔纸箱，使用时可将种蛋放于蛋托上（钝端向上）在摆入箱内，或者是在每层的小方格中将蛋平放或大头朝上放置，最后在上方加盖较弱的纸板或其他垫料并捆扎。规格化的蛋箱可以放置300枚或360枚种蛋（每箱放10或12个蛋托）。包装用具及垫料要清洁、卫生，防止种蛋受污染。

种蛋包装后还应注意标明一些必要的项目：品种、品系、日期、防压、防震、防热、防冻等。

2. 种蛋的运输

种蛋运输要求应是快速、平稳，尽量缩短路途时间和减轻震动。常用的运输工具为箱式汽车等。运输中应注意：防日晒雨淋，防热防寒，防振荡挤压。

四、种蛋储存

种蛋必须保存在专用的蛋库内。无论是种鸡场或是孵化厂都必须设置专门的蛋库。

1. 种蛋储存室

种蛋储存室(蛋库)应有良好的隔热性,有条件者要使用空调器;室内要清洁,无杂物;要求密闭性好,能防尘沙,防蚊蝇、麻雀和老鼠进入;空气流通,能防阳光直晒和间隙风。

储存室一般分为两部分:一部分作为种蛋分拣、统计、装箱与上架等用,另一部分则专供储存种蛋。

2. 种蛋保存的环境

(1)保存温度　一般认为家禽胚胎发育的临界温度为23.9℃,但是当温度达不到37.8℃时胚胎的发育是不完全发育,容易导致胚胎衰老、死亡;温度过低胚胎因受冻而失去孵化价值。在生产中保存种蛋时把温度控制在10～18℃,保存时间不超过1周时温度控制在14～18℃,要注意防止蛋库内温度的反复升降。

(2)相对湿度　蛋库中适宜的相对湿度为75%～80%。过低则蛋内水分散失太多;过高易引起霉菌滋生、种蛋回潮。

(3)存放室的空气　空气要新鲜,不应含有有毒或有刺激性气味的气体(如硫化氢、一氧化碳、消毒药物气体),尽可能降低空气中的粉尘含量。

3. 保存期间的翻蛋

种蛋保存期间翻蛋可以防止蛋黄与壳膜粘连而引起的胚胎死亡。一般认为保存时间不超过1周时每天翻蛋1次,超过1周时,每天翻2次。目前的孵化厂种蛋一般都是装入蛋盘并放入蛋架车后储存,方便翻蛋操作。

五、种蛋消毒

种蛋消毒的目的在于杀灭蛋壳表面的微生物。刚产出的蛋其表面即有微生物附着,病原很快地繁殖,地面散养的家禽则种蛋污染程度更大,微生物繁殖速度也更快。随着蛋产出后时间延长微生物侵入壳内之后则难以杀灭,容易造成蛋的变质。

1. 消毒次数和时间

种蛋消毒应该进行2次。第一次在种蛋收集后马上消毒,在规范化的种鸡场应该在种鸡舍的工作间设置消毒柜，在每次收集种蛋后立即消毒，消毒后运送到蛋库；第二次在入孵前后进行。

2. 消毒方法

孵化中种蛋的消毒方法常用的主要有以下两类：

(1)熏蒸消毒　用药物气体对种蛋表面进行消毒，可用于每次消毒过程。最常用的是福尔马林和高锰酸钾熏蒸消毒法。

按消毒室空间计，每立方米用福尔马林 30 毫升，高锰酸钾 15 克；将药物加入陶瓷或搪瓷盆（耐高温、耐腐蚀）内，盆的容量要大于药物用量的 4 倍以防药物溢出；加药时应先加入不容易倒入的药物，再加容易倒入的药物，一般先将称量好的高锰酸钾放入盆内，再将定量的福尔马林加入；药物加入后密闭熏蒸 15 ~ 20 分，然后打开门窗，并用排气扇将室内药味抽出，将消毒容器取出放到室外。消毒时关严门窗、通气孔，消毒环境相对湿度为 75%、温度为 25 ~ 30℃时效果良好。

其他也有用过氧乙酸或烟熏块（剂）进行熏蒸消毒的，操作方法见药物使用说明。

(2)浸泡或喷淋消毒　将种蛋浸在消毒药水中或将消毒药水喷洒在蛋的表面。

1)常用药物　要求毒性低、腐蚀性小、刺激性小。常用的有：次氯酸钠、84 消毒剂、络合碘、威力碘、百毒杀（双链季铵盐类）、高锰酸钾、新洁尔灭（具有表面活性作用）等。

2)药液浓度　按照药物使用说明配制，温度在 40℃左右。分次进行浸泡消毒时要注意及时添加药物。

3)消毒时间　浸泡消毒 2 ~ 5 分。

第二节　孵化条件

一、孵化温度

孵化温度分为两段控制，即孵化器温度和出雏器温度。鸡蛋孵化过程中孵化器内温度控制的最佳标准为 37.8℃（100 ℉），出雏器内温度应保持为 37.3℃（99 ℉）。

如果使用巷道式孵化器，在孵化器内有不同胚龄的种蛋，可以采用变温孵

化。鸡蛋孵化过程中变温孵化温度控制:1~3天39℃,4~10天37.8℃,11~17(或18)天37.5℃,18(或19)天后37~37.2℃。

孵化过程中温度偏高或偏低都会影响胚胎的正常发育,其影响程度与温度偏差幅度、持续时间和胚龄大小有关。温度偏高会使胚胎发育加快、孵化期缩短,死亡胚胎和畸形雏、弱雏增多。温度超出标准范围幅度过大、影响时间过长会对胚胎发育造成严重的不良影响,胚龄越大对高温的耐受性越差。高温会导致雏鸡出现绒毛与壳膜粘连,雏鸡腹部小而且干硬。低温会使胚胎发育缓慢,孵化期延长,出雏率降低。相对而言家禽胚胎对低温的耐受能力要比高温时大。低温会造成雏鸡腹部膨大、松软,脐部湿。胚龄大对低温的耐受性高于小胚龄的胚胎。

孵化过程中胚蛋本身的温度受两方面的影响:一个是外源性供热如电热丝或其他供热装置,另一个是胚胎在发育过程中自身代谢所产热量。胚胎在不同的发育时期其本身所产生的热量也不一样:孵化初期胚胎处于细胞分化和组织形成阶段,胚体很小,所能产生的热量较少,这时种蛋的温度主要受孵化器内环境温度的影响,其后随着胚胎的日龄增大,物质代谢日益增强,胚胎本身产生大量的体热而使胚蛋感受到的温度明显上升。据研究入孵第四天的鸡胚每天产热量为1.26焦,而到第十九天时可达378焦,约为前期的230倍;孵化第一天蛋内容物温度略低于机内温度,第二天蛋内温度与机内温度相同,第十天蛋内温度比孵化器内高0.4℃,第十五天高1.3℃,第二十天要高出1.9℃,接近出壳时蛋内温度要比孵化器内高出3.3℃。

晾蛋一般在孵化中后期进行,通常都是在12天以后进行,目的是为了防止由于孵化中后期胚胎产热过多造成蛋内温度过高。晾蛋时把孵化器门打开,关闭加热电源,电扇持续鼓风。每天晾蛋1~2次,每次晾蛋时间根据孵化室内温度(温度高)和胚龄大小(胚龄大则晾蛋时间长、胚龄小则晾蛋时间短)灵活掌握,一般时间为10~30分。当蛋表面温度下降到34℃左右或用眼皮感觉达到“温凉”即可。

二、相对湿度

孵化中相对湿度对胚胎发育的影响主要表现在3个方面:第一,调节蛋内水分蒸发,维持胚胎正常的物质代谢;第二,适宜的相对湿度可以使孵化初期的胚蛋受热良好,也有利于后期胚蛋散热;第三,后期有足够的湿度可以与空气中的二氧化碳共同作用于蛋壳使碳酸钙转变为碳酸氢钙,蛋壳变脆,有利于雏鸡啄壳。

鸡胚胎的发育对环境中相对适应范围比较宽，只要温度适宜，40% ~70%的相对湿度都不会有明显的影响。通常孵化器内相对湿度可保持为60%，出雏器内为70%。

三、通风换气

孵化过程中鸡胚胎不断地进行着气体代谢，即吸入氧气和排出二氧化碳。因此，在孵化中必须供给新鲜空气，排出浊气。

据测定，孵化器中氧气含量不低于20%，二氧化碳含量低于1%时可获得良好的孵化效果。当二氧化碳含量超过1%时，每增加1%则孵化率下降15%，同时还会出现较多的胎位不正现象和畸形、体弱的雏鸡；氧气含量低于20%会使孵化率降低，在20%的基础上含量每降低1%孵化率约下降5%。

在孵化设备设计时已经充分考虑了通风换气的要求。在生产中，孵化室的通风换气也是一个不容忽视的问题，除了保持孵化器顶部与天花板有适当距离外（不低于1米），还应有污气集中排放设备和送气设备，以保证室内空气新鲜。

四、翻蛋

孵化过程中翻蛋的作用主要体现在：防止胚胎与壳膜粘连，从生理上讲蛋黄含脂肪多，比重较轻，总是浮在上部，而胚胎则位于蛋黄的上面，长时间不翻蛋则胚胎与壳膜会发生粘连而引起死亡；有助于胚胎运动，保持胎位正常，也可改善胎膜血液循环；能使胚蛋各部受热均匀，在一定程度上可以缓解温差所造成的不良影响。

孵化器在设计时都采用自动翻蛋控制系统，一般是每天翻蛋12或24次，无论何种孵化方法每天翻蛋次数不宜少于6次，否则会降低孵化率。孵化前中期翻蛋是必须的，后期则不必翻蛋，因此孵化器有翻蛋系统，出雏器没有。在新型孵化器中都设计为90°。

五、其他

1. 孵化设备中的卫生状况

卫生状况不良时会增加胚胎死亡，雏鸡感染疾病（如曲霉菌病、大肠杆菌病等）。因此，要及时清除孵化器中的污物，保证良好的通风，进行严格的消毒。

2. 入孵蛋的位置

蛋的钝端朝上比锐端朝上孵化率高，孵化中后期胚胎头部朝向气室方向，若倒置会改变正常胎位，影响发育和代谢。

第三节　孵化管理

一、孵化前的准备

1. 制订孵化计划

在孵化前，根据孵化和出雏能力、种蛋的数量以及雏鸡的销售等具体情况，制订出孵化计划，填入孵化工作日程计划表（见表5-1）或孵化进程表（表5-2），非特殊情况不要随便变更计划，以便孵化工作顺利进行。

表5-1　孵化工作日程计划表

批次	入孵	照蛋	出雏器消毒	移盘	雏鸡消毒	出雏	出雏结束时间	雌雄鉴别	接种疫苗	接雏

表5-2　孵化进程表

日期 批次	2月1日	2~5	6	7~9	10、11	12~17	18、19	21、22
一 二 三	入孵		一照		二照		移盘	出雏

注意：制订计划时，尽量把费力、费时的工作（如入孵、照蛋、移盘、出雏等）错开。一般每周入孵两批（大型孵化厂每天都入孵），工作效率较高。如采用分组作业（码盘、入孵、照蛋，移盘、出雏，雏鸡雌雄鉴别等作业组），可2~3天入孵一批，孵化效果很好，工作效率更高。

2. 准备孵化用品

孵化前1周一切用品应准备齐全，包括：照蛋灯、温度计、消毒药品、防疫注射器材、记录表格（如表5-3）、电动机、易损插件、手电筒等。

表 5-3 孵化记录表

批次	上蛋日期	上蛋数	无精蛋			中死蛋			死胎	碎蛋	出雏			受精蛋数	受精率（%）	受精蛋孵化率（%）	入孵蛋孵化率（%）
			一照	二照	合计	一照	二照	合计			健雏	弱雏	合计				

3. 温度计的校正及试机运转

孵化器安装后或停用一段时间后，在投入使用前要认真校正、检验各机件的性能，尽量将隐患消灭在入孵前。

（1）温度计的校正　孵化用的温度计和水银电接点温度计要用标准温度计校正。

（2）机器检修及试机运转　在孵化前 1 周，进行孵化器试机和运转：先用手扳皮轮，听风扇叶是否碰擦侧壁或孵化架，叶片螺丝是否松动。有涡轮涡杆转蛋装置的孵化器，要检查涡轮上的限位螺栓的螺丝是否拧紧。手动转蛋系统的孵化器，应手摇转蛋杆，观察蛋盘架前俯后仰角度是否为 45°。上述检查，未发现异常后，即可接通电源，扳动电热开关，供温、供湿，然后分别接通或断开控温（控湿）、警铃等系统的触点，看接触是否严紧。接着调节控温（控湿）的水银电接点温度计至所需度数（如控温表 37.8℃，控湿表 32℃）。待达到所需温度、湿度，看是否能自动切断电源或水源，然后开机门并关闭电热开关，使孵化器降温。然后再关机门，开电热开关，反复测试数次。最后开警铃开关，将控温水银电接点温度计调至 39℃，报警水银电接点温度计调至 38.5℃，观察孵化器内温度超过 38.5℃时，报警器是否能自动报警。

经过上述检查均无异常，即可试机运转 1～2 天，一切正常方可正式入孵。

4. 孵化室及孵化器的消毒

为了保证雏鸡不感染疾病，孵化室的地面、墙壁、天棚均应彻底清洗消毒。每批孵化前孵化机内必须清洗，并用福尔马林进行熏蒸消毒。

二、孵化设备参数调整

1. 温度的观察与调节

孵化器控温系统，在入孵前已经校正。检验并试机运转正常，一般不要随意变动。刚入孵时，开门入蛋引起热量散失以及种蛋和孵化盘吸热，因此孵化器里温度暂时降低是正常的现象。待蛋温、盘温与孵化器里的温度相同时，孵化器温度就会恢复正常。每隔半小时通过观察窗里面的温度计观察一次温度，每2小时记录1次温度。有经验的孵化人员，还经常用手触摸胚蛋或将胚蛋放在眼皮上测温，必要时，还可照蛋，以了解胚胎发育情况和孵化给温是否合适。孵化温度是指孵化给温，在生产上又大多以“门表”所示温度为准。在生产实践中，存在着3种温度要加以区别，即孵化给温、胚蛋温度和门表温度。

上述3种温度是有差别的，只要孵化器设计合理，温差不大且孵化室内温度不过低，则门表所示温度可视为孵化给温，并定期测定胚蛋温度，以确定孵化时温度掌握得是否正确。如果孵化器各处温差太大，孵化室温度过低，观察窗仅一层玻璃，尤其是停电时，则门表温度绝不能代表孵化温度，此时要以测定胚蛋温度为主。

2. 湿度的观察与调节

孵化器观察窗内挂干湿球温度计，每2小时观察记录1次，并换算出机内的相对湿度。要注意包裹湿度计棉纱的清洁，并加蒸馏水。

相对湿度的调节，是通过放置水盘多少、控制水温和水位高低或确定湿度计湿度来实现的。湿度偏低时，可增加水盘扩大蒸发面积，提高水温和降低水位（水分蒸发快）加速蒸发速度。还可在孵化室地面洒水，改善环境湿度，必要时可用温水直接喷洒胚蛋，出雏时，要及时捞去水盘表面的绒毛。采用喷雾供湿的孵化器，要注意水质，水应经过滤或软化后使用，以免堵塞喷头。

3. 翻蛋设置

1~2小时转蛋1次。手动转蛋要稳、轻、慢，自动转蛋应先按动转蛋开关的按钮，待转到一侧45°自动停止后，再将转蛋开关扳至“自动”位置，以后每2小时自动转蛋1次。但遇切断电源时，要重复上述操作，这样自动转蛋才能起作用。

4. 通风量的调节

整批孵化的前3天（尤其是冬季），进出气孔可不打开，随着胚龄的增加逐渐打开进出气孔，出雏期间进出气孔全部打开。分批入孵，进出气孔可打开1/3~2/3。

三、日常管理

1. 观察记录

在日常的孵化管理工作中,值班者主要的任务是观察和记录孵化设备的运行情况,一般要求1小时在孵化室内巡视1次,每2小时记录1次。观察内容还包括室内是否干净、物品摆放是否整齐等。

2. 听异常声音

在孵化室巡视的时候要认真听设备运转的声音是否正常,如果设备出现问题,报警系统就会发出警示声音。

3. 闻有无异味

巡视过程中注意闻有无异味,如胶皮烧焦的味道、轴承磨损发出的异味、卫生状况差出现的臭味等。如果有异味要及时寻找其来源并及时处理。

四、照蛋

照蛋的目的是拣出无精蛋、中期死胚蛋,观察胚胎的发育情况。孵化过程中可照蛋1~2次。以鸡蛋为例,如果孵化白壳蛋则照二次,第一次在孵化的5~6天,第二次在移盘时,即18~19天;如果孵化褐壳蛋则在11天和移盘时各照蛋1次。也有只进行1次照蛋的,即在移盘前进行。照蛋要稳、准、快,尽量缩短照蛋时间,有条件的可提高室温。照完一盘,用外侧蛋填满空隙,这样不易漏照。照蛋时发现胚蛋小头朝上应倒过来,抽放盘时,有意识地对角倒盘(即左上角与右下角孵化盘对调,右上角与左下角孵化盘对调)。从蛋车上取蛋盘和放蛋盘时动作要轻、慢,放盘时要牢固。照蛋完毕后再全部检查一遍,以免转蛋时滑出。最后统计无精蛋、死精蛋及破蛋数,登记入表,计算受精率。鸡胚蛋孵化各日龄的照蛋特征见图5-1。

7天或11天照蛋时,早期(3天前)死亡胚蛋内的血管不清晰或看不到,4天后的能够看到蛋黄表面有一个褐色斑块(胚体),血管有的看不到,有的颜色灰暗,没有鲜红的感觉。落盘时照蛋,看到的死亡胚蛋内有一个较大的深色胚体,气室下颜色不鲜红而是暗灰色,蛋的小头透亮度较高而且没有鲜红的血管。

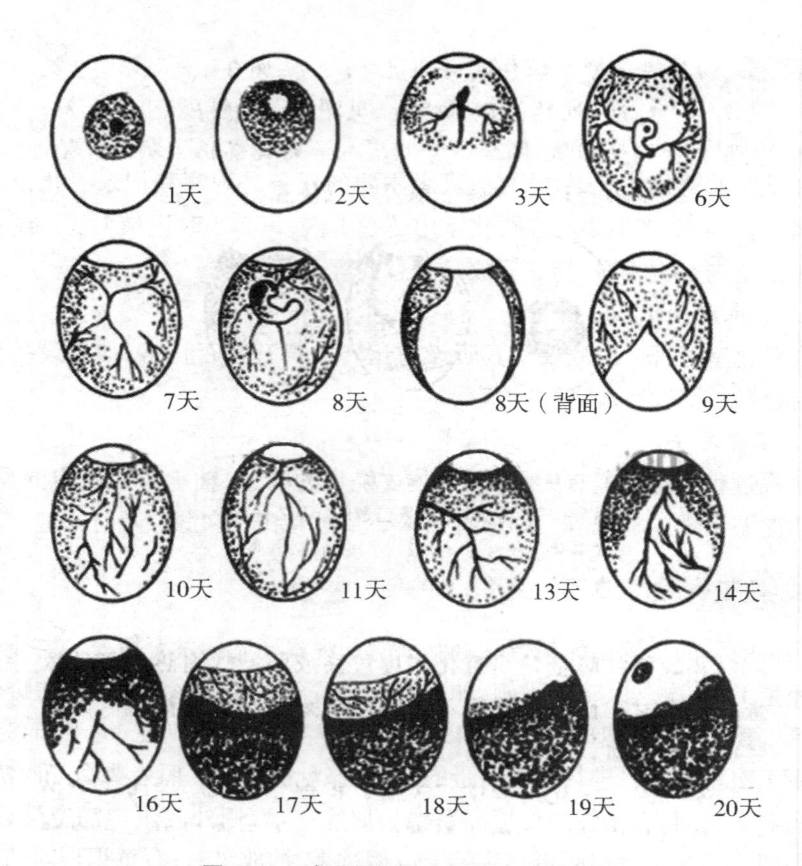

图5－1　鸡胚蛋孵化各日龄的照蛋特征

五、落盘

鸡胚孵至18天，经过最后一次照蛋后，将胚蛋从入孵器的孵化盘移到出雏器的出雏盘的过程，称移盘或落盘。具体掌握在约10%鸡胚“打嘴”时进行移盘。孵化18～19天，正是鸡胚从尿囊绒毛膜呼吸转换为肺呼吸的生理变化最剧烈时期。此时，鸡胚气体代谢旺盛，是死亡高峰期。推迟移盘，鸡胚在入孵器的孵化盘中比在出雏器的出雏盘中，能得到较多的新鲜空气，且散热较好，有利鸡胚度过危险期，提高孵化效果。也可以在孵化16天时移盘。移盘时，如有条件应提高室温，动作要轻、稳、快，尽量减少碰破胚蛋。最上层出雏盘加铁丝网罩，以防雏鸡窜出。目前国内多采用人工移盘（“扣盘”），也有采用机器进行移盘的。

六、捡雏

在成批出雏后，每 4 小时左右捡雏 1 次，也可以出雏 30% ~40% 时捡第一次，60% ~70% 时捡第二次，最后再捡 1 次并“扫盘”。“叠层出雏盘出雏法”在出雏 75% ~80% 时，捡第一次雏。捡雏时动作要轻、快，尽量避免碰破胚蛋。前后开门的出雏器，不要同时打开，以免温度大幅度下降而推迟出雏。捡出绒毛已干的雏的同时，捡出蛋壳，以防蛋壳套在其他胚蛋上闷死雏鸡。大部分出雏后（第二次捡雏后），将已“打嘴”的胚蛋并盘集中，放在上层，以促进弱胚出雏。

七、清理

出雏完毕（鸡一般在 22 胚龄的上半天），首先捡出死胎和残、死雏，并分别登记入表，然后对出雏器、出雏室、冲洗室彻底清扫消毒。

第四节　雏鸡早期处理

一、弱雏挑拣

每一批种蛋孵化结束后，出壳的雏鸡当中都会有一些不适宜销售的劣质雏鸡，需要及早挑拣出来并进行处理，将其他健壮的雏鸡用于销售。弱雏和健雏的挑拣主要依据其外貌特征及精神状态等进行。

1. 健雏

精神活泼，绒毛匀整、干净，腹部柔软，卵黄吸收良好，脐部愈合完全，脐部周围无毛区小，肛门附近绒毛上无灰白色粪便，两脚站立有力，体重正常，胫趾色素鲜浓。

2. 弱雏

不活泼，低头呆立，双眼半闭，两脚站立不稳，腹大，绒毛上黏附有黏液或壳膜，脐部愈合不良或带血，喙、胫色淡，体重过大或过小。

二、雌雄鉴别

对于优质肉种鸡，在出壳后需要进行雌雄鉴别，向下一级种鸡场提供单性别的父本（仅供公雏）和母本（仅供母雏），这是防止种源流失、避免制种混乱的需要。对于商品代优质肉鸡，许多地方将公鸡和母鸡分开饲养，在雏鸡销售时公雏和母雏分开出售而且价格有较大差别。在优质肉鸡生产上常用的雏鸡雌雄鉴别方法有利用伴性性状鉴别和翻肛鉴别两类。

(一)伴性性状鉴别法

根据伴性遗传的原理，用特定的品种或品系杂交，所生后代根据羽毛的生长速度或羽毛的颜色在初生时即可鉴别雌雄。这种鉴别方法对雏鸡无伤害，容易判别(容易掌握技术)，准确率高。

在优质肉鸡育种方面最常用的是利用速生羽(快羽)和迟生羽(慢羽)这一对伴性性状。父母代种公鸡为快羽特征、种母鸡为慢羽特征，杂交后的商品代肉鸡在雏鸡出壳后就可以根据翅膀外缘的主翼羽和覆主翼羽长度对比进行性别鉴定。公雏为慢羽特征，即主翼羽与覆主翼羽长度相同或主翼羽短于覆主翼羽；母雏为快羽特征，表现为主翼羽比覆主翼羽长，而且主翼羽的羽轴比较粗。

有的优质鸡使用芦花和非芦花这一对伴性性状进行雌雄鉴别，父母代种公鸡为黄羽鸡或红羽鸡，种母鸡为芦花羽鸡，杂交后的商品代肉鸡在雏鸡出壳后就可以根据绒毛颜色判定性别。公雏绒毛为深灰色，头顶有一块不规则的灰白色斑块，母雏绒毛为深灰色，头顶绒毛也是深灰色，没有灰白色斑块。

(二)翻肛鉴别法

根据雏鸡生殖突起的有无及组织形态上的差异来鉴别初生雏的雌雄的方法。这在育种过程中没有采用伴性性状的配套系的优质鸡生产中是常用的性别鉴定方法。这种方法的操作人员需要经过专门训练，一个人 1 小时可以鉴别约 1 000 只雏鸡。

此法最好在雏鸡出壳后 8～12 小时之内进行，最迟不要超过 24 小时，否则生殖突起萎缩，鉴别比较困难。这种鉴别方法对雏鸡可能会造成损伤，甚至传播疾病。优秀的鉴别师准确率可达 95% 以上。

1. 雌雄雏鸡外生殖器的形态差异

翻肛鉴别法主要是根据初生雏有无生殖突起及生殖突起的组织和形态差异进行雌雄鉴别的，习惯上称为翻肛鉴别法，见图 5－2。将雏鸡泄殖腔背壁纵向切开由内向外可以看到三个皱襞：第一个皱襞为直肠末端泄殖腔的交界，第二个皱襞位于泄殖腔的中央，由斜行的小皱襞集合而成，在泄殖腔背壁幅度较广，向腹壁逐渐变细而终止位于第三皱襞，第三皱襞形成于泄殖腔的开口处。

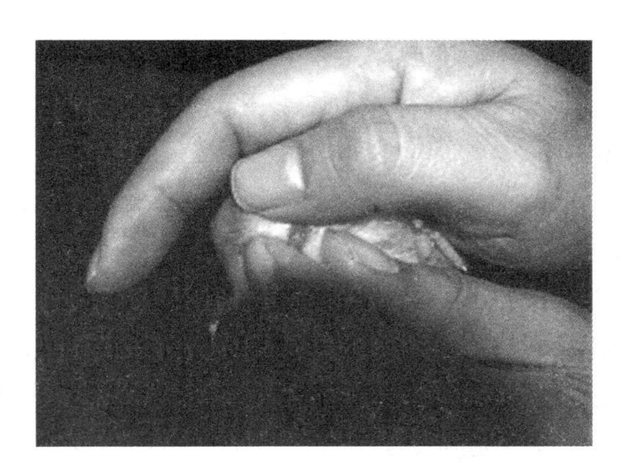

图 5－2　雏鸡的翻肛操作

（1）雄雏的生殖器形态　雄雏在泄殖腔腹侧中间第二、第三皱襞的接合处有一个比小米粒还小的白色球状突起，在其两侧围以规则的皱襞状隆起，呈"八"字状，故称为"八"字状襞。白色球状突起称为"生殖突起"，两者共同构成"生殖隆起"。雌雏在雄雏"生殖突起"的部位呈凹陷状，但由于品种类型和个体间的差异，母雏生殖突起退化的情况也不一致，还有部分个体有明显的隆起痕迹，这就要求在鉴别的时候多加注意分辨。

雄雏的生殖突起可分为 6 种类型：

1）正常型　生殖突起的直径在 0.5 毫米以上，充实有弹性，外观有光泽，轮廓明显。大部分为圆形，也有椭圆形或纺锤形的，位置端正，一般都在肛门浅处。生殖突起两侧的"八"字状襞很发达，但少有对称。以来航蛋鸡为例，正常型约占 78.3%。

2）小突起型　形态与正常型相同，仅突起较小而已。此型约占 4.4%。

3）扁平型　生殖突起为扁平横生。似舌状，"八"字状襞形状不规则，但很发达占 5.4%。

4）肥厚型　生殖突起最为发达，往往与"八"字状襞连接起来成为一体，此型约占 6.2%。

5）纵型　生殖突起为纺锤形，纵长，"八"字状襞既不规则也不发达，此型约占 5.5%。

6）分裂型　生殖突起中间有纵沟将突起分为两半，也有完全分离为两个生殖突起的。此型极少，仅占 0.2% 左右。

（2）雌雏的生殖器形态　雌雏正常的在出壳后生殖突起几乎完全退化，原来位置仅有皱襞残余。"八"字状襞之间多为凹陷，正常的类型约占

59.8%。此外还有两种异常类型：

1）小突起型　生殖突起直径在0.5毫米以下，似球形，“八”字状襞明显退化，此型约占36.7%。

2）大突起型　生殖突起较发达，长径在0.5毫米以上。“八”字状襞也很发达，与雄雏的正常型相似，此型占3.5%左右。

仅仅根据生殖突起的形态差异还不能完全准确地辨识雏鸡的性别，还应根据生殖突起在组织上的差异加以辅助鉴别：①雌雏生殖突起轮廓不明显，萎缩，周围组织补托无力；雄雏的生殖突起轮廓明显，充实，基础较稳固。②雌雏肛门松弛，易翻开，生殖突起缺乏弹性，手指压迫和左右伸展时很容易变形；雄雏的肛门较紧，生殖突起富有弹性，压迫伸展时不易变形。③雏生殖突起的血管不发达，经翻肛刺激不易充血。

2. 鉴别的顺序

鉴别的基本顺序为：抓握雏、挤粪、翻肛、鉴别和放雏。

（1）抓握雏　左（或右）手抓住雏鸡后移向右（或左）手保定，保定方法：雏鸡背向手心，尾部朝上，头朝下轻夹于肛门右侧。熟练者可双手同时抓握。

（2）挤粪　用抓握雏鸡的手拇指轻压其腹部，与雏鸡的呼吸运动相协调促使雏排粪。

（3）翻肛　挤粪后将右（或左）侧，同时左（或右）手的大拇指及食指放于肛门下面和左（或右）侧，3个手指在肛门周围并成一个三角形，左食指向上推，拇指由肛门下往上顶就可观察生殖突起的情况。

（4）鉴别　肛门翻开后，根据生殖突起的有无，形态，组织上的差异及“八字状襞”情况进行综合判断。若在观察时有粪便排除，则用左手食指抹去再观察。

（5）放雏　鉴别者面前有3只箱，中间放混合雏，两侧的一个放母雏，鉴别人员通常都有固定的习惯在哪侧放什么雏。

三、疫苗接种

在孵化厂内需要给雏鸡接种马立克疫苗，接种应在雏鸡出生24小时以内进行。淘汰的雏鸡不接种疫苗。

将接种器械高压灭菌15分或水中煮沸20分。从冰箱或液氮罐中取出冻干或液氮苗，按照疫苗稀释要求加入稀释液，配制成注射液。同时，调整连续注射器，确定好每次输出剂量并固定旋钮。有的大型孵化厂使用自动注射器也需要提前调整。将配制好的疫苗与注射器连接好，推动注射器压柄或把手几次将其中的空气排空，使疫苗滴出两滴。然后按每只0.2毫升将稀释后的疫苗注射到雏鸡颈部皮下。注射方法：右手握连续注射器，左手握雏，拇指和食指捏起头颈后边的皮肤，将针头刺入皮下，注入疫苗。如果同时使用马立克病疫苗和新城疫与传染性支气管联合疫苗进行免疫时，马立克病疫苗进行雏鸡颈部皮下注射，新城疫与传染性支气管联合疫苗应进行滴鼻点眼，分别进行，不能将两种疫苗混合一次进行接种。疫苗稀释后应于30分内用完，疫苗容器及未用完的疫苗要及时焚毁。

四、断喙

目前，在国内少数大型孵化厂添置有红外线自动断喙器，该设备为半自动化机器，可同时给4只鸡断喙。每个操作人员同时可将两只雏鸡的头部卡在机器上，机器连续不断地在旋转，旋转到断喙部位时机器发出高强红外线光束，断完喙后，雏鸡自动落入雏鸡盒内。

2周之内，随着鸡正常吃料饮水，喙部的外硬层开始发黑坏死，变软脱落。正常情况下，外硬层应在7~10日龄脱落，先脱落上喙，2~3天后脱落下喙，第三周是脱喙高峰。刚断喙的雏鸡和断喙后的青年鸡分别见图5-3和图5-4。

图5-3 刚断喙的雏鸡

图5-4 断喙后的青年鸡

优质肉种鸡都需要断喙，而商品优质肉鸡大多数不进行断喙处理。

五、装盒待运

初生雏经过挑选、性别鉴定和疫苗接种等处理后，在运输前可能会在存雏室内放置一段时间。要求存雏室的温度在25～29℃，室内安静，空气新鲜。存放时间不宜过久，应尽快运到育雏室。雏鸡盒要根据性别、品系分开放置，并在盒表面贴标示。雏鸡盒可以层叠式码放，每垛叠放层数不宜超过10层，每垛之间要留出不少于15厘米宽度的空间利于通风。

第六章　优质肉鸡的饲料

优质肉鸡生长期较长，要尽量利用野生饲料资源，降低养殖成本，提高鸡肉品质，这样才能发挥优质肉鸡的优势。生产中，要根据野生饲料资源的丰盛度来进行精饲料的补饲，并且调整精饲料配方，提高能量饲料的用量，维生素、微量元素基本不需要添加。这一阶段蛋白质饲料很重要，满足羽毛、鸡肉的生长，采食昆虫较多的季节蛋白质饲料用量可以减少。钙、磷等矿物质饲料对满足生长期柴鸡骨骼发育是必需的，放养场地可以满足部分需要，还需要注意补充。

第一节　常用的饲料原料

一、能量饲料

指饲料绝干物质中粗纤维含量低于18%、粗蛋白质低于20%的饲料；每千克饲料物质含代谢能在10兆焦以上的饲料均属能量饲料。这类饲料主要是为肉鸡提供能量，其淀粉或脂肪含量很高。

1. 玉米

玉米是肉鸡生产中使用量最大的能量类饲料原料，在全价配合饲料中的比例约占63%。

玉米的营养特点：代谢能含量高，而且主要是淀粉，粗纤维含量少，总体的消化率高；粗蛋白质含量低，为7.2%～8.9%，蛋白质的品质不佳，主要是赖氨酸、色氨酸、蛋氨酸含量低；含有较高的脂肪（3.5%～4.5%），亚油酸含量在2%左右，是谷物类饲料最高者；黄玉米含有胡萝卜素和叶黄素，它对蛋黄、皮肤、胫、爪等部位着色有重要意义；也是维生素E的良好来源，B族维生素中除硫胺素含量丰富外，其他维生素含量很低；钙含量低，磷含量虽然高，大部分以植酸磷的形式存在，对鸡利用率低。玉米的适口性较好。

玉米作为饲料使用注意事项：玉米水分含量高，不易储存，易促使黄曲霉生长。霉变的玉米可降低适口性和鸡增重，甚至出现中毒症状。饲喂前要粉碎，但不易久储，主要是由于玉米含脂肪高，且多为不饱和脂肪酸，粉碎后易氧化霉败变质；禁止饲喂霉变玉米。

2. 小麦

有的年份小麦的价格低于玉米，可以用小麦代替部分玉米作为能量饲料原料。小麦籽粒中含有53%～70%的淀粉，11%左右的蛋白质，1.6%的脂肪；蛋白质含量略高于玉米，脂肪含量显著低于玉米。小麦的消化率低于玉米，主要因为小麦中含有抗营养因子非淀粉多糖（阿拉伯木聚糖）。木聚糖是植物细胞壁的成分，而细胞壁包裹淀粉颗粒后，会阻碍畜禽对淀粉的消化。非淀粉多糖在胃肠道中会产生黏度，影响胃肠道的正常蠕动，并能减少消化液和食糜的接触，从而影响消化吸收。非淀粉多糖会被后肠道微生物利用，导致微生物增殖，从而产生腹泻等问题。目前，一些公司已经生产了小麦专用酶制剂，添加到饲料中就可以解决非淀粉多糖的问题。此外，小麦中叶黄素的含量很低，使用量较大或长期使用会影响优质肉鸡皮肤和胫部颜色。

3. 次粉

次粉是以各种小麦为原料，经磨制精粉后除去小麦麸、胚及合格面粉以外的部分。

色泽浅褐色或红褐色，为极细的片状或粉状，无酸败味、无腐味、无结块、无发热、无霉味、无虫蛀、无其他异臭。

次粉对于育肥畜禽的效果优于小麦麸，甚至可以与玉米价值相等；也是很好的颗粒黏结剂，可用于制颗粒饲料和鱼虾饵料。但用在粉状饲料时则嫌太细，且造成粘嘴现象，影响适口性，故较适用于颗粒状饲料。

成分含量要求：水分≤13.0%、粗蛋白质≥12%、粗纤维≤3.5%、粗灰分≤2.0%、赖氨酸为0.52%，蛋氨酸为0.16%，钙为0.08%，有效磷为0.14%，代谢能12.5兆焦/千克。

4. 油脂

油脂属真脂类，常温下植物油脂多数为液态，称为油，动物油脂一般为固态，称为脂。含不饱和脂肪酸多的油脂在常温下为液态，而含饱和脂肪酸多的则为固态。

配合饲料中添加油脂的主要目的是提高其能量水平，添加适量容易形成颗粒，提高适口性及节省蛋白质消耗等。预混合饲料中添加油脂可防止产生粉尘。饲料用油脂一般为：牛油、猪油、鱼油、豆油、玉米油等。

二、蛋白质饲料

蛋白质饲料是指自然含水率低于45%，干物质中粗纤维又低于18%，而干物质中粗蛋白质含量达到或超过20%的豆类、饼粕类、鱼粉等均划归蛋白质饲料。

1. 豆粕

豆粕是大豆采油后的产物经适当加热处理、干燥而得的饼粕。色泽为淡黄色直至淡褐色，颜色太深表示加热过度，太浅可能加热不足，色泽应新鲜一致。有烤黄豆香味，不可有酸败、霉坏、焦化、生豆等味道。豆粕是优质肉鸡配合饲料中不可缺少的、用量也是最大的蛋白质饲料原料。

豆粕的主要成分为：蛋白质40%～48%，赖氨酸2.5%～3.0%，色氨酸0.6%～0.7%，蛋氨酸0.5%～0.7%。豆粕蛋氨酸含量较低，蛋氨酸为豆粕的第一限制性氨基酸。粗纤维主要来自豆皮，淀粉含量低，矿物质含量低，钙

少磷多,维生素A、维生素B较少。

目前,有的大豆深加工企业在提取油脂之前对大豆进行去皮处理,加工副产品即为去皮豆粕,其代谢能和蛋白质含量更高(豆皮中主要含粗纤维),使用效果也更好。

2. 膨化大豆

膨化大豆是整个大豆经过膨化的饲用产品,保留了大豆本身的营养成分,去除了大豆的抗营养因子,具有浓郁的油香味,营养价值高,适口性好,在畜禽养殖中得到了广泛的使用。

全脂膨化大豆经过加热处理,动物的利用率相对提高,一般成分为:水分≤12%,粗脂肪17%~19%,粗蛋白质36%~39%,粗纤维5%~6%,粗灰分5%~6%,钙0.24%,磷0.58%。

3. 棉籽饼、粕

棉籽饼、粕是棉籽榨油后的副产物。压榨取油后的称饼,预榨浸提或直接浸提后的称粕。棉籽经脱壳后取油的副产物称棉仁饼、粕,为新鲜、均匀一致的黄褐色或暗红褐色。

影响棉籽饼、粕营养价值的主要因素是棉籽脱壳程度及制油方法。完全脱壳的棉仁制成的棉仁饼、粕粗蛋白质可达40%,甚至高达44%,与大豆饼的粗蛋白质含量不相上下;而由不脱壳的棉籽直接榨油生产出的棉籽饼粗纤维含量达16%~20%,粗蛋白质仅20%~30%。

棉籽饼、粕蛋白质组成不太理想,精氨酸含量高达3.6%~3.8%,而赖氨酸含量仅有1.3%~2.0%,只有大豆饼、粕的一半。蛋氨酸也不足,约0.5%。同时,赖氨酸的利用率较差。故赖氨酸是棉籽饼、粕的第一限制性氨基酸。棉籽中含有对动物有害的棉酚及环丙烯脂肪酸,尤其是棉酚的危害很大。肉鸡饲料应少用含壳多的棉籽粕,以免影响生长;种鸡应避免使用,以免影响繁殖性能。

4. 菜籽粕

菜籽粕是油菜籽经提取油脂后的产品,本品为新鲜、均匀一致的黄褐色或暗浅咖啡至深咖啡色(颜色随菜籽颜色不同而变化)。

菜籽粕中的氨基酸组成特点是蛋氨酸含量较高,赖氨酸含量居中。菜籽饼、粕中氨基酸组成的另一个特点是精氨酸含量低,是所有饼、粕类饲料中精氨酸含量最低者。因而菜籽饼、粕与棉仁饼、粕配伍,可以改善赖氨酸与精氨酸的比例关系。

菜籽粕的抗营养因子包括:①芥酸,属油酸族之不饱和脂肪酸。②硫苷与芥子酶,芥子酶作用于含硫苷而产生甲状腺肿大物质,包括噁唑烷硫酮及异硫氰酸盐。③单宁,单宁含量高是适口性不良的主因。此外,菜粕具有稀便性,日粮中用量高,常常出现软便现象。

5. 花生粕

花生粕是花生籽经提取油脂后的产品,本品为新鲜、均匀一致的淡褐色至深褐色。脱壳后脱油的花生仁饼、粕,营养价值高。花生仁饼、粕的适口性极好,有香味。

花生粕的蛋白质含量高,可达48%以上,但氨基酸组成不佳,赖氨酸含量和蛋氨酸含量都很低。花生粕的精氨酸含量高达5.2%,是所有动、植物饲料中的最高者。饲喂家禽必须与含精氨酸少的菜籽粕、鱼粉、血粉等配伍。花生仁饼、粕很易感染黄曲霉,产生黄曲霉毒素,其中以黄曲霉毒素的毒性最强。

6. 玉米蛋白粉

玉米蛋白粉是玉米籽粒经医药工业生产淀粉或酿酒工业提醇后的副产品,由黄玉米制成的玉米蛋白粉含有很高的类胡萝卜素,其中主要是叶黄素和玉米黄素,前者是玉米的15~20倍,是很好的着色剂。

玉米蛋白粉的蛋氨酸含量很高,可与相同蛋白质含量的鱼粉相当。但赖氨酸和色氨酸含量严重不足,且精氨酸含量较高;含维生素(特别是水溶性维生素)和矿物元素(除铁外)也较少;玉米蛋白粉属高蛋白高能饲料。

三、矿物质饲料

矿物质饲料都是含营养素比较专一的饲料,植物性饲料中普遍缺乏钠、氯和钙,一般天然饲料配成的日粮,矿物质在数量上和比例上都不能满足鸡的需要,需添加各种矿物质饲料。

1. 石粉

石粉为石灰岩、大理石矿综合开采的产品,基本成分是碳酸钙,含钙量34%~38%,是最廉价的钙源饲料。

2. 贝壳粉

贝壳是海水和淡水软体动物的外壳,主要成分也是碳酸钙,含钙量与石粉相似。新鲜贝壳须经加热、粉碎,以免传播疾病。而死贝的壳有机质已分解,比较安全。贝壳中常夹杂细沙、泥土,含有这些杂质的贝壳粉含钙量低。

3. 骨粉

骨粉由动物条骨经热压、脱脂、脱胶后干燥、粉碎而成，其基本成分是磷酸钙，优质骨粉含钙28%、磷13.1%，钙、磷比例2:1，是钙、磷较平衡的矿物质饲料。

4. 磷酸氢钙

无结晶水的磷酸氢钙含钙29.46%、磷22.77%，含2分子结晶水的磷酸氢钙含钙23.29%、磷18.01%，磷酸氢钙中的钙、磷容易被动物吸收，是最常用的钙磷饲料。

5. 食盐

食盐的主要成分是氯化钠，能提供植物性饲料较为缺乏的钠和氯两种元素，同时具有调味作用，能增强动物食欲。

四、青粗饲料

优质肉鸡饲养过程中有较多的养殖场(户)采用平养方式，有的还有室外运动场或在果园、树林中放养。当优质肉鸡能够在室外活动的情况下就可以喂饲或自由采食一些青绿饲料。优质肉种鸡在育成期的饲料中可以使用一些粗饲料以降低培育成本。

(一)常用的青绿饲料

青绿饲料也称为青饲料，是指可以用作饲料的植物新鲜茎叶，因富含叶绿素而得名。主要包括天然牧草、栽培牧草、田间杂草、菜叶类、水生植物、嫩枝树叶等。

1. 牧草

栽培牧草是指将单位面积产量高、营养价值较全、家畜喜食的牧草，经人们有意识、有计划地加以栽培和种植。栽培牧草多以禾本科和豆科牧草为主，其用途有专做饲料的，也有做饲料和绿肥兼用的。栽培有单种和混播两种方式。栽培的品种主要有苏丹草、燕麦草、苜蓿、毛叶苕子、草木樨、紫云英、三叶草、沙打旺、聚合草等。栽培牧草除部分鲜饲外，多制成干草或加工成草粉，以供冬季饲草缺乏时调剂使用。

2. 杂草

一般认为田间杂草质量较佳，河滩、池塘边的青草质量次之，干旱半干旱荒地的青草品质较差。野草、野菜在农区也是重要的饲料资源，是优质肉鸡蛋白质、维生素和钙的重要来源。

3. 树叶嫩枝

用树叶嫩枝做饲料，在我国已较普遍。有的已形成工厂化生产，加工各种叶粉。可用作饲料的树种有：刺槐、榆树、桑树、桐树、构树、白杨、笤条、柠条等。树叶饲料含有丰富的蛋白质、胡萝卜素和粗脂肪。这类饲料有增强家畜食欲的作用。营养价值随树种和季节不同而变化。树叶饲料常含有单宁物质，含量在2%以下时，有健胃收敛作用；超过限量时，对消化不利。树叶饲料的采集比较费事，但这类饲料与人类不争粮食，值得大力开发。

4. 菜叶根茎类

这类饲料多是蔬菜和经济作物的副产品。其来源广，数量大，品种多。用作饲料的菜叶主要有萝卜叶、甘蓝边叶、甜菜叶等，而根茎类主要包括直根类的胡萝卜、白萝卜及甜菜等（在此不包括薯类）。菜叶类由于采集与利用时间上的差异，其营养价值差别很大。这类饲料的共同特点是：质地柔软细嫩，水分含量高，一般为80%～90%，干物质含量较少，干物质中蛋白质含量在20%左右，其中大部分为非蛋白氮化合物。粗纤维含量少，能量不足，但矿物质丰富。

菜叶饲料应新鲜饲喂，如一时不能喂完，应妥善储存。防止一些硝酸盐含量较高的菜叶如白菜、萝卜、甜菜等由于堆放发热而致硝酸盐还原为亚硝酸盐，从而发生亚硝酸盐中毒现象。已经还原变质的饲草不得饲喂肉鸡，以防中毒。

5. 藤蔓类

这类饲料主要包括南瓜藤、丝瓜藤、甘薯藤、马铃薯藤以及各种豆秧、花生秧等，其营养特点和菜叶类基本相似。

利用青绿饲料喂鸡时，必须注意以下几点：①控制比例。鲜嫩的青绿饲料适口性好，鸡爱吃，但由于含水量大，不宜多喂，必须与其他饲料配合饲喂，且比例不宜过高，否则易引起腹泻或肠炎。一般青绿饲料应占雏鸡日粮的15%～20%，占成鸡日粮的20%～30%；树叶类青绿饲料，粗纤维含量多，添加量占日粮的10%左右为宜。②合理调制：多数青绿饲料都可以直接用来喂鸡，但容易造成浪费，经粉碎后单独或拌入饲料中饲喂，则鸡更容易采食，利用率也高。尤其是块根类和瓜类饲料，更应粉碎后喂给，必要时煮熟再喂。③保持清洁：喂前洗净，去掉泥土等脏物，并剔除腐败变质的饲料，防止中毒。④不要去刚喷过农药的菜地、草地采食青菜或牧草，以防农药中毒。一般喷过农药后需经15天后方可采集。

（二）常用的粗饲料

1. 干草

干草是指凡青草（或其他青绿饲料植物），在未结籽实前，刈割下来，经晒干（或其他办法干制）制成。由于干草是由青绿植物制成。在干制后仍然保留一定青绿颜色，故有人又称之为青干草。干制青饲料的目的与青贮相同，主要是为了保存青饲料的营养成分，便于随时取用，以代替青饲料。干草一般在粉碎后加入配合饲料中使用。

2. 树叶类

如：槐叶、榆叶、桑叶、银合欢叶等，也需要粉碎后使用。

3. 麸皮

麸皮为小麦加工的副产品，又称为小麦麸，小麦被磨面机加工后，变成面粉和麸皮两部分，麸皮就是小麦的外皮。其粗蛋白质含量可高达12% ~ 17%，粗纤维也较高，一般在8.5% ~ 12%；含赖氨酸0.67%、蛋氨酸0.11%，维生素B族较丰富；含磷量较多，约为1.09%，但有近2/3是植酸磷。

五、饲料添加剂

饲料添加剂是为全面满足畜禽的营养需要，或为促进畜禽生长、预防疾病，或为利于饲料保存和提高畜禽产品质量而在畜禽日粮中少量或微量添加的物质。

1. 微量元素添加剂

根据动物必需微量元素的需要量，利用各微量元素的无机盐类或氧化物按一定比例配制而成微量元素添加剂，用以补充饲料中动物必需微量元素之不足，所含的微量元素主要是铁、锌、铜、锰、碘、硒等。目前各种微量元素添加剂品牌繁多，使用时既需认真鉴别质量，又需注意不同化合物微量元素的含量。

2. 氨基酸、氨基酸盐及其类似物

可以作为饲料添加剂使用的有L－赖氨酸、液体L－赖氨酸（L－赖氨酸含量不低于50%）、L－赖氨酸盐酸盐、L－赖氨酸硫酸盐及其发酵副产物（产自谷氨酸棒杆菌、乳糖发酵短杆菌，L－赖氨酸含量不低于51%）、DL－蛋氨酸、L－苏氨酸、L－色氨酸、L－精氨酸、L－精氨酸盐酸盐、甘氨酸、L－酪氨酸、L－丙氨酸、天（门）冬氨酸、L－亮氨酸、异亮氨酸、L－脯氨酸、苯丙氨酸、丝氨酸、L－半胱氨酸、L－组氨酸、谷氨酸、谷氨酰胺、缬氨酸、胱氨酸、牛磺酸,蛋氨酸羟基类似物、蛋氨酸羟基类似物钙盐,N-羟甲基蛋氨酸钙等。

3. 维生素及类维生素

可以作为饲料添加剂使用的有维生素 A、维生素 A 乙酸酯、维生素 A 棕榈酸酯、β-胡萝卜素、盐酸硫胺(维生素 B_1)、硝酸硫胺(维生素 B_1)、核黄素(维生素 B_2)、盐酸吡哆醇(维生素 B_6)、氰钴胺(维生素 B_{12})、L-抗坏血酸(维生素 C)、L-抗坏血酸钙、L-抗坏血酸钠、L-抗坏血酸-2-磷酸酯、L-抗坏血酸-6-棕榈酸酯、维生素 D_2、维生素 D_3、天然维生素 E、dl-α-生育酚、dl-α-生育酚乙酸酯、亚硫酸氢钠甲萘醌(维生素 K_3)、二甲基嘧啶醇亚硫酸甲萘醌、亚硫酸氢烟酰胺甲萘醌、烟酸、烟酰胺、D-泛醇、D-泛酸钙、DL-泛酸钙、叶酸、D-生物素、氯化胆碱、肌醇、L-肉碱、L-肉碱盐酸盐、甜菜碱、甜菜碱盐酸盐,25-羟基胆钙化醇(25-羟基维生素 D_3)等。

4. 酶制剂

可以作为饲料添加剂使用的有 β-葡聚糖酶(产自黑曲霉、枯草芽孢杆菌、长柄木霉 3、绳状青霉、解淀粉芽孢杆菌、棘孢曲霉),纤维素酶(产自长柄木霉 3、黑曲霉、孤独腐质霉、绳状青霉),植酸酶(产自黑曲霉、米曲霉、长柄木霉 3、毕赤酵母),果胶酶(产自黑曲霉、棘孢曲霉),木聚糖酶(产自米曲霉、孤独腐质霉、长柄木霉 3、枯草芽孢杆菌、绳状青霉、黑曲霉、毕赤酵母),蛋白酶(产自黑曲霉、米曲霉、枯草芽孢杆菌、长柄木霉 3)等。

5. 抗氧化剂

乙氧基喹啉、丁基羟基茴香醚(BHA)、二丁基羟基甲苯(BHT)、没食子酸丙酯、特丁基对苯二酚(TBHQ)、茶多酚、维生素 E、L-抗坏血酸-6-棕榈酸酯等。

6. 多糖和寡糖

低聚木糖(木寡糖),低聚壳聚糖,半乳甘露寡糖,果寡糖、甘露寡糖、低聚半乳糖,壳寡糖[寡聚 β-(1-4)-2-氨基-2-脱氧-D-葡萄糖],β-1,3-D-葡聚糖(源自酿酒酵母)等。

7. 微生态制剂

微生态制剂,是利用正常微生物或促进微生物生长的物质制成的活的微生物制剂。也就是说,一切能促进正常微生物群生长繁殖的及抑制致病菌生长繁殖的制剂都称为微生态制剂。肉鸡养殖中使用的微生态制剂有:①乳酸菌类:嗜酸乳杆菌,嗜热乳杆菌,双歧杆菌,醋酸菌群。②杆菌类:枯草芽孢杆菌,纳豆芽孢杆菌,地衣芽孢杆菌,蜡状芽孢杆菌,放线菌群。③光合细菌:水产养殖中运用的光合细菌主要是光能异养型红螺菌科的,如沼泽红假单胞菌。④产酶益生素:筛选的益生素可以产酶,促进消化。⑤复合菌类:发酵中药、专业发酵处理污水、垃圾、秸秆、生物肥料、生物饲料。⑥中药微生态饲料添加剂:活菌发酵中药微生态、死菌中药微生态。

微生态制剂以其绿色安全、无毒副作用、无残留的优点在发展绿色畜牧业、提高饲料和食品安全、环境保护和生态工程、促进动物健康方面得到广泛应用。

第二节　营养需要与配方设计

一、优质肉鸡的营养需要

优质肉鸡的营养需要包括维持需要(即维持正常的生命活动所需的各种营养素的量)和生产需要(机体各个组织器官的发育、产蛋、配种等)两部分。在不同的生理阶段这两部分所占营养素总量的比例也不同。因此,在结合各阶段集群的生理特点、饲养管理目标的基础上制定出优质鸡的饲养标准可以供生产者参考。

(一)我国优质鸡的饲养标准

2004 年我国修订了优质鸡(包括种鸡和肉用子鸡)的饲养标准,见表 6－1 至表 6－4。

表 6－1　优质肉子鸡的饲养标准(矿物质、维生素部分,2004)

营养指标	单位	♂0～3 周龄 ♀0～4 周龄	♂4～5 周龄 ♀5～8 周龄	♂5 周龄后 ♀8 周龄后
代谢能	兆焦/千克	12.12	12.54	12.96
粗蛋白质	%	21	19	16
蛋白能量比	克/兆焦	17.33	15.15	12.34
赖氨酸能量比	克/兆焦	0.87	0.78	0.66
赖氨酸	%	1.05	0.98	0.85
蛋氨酸	%	0.46	0.40	0.34
蛋氨酸＋胱氨酸	%	0.85	0.72	0.65

续表

营养指标	单位	♂0～3周龄 ♀0～4周龄	♂4～5周龄 ♀5～8周龄	♂5周龄后 ♀8周龄后
苏氨酸	%	0.76	0.74	0.68
色氨酸	%	0.19	0.18	0.16
精氨酸	%	1.19	1.10	1.00
亮氨酸	%	1.15	1.09	0.93
异亮氨酸	%	0.76	0.73	0.62
苯丙氨酸	%	0.69	0.65	0.56
苯丙氨酸+酪氨酸	%	1.28	1.22	1.00
脯氨酸	%	0.57	0.55	0.46
缬氨酸	%	0.86	0.82	0.70
亚油酸	%	1	1	1

表6－2　优质肉子鸡的饲养标准(矿物质、维生素部分,2004)

营养指标	单位	♂0～3周龄 ♀0～4周龄	♂4～5周龄 ♀5～8周龄	♂5周龄后 ♀8周龄后
钙	%	1.00	0.90	0.80
总磷	%	0.68	0.65	0.60
非植酸磷	%	0.45	0.40	0.35
钠	%	0.15	0.15	0.15
铁	毫克/千克	80	80	80
铜	毫克/千克	8	8	8
锌	毫克/千克	60	60	60
锰	毫克/千克	80	80	80
碘	毫克/千克	0.35	0.35	0.35
硒	毫克/千克	0.15	0.15	0.15
维生素A	国际单位/千克	5 000	5 000	5 000
维生素D	国际单位/千克	1 000	1 000	1 000
维生素E	国际单位/千克	10	10	10

续表

营养指标	单位	♂0～3周龄 ♀0～4周龄	♂4～5周龄 ♀5～8周龄	♂5周龄后 ♀8周龄后
维生素K	毫克/千克	0.50	0.50	0.50
硫胺素	毫克/千克	1.80	1.80	1.80
核黄素	毫克/千克	3.60	3.60	3.00
泛酸	毫克/千克	10	10	10
烟酸	毫克/千克	35	30	25
吡哆醇	毫克/千克	3.5	3.5	3.0
生物素	毫克/千克	0.15	0.15	0.15
叶酸	毫克/千克	0.55	0.55	0.55
维生素B_{12}	毫克/千克	0.010	0.010	0.010
胆碱	毫克/千克	1 000	750	500

表6－3　黄羽肉种鸡饲养标准（能量、蛋白质、氨基酸、亚油酸部分，2004）

营养指标	单位	0～6周龄	7～18周龄	19周龄至开产	产蛋期
代谢能	兆焦/千克	12.12	11.70	11.50	11.50
粗蛋白质	%	20	15	16	16
蛋白能量比	克/兆焦	16.50	12.82	13.91	13.91
赖氨酸能量比	克/兆焦	0.74	0.56	0.70	0.70
赖氨酸	%	0.90	0.75	0.80	0.80
蛋氨酸	%	0.38	0.29	0.37	0.40
蛋氨酸＋胱氨酸	%	0.69	0.61	0.69	0.80
苏氨酸	%	0.58	0.52	0.55	0.56
色氨酸	%	0.18	0.16	0.17	0.17
精氨酸	%	0.99	0.87	0.90	0.95
亮氨酸	%	0.94	0.74	0.83	0.86
异亮氨酸	%	0.60	0.55	0.56	0.60
苯丙氨酸	%	0.51	0.48	0.50	0.51
苯丙＋酪氨酸	%	0.86	0.81	0.82	0.84

续表

营养指标	单位	0~6周龄	7~18周龄	19周龄至开产	产蛋期
脯氨酸	%	0.43	0.39	0.40	0.42
缬氨酸	%	0.60	0.52	0.57	0.70
亚油酸	%	1	1	1	1

表6-4　黄羽肉种鸡饲养标准(矿物质、维生素部分,2004)

营养指标	单位	0~6周龄	7~18周龄	19周龄至开产	开产至产蛋高峰	高峰期后
钙	%	0.90	0.90	2.00	3.00	
总磷	%	0.65	0.61	0.63	0.65	
非植酸磷	%	0.40	0.36	0.38	0.41	
钠	%	0.16	0.16	0.16	0.16	
铁	毫克/千克	54	54	72	72	
铜	毫克/千克	5.4	5.4	7.0	7.0	
锌	毫克/千克	54	54	72	72	
锰	毫克/千克	72	72	90	90	
碘	毫克/千克	0.60	0.60	0.90	0.90	
硒	毫克/千克	0.27	0.27	0.27	0.27	
维生素A	国际单位/千克	7 200	5 400	7 200	10 800	
维生素D	国际单位/千克	1 440	1 080	1 620	2 160	
维生素E	国际单位/千克	18	9	9	27	
维生素K	毫克/千克	1.4	1.4	1.4	1.4	
硫胺素	毫克/千克	1.6	1.4	1.4	1.8	
核黄素	毫克/千克	7	5	5	8	
泛酸	毫克/千克	11	9	9	11	
烟酸	毫克/千克	27	18	18	32	
吡哆醇	毫克/千克	2.7	2.7	2.7	4.1	
生物素	毫克/千克	0.14	0.09	0.09	0.18	
叶酸	毫克/千克	0.90	0.45	0.45	1.08	
维生素B_{12}	毫克/千克	0.009	0.005	0.007	0.010	
胆碱	毫克/千克	1 170	810	450	450	

(二)一些育种公司制定的饲养标准

由于优质鸡的类型较多,不同品种的体形体重、生长速度、产蛋量等存在较大差异,在同样的生产阶段对各种营养素的需要量也明显不同。因此,用一个饲养标准(即便是国家标准)很难适应不同类型优质鸡对各种营养素的需要。基于此,一些育种公司根据自己所培育鸡群的特点,经过大量生产试验,推出自己的饲养标准,这些标准可能更适应特点的优质鸡品种(配套系)。

1. 岭南黄鸡饲养标准

(1)岭南黄鸡商品肉子鸡饲养标准　适用于不同阶段商品肉子鸡饲料配制的参考。

表6-5　岭南黄鸡商品肉子鸡饲养标准

项目	0~3周龄	4~6周龄	7周龄以上
代谢能(兆焦/千克)	12.1	12.5	13.0
粗蛋白质(%)	21	19	16
粗纤维(%)	3.2	3.5	3.5
钙(%)	1.0	0.95	0.9
总磷(%)	0.7	0.65	0.6
有效磷(%)	0.5	0.4	0.34
赖氨酸(%)	1.1	0.95	0.85
蛋氨酸(%)	0.5	0.4	0.34
蛋氨酸+胱氨酸(%)	0.85	0.72	0.61
钠(%)	0.15	0.15	0.15
氯(%)	0.15	0.15	0.15

其他营养物质的营养需要量请参照中华人民共和国《鸡的饲养标准》(国家标准ZBB4 3005—86)有关地方品种肉用黄鸡饲养标准执行。

(2)岭南黄鸡父母代产蛋期饲养标准　岭南黄鸡父母代种鸡产蛋期的营养需要为:代谢能11.50兆焦/千克,粗蛋白质16.5%,钙3.2%,总磷0.7%,有效磷0.45%,赖氨酸0.8%,蛋氨酸0.4%,钠0.16%,氯0.16%。

2. 中华宫廷黄鸡商品代饲料营养水平推荐标准

本标准适用于中华宫廷黄鸡商品代不同饲养阶段饲料配制的参考。

表6-6　中华宫廷黄鸡商品肉子鸡饲养标准

项目	0~30日龄	31~60日龄	61~90日龄
代谢能(兆焦/千克)	12.0	12.4	12.7
粗蛋白质(%)	19~20	17~18	15~16
钙(%)	0.8~1.0	0.8~1.0	0.8~0.9
总磷(%)	0.6~0.8	0.6~0.8	0.6~0.8
赖氨酸(%)	0.9~1.0	0.8~0.9	0.7~0.8
蛋氨酸+胱氨酸(%)	0.7~0.8	0.7~0.8	0.6~0.7

一些育种公司推荐的饲养标准往往是没有经过大量实验,部分借用其他公司标准编制的。因此,在决定本场使用什么样的饲养标准或如何调整饲养标准时多参考几个公司的材料。

二、饲料配方设计

(一)配方设计方法

目前,在专业化饲料厂基本都在使用饲料配方设计软件进行配方设计,即便是在一些大中型养殖场也在使用这种软件。这种配方设计方法能够根据现有的饲料原料的营养水平实测值、价格、不同饲养阶段和发育情况优质肉鸡的营养需要设定各种参数,得出的配方设计结果是最优化的比例。

在一些中小型养鸡场如果自己设计配方则常常是采用经验性设计与调整,即根据自己饲养的鸡群生产性质、生理阶段、鸡群发育状况等参考有关资料上提供的现成的饲料配方,结合资料上提供的常用饲料营养价值表,通过对参考饲料配方营养价值的计算,观察主要营养素与实际需要的差异,再对饲料配方中的原料比例进行适当调整,调整后再次计算以确定配方计算结果与实际需要的差异;经过3~4次调整就基本能够符合要求。但是,这种方法由于对饲料原料的质量把握不准,配方在实际使用过程中可能不会十分理想。

(二)配方设计注意把握的原则

1. 科学性原则

科学性是饲料配方设计的基本原则。饲料配方包含动物营养需要、饲料价格、原料特性与分析,质量控制等先进知识。各项营养指标必须建立在科学的标准基础上,能够满足鸡群在不同生长期对各种饲料营养成分的需要,各种营养素指标之间具备合理的比例关系,还要兼顾饲料的适口性和消化利用率。

2. 生理性原则

饲料的适口性直接影响鸡的采食量。如菜籽饼适口性较差，在日粮中的配比不能过高，否则采食量降低，若与豆饼、花生饼合用，不但可以提高适口性，还能做到多种饲料合理搭配，发挥各种营养物质的互补作用，提高日粮的消化率和营养价值。对于种鸡还要考虑饲料中的毒素（如游离棉酚、噁唑硫烷酮等）对其繁殖性能的影响。

3. 经济性原则

在优质肉鸡生产成本中，饲料的费用占70%左右，所以在配给日粮时，要因地制宜充分开发当地饲料资源，精打细算，降低成本。生产中是否采用高投入高产出或低投入低产出的饲养策略，主要取决于市场产品价格和需求。当市场饲料原料价格低廉而禽产品售价较高时，则应设计高档次的饲料产品，追求较好的饲养效果和较优的饲料转化率。当市场饲料价格坚挺而禽产品销售不畅，价格走低时，则可设计较低档次的饲料产品，实现低成本饲养，保持一般生产水平。

4. 安全性原则

配方设计必须遵守国家有关饲料生产的法律法规，如《饲料和饲料添加剂管理条例》《中华人民共和国兽药管理条例》《禁止使用的药物和添加剂》等。尽量使用绿色饲料添加剂（如复合酶、益生素、中草药制剂等），提高饲料产品的内在质量，使之安全、无毒、无药残、无污染，符合营养指标、感观指标、卫生指标。

5. 注意某些原料的限用量

限用原料主要考虑两个方面：一是原料中含有不良因子，如棉籽饼含有游离棉酚，有毒，且棉酚还能与饲料中赖氨酸结合，影响蛋白质吸收，去毒后可适当使用，但要限量；二是菜籽饼含芥子苷。因此，在种用优质肉鸡的饲料配方中最好不用棉籽饼和菜籽饼。使用青饲料也需要定量，还要注意基础料的营养成分。

6. 稳定性原则

各种类型的优质肉鸡在各个饲养时期都要求饲料要保持相对稳定，避免主要原料突然变化。因此，在配方设计时要考虑主要原料的供给稳定性以及在配方中所占比例的稳定性。

7. 饲料原料多样化原则

配方设计尽量做到多种饲料合理搭配，尽可能地多用一些品种的饲料资源来搭配，以发挥各种营养物质的互补作用，提高饲粮的利用率和营养价值。

（三）实用配方介绍

这里介绍的饲料配方是依据饲料营养成分价值表中提供的不同饲料原料中主要营养素的含量、不同类型优质肉鸡的参考饲养标准调整的，由于不同养殖场饲料原料质量的差异和鸡群所处季节的不同等因素，在实际使用的时候需要根据具体情况进行调整以保证良好的使用效果。

1. 快速型优质肉子鸡参考饲料配方

这类优质肉子鸡的饲料分为前期料和后期料，其配方见表6－7。

表6－7　快速型优质肉子鸡参考饲料配方

原料组成及主要成分（100%）	前期饲料		后期饲料	
	配方1	配方2	配方1	配方2
玉米	60.6	45.0	62.7	50.4
小麦		16.0		13.0
油脂	1.0	1.3	2.0	2.3
豆粕	26.0	24.0	23.0	22.0
花生粕		3.4		3.0
菜籽粕	3.0		3.5	
棉仁粕	3.0	4.0	2.5	3.0
石粉	0.35	0.35	0.25	0.25
磷酸氢钙	0.7	0.7	0.7	0.7
食盐	0.35	0.35	0.35	0.35
5%优质肉鸡复合型预混合饲料	5.0	5.0	5.0	5.0

2. 中速型优质肉子鸡参考饲料配方

这类优质肉子鸡的饲料分为前期料、中期料和后期料，其配方见表6－8。

表6－8　中速型优质肉子鸡参考饲料配方

原料组成及主要成分（100%）	前期料	中期料	后期料
玉米	61.6	62.4	64.1
油脂	1.0	1.3	1.6
豆粕	25.0	24.0	22.0

续表

原料组成及主要成分(100%)	前期料	中期料	后期料
花生粕		3.0	
菜籽粕	3.0	3.0	3.0
棉仁粕	3.0		3.0
石粉	0.35	0.3	0.3
磷酸氢钙	0.7	0.65	0.65
食盐	0.35	0.35	0.35
5%优质肉鸡复合型预混合饲料	5.0	5.0	5.0

慢速型优质肉子鸡也可以参考使用中速型优质肉子鸡饲料配方。

第三节　饲料的使用

养殖场可以直接购买成品饲料,也可以自己配制成品饲料。一般对于公司+农户经营模式的养殖场(户)都是使用公司提供的全价配合饲料;对于自产自销型的养殖场(户)可以购买预混合饲料或浓缩饲料再按照生产商提供的配方添加其他成分,也可以直接购买全价配合饲料使用。

一、商品饲料的类型

(一)按使用对象划分

1. 优质肉子鸡用

包括前期饲料、中期饲料和后期饲料等多种类型。

2. 优质肉种鸡用

包括育雏期饲料、育成期饲料、产蛋前期饲料、产蛋后期饲料和种公鸡饲料等。

养殖场(户)在选择饲料产品的时候需要结合自己所饲养鸡的类型和阶段确定合适的饲料类型。

(二)按饲料成分划分

1. 复合预混合饲料

复合预混合饲料也称为核心料或小料,是按配方和实际要求将各种不同种类的饲料添加剂与载体或稀释剂混合制成的匀质混合物,包括各种微量元素、维生素、酶制剂及其他成分混合在一起的预混合饲料。其在全价配合饲料中使用的比例一般为5%，也有7%、10%甚至15%的。当玉米和豆粕价格较低的时期，这类饲料的销量比较大。

生产商一般都会在复合预混合饲料的外包装上注明购买者需要添加的其他饲料原料类型和数量（比例）。

2. 浓缩饲料

浓缩饲料是在复合预混合饲料的基础上添加蛋白质饲料和矿物质饲料后的混合物。在优质肉鸡生产上浓缩饲料的使用比例一般为40%，养殖场（户）购买后添加60%的玉米即可，使用时按照浓缩饲料40%，粉碎的玉米60%的比例经过充分混合后即可。

3. 全价配合饲料

该饲料内含有能量饲料、蛋白质饲料和矿物质饲料以及各种饲料添加剂等，各种营养物质种类齐全、数量充足、比例恰当，能满足饲喂鸡群生产需要，可直接用于生产。养殖场（户）购买后即可直接饲喂鸡群，一般不必再补充任何饲料。

（三）按饲料形状划分

1. 干粉饲料

干粉饲料是将各种饲料原料按照比例称重后进行粉碎处理，再通过搅拌均匀后即可使用。饲料为粗粉状，水分含量小于12%。这是使用较多类型的饲料，在优质肉种鸡各阶段和大多数商品优质肉子鸡饲养中较多使用。

2. 颗粒饲料

颗粒饲料是在加工过程中生产的干粉料经过高温蒸汽加热后通过制粒机生产出的柱状饲料颗粒。颗粒饲料的直径和长度可以调整，以适应不同周龄鸡群的采食。与干粉料相比，颗粒饲料的优点在于能够提高饲料消化率，减少动物挑食，储存运输更为经济，避免饲料成分的自动分级，减少环境污染，杀灭动物饲料中的微生物等；不足在于加工成本较高，某些营养素会受到一定程度的破坏。颗粒饲料可以用于优质肉子鸡的饲养。

3. 碎粒料

碎粒料是将制成的颗粒饲料进行破碎，形成较小的饲料颗粒，这主要用于5日龄以前的雏鸡，方便其采食。

二、饲料的储存

饲料加工后或购买后可能有一个储存期，如果储存期间相关因素控制不当则可能造成饲料变质或有些营养素被破坏，降低其使用效果。

1. 控制好储存温度

温度对储藏饲料的影响较大，温度低于10℃时，霉菌生长缓慢，高于30℃则生长迅速，使饲料质量迅速变坏，饲料中不饱和脂肪酸在温度高、湿度大的情况下，也容易氧化变质。因此，配合饲料应储于低温通风处，库房应具有防热性能，仓顶要加刷隔热层，防止日光辐射热量透入；墙壁涂成白色，以减少吸热。仓库周围可种树遮阴，以改善外部环境，调节室内小气候，确保储藏安全。

2. 控制好环境湿度

环境湿度大则可能造成饲料吸收水分，增加饲料的含水率，如果含水率大于12%则可能造成微生物的繁殖，引起饲料的发霉变质。

3. 光线的控制

光线照射能够破坏饲料中的一些营养素，如引起脂肪酸败、维生素分解等，因此饲料应避光保存。

4. 预防虫害、鼠害

配合饲料在储存中如发生虫害，不仅会造成饲料的损失，同时其产生的粪便会造成鸡饲料品质大幅下降。而储存中影响害虫的繁殖的主要因素是温度、相对湿度和饲料含水量。一般储粮害虫的适宜生长温度为26～27℃，相对湿度为10%～50%，低于17%时，其繁殖即受到制约。在适宜温度下，害虫大量繁殖，消耗饲料和氧气，产生二氧化碳和水，同时放出热量，在害虫集中区域温度可达45℃，所产生的水汽凝集于饲料表层，而使饲料结块，生霉，导致混合饲料严重变质。鼠类啮吃饲料，破坏仓房，传染病菌，污染饲料，是危害较大的一类动物。为避免虫害和鼠害，在储藏饲料前，应彻底清除仓库内壁，夹缝及死角，堵塞墙角漏洞，并进行密封熏蒸处理，以有效地防控虫害和鼠害，最大限度地减少其造成的损失。

5. 空气的影响

空气中的氧气接触到饲料后会使某些营养素被氧化破坏。因此，饲料要尽量密封，隔断与空气的接触。

6. 具体管理措施

如果购买饲料则要根据鸡场养殖数量，购买的饲料尽量在1个月内用完，然后再买。在料库内存放饲料要求下面要有垫板以避免饲料直接与地面接触，堆垛的高度不宜超过1.5米以便于取用；堆垛与墙壁之间有30厘米的空间以利于空气流通。不同的饲料要分开堆垛，并要在堆垛上挂标示牌。

第七章　优质肉种鸡生产与管理

种鸡各饲养阶段的划分主要是考虑不同饲养阶段鸡的生理特点、饲养管理目标与措施、对环境条件要求的差异等因素，一般分为 3 个阶段：育雏期（0～6 周龄）、育成期（7～20 周龄），21 周龄以后为繁殖期。目前，也有一些优质肉种鸡场把生产阶段划分为两阶段：青年鸡阶段（0～13 周龄）和成年鸡阶段（13 周龄至淘汰），这种方式仅仅是把鸡群的一生分别在两个鸡舍饲养，即青年鸡舍（包含育雏部分）和成年鸡舍（包含育成后期），但是在饲料与喂饲管理、环境条件控制等方面依然是按照育雏、育成和成年 3 个生理阶段进行划分的。

第一节　雏鸡培育

雏鸡阶段是鸡一生当中体质弱、对环境条件和饲养管理要求最严格的时期,也是为以后鸡群健康和生产性能打基础的时期。目前,绝大多数的种鸡场都采用笼养育雏方式。

一、育雏期的管理目标

1. 提高雏鸡成活率

雏鸡阶段由于体重小、体质弱、适应性差而会表现出抗病力低,容易感染疾病,这就要求在雏鸡培育过程中首要的事情就是做好卫生防疫工作,保证雏鸡的健康,保证高的成活率。只有保证鸡群健康才能够考虑如何提高雏鸡的生长发育速度和合格率。

造成育雏期雏鸡成活率低的原因有很多,如种鸡的健康问题、种鸡疫苗的使用情况、孵化条件与环境的控制、雏鸡出壳后的暂存与运输、疫苗的接种时间与效果、育雏环境条件的控制与环境污染、饲料与饮水的质量等。提高雏鸡的成活率也必须从这些方面着手制定相应的措施。

2. 适当提高雏鸡早期增重速度

通常来说,雏鸡早期生长速度适当快一些,在育雏结束的时候体重略大一些,将来在产蛋期间的生产性能表现就会更好一些,这可能是生长速度稍快的雏鸡其消化系统机能发育良好,心血管和呼吸系统机能更完善。但是,有的鸡场饲养的雏鸡在育雏后期会出现体重不达标的情况,结果就给育成期的饲养管理带来困难,给成年鸡的生产性能造成不良影响。早期生长速度偏慢的原因可能有饲养密度高、雏鸡体质弱、饲料营养水平低、采食或饮水不足等。

3. 提高雏鸡群体发育整齐度

雏鸡体重发育是否均匀是衡量育雏效果的重要指标,均匀度会对鸡群将来的生产性能产生影响。雏鸡群发育整齐、均匀度高则雏鸡的合格率高,成活率也会高,以后的生产性能也好。发育整齐度差容易出现一些弱雏,影响雏鸡培育质量,也会导致将来鸡群开产时间不一致,产蛋率偏低。

造成雏鸡群体发育整齐度不高的原因可能有饲养密度高、采食位置不足、没有定期分群、鸡群健康状况不好等。

4. 提高雏鸡免疫效果

雏鸡阶段免疫接种的次数多、需要接种的疫苗品种类型多，而且雏鸡阶段疫苗的接种效果不仅对雏鸡阶段的健康有直接影响，还可能影响到育成鸡甚至产蛋鸡阶段鸡群的健康。接种疫苗后雏鸡体内要产生相应的抗体，最好的结果是抗体滴度达到标准，而且大群内个体之间的抗体滴度基本相同，即抗体水平很均匀。这样疫苗对群内个体的保护效果就好，也有利于下次接种疫苗时间的确定。

在生产实际中经常会遇到这样的情况：雏鸡接种疫苗后间隔一定时间进行抗体测定，发现抽测的个体抗体滴度高低不匀，如果抗体水平不均匀，有高有低则会出现滴度高的能够起到保护作用，低的无法得到有效保护就可能会被感染，非典型性新城疫的出现就与群内抗体水平不均匀有直接关系。导致雏鸡抗体水平参差不齐的原因主要有初生雏的母源抗体水平不整齐、疫苗接种剂量掌握不好、有的雏鸡接种后疫苗没有足量到达有效部位、疫苗质量有问题、接种时鸡群的健康状况不好或处于应激状态等。

二、雏鸡的生理特点

饲养人员了解和掌握雏鸡的生理特点更有利于采用科学的育雏方法、提高育雏效果。雏鸡的生理特点主要表现如下：

1. 体温调节机能发育健全

刚出壳的雏鸡体温略低于成年鸡，生长到 7 日龄前后其体温才接近成鸡体温。幼雏的体温调节能力差，到 3 周龄末调节能力才趋于完善。在此之前如果育雏室温度不适宜就会造成雏鸡体温出现波动，进而影响其健康和生长发育。因此，育雏期要有加温设施，保证雏鸡正常生长发育所需的温度。

雏鸡体温调节能力不健全主要是因为其个体小，自身产热总量少，而单位体重的体表散热面积大，不利于保持体温；绒毛短而且其保温性能差，体热容易散发；神经和内分泌系统发育尚不健全，对环境温度变化的调节能力低。

2. 新陈代谢旺盛

雏鸡代谢旺盛，心跳和呼吸频率很快。据报道，雏鸡心跳每分钟可达 250～350 次，安静时单位体重耗氧量与排出二氧化碳的量比家畜高 1 倍以上。尽管雏鸡个体小，在育雏室内饲养密度却很高，总的耗氧量和二氧化碳排放量很大。因此，育雏室需要有良好的通风，保证新鲜空气的供应。

3. 生长速度快

雏鸡生长速度比较快，以中速型优质肉鸡为例，正常饲养条件下 2 周龄、4 周龄和 6 周龄的体重分别为初生重的 5 倍、15 倍和 25 倍。体重的快速增加就要求必须为雏鸡提供足够的营养素，给雏鸡供给营养完善的配合饲料，创造有利的采食条件，适当增加喂食次数和采食时间，增加营养的摄入量。

4. 对饲料的消化吸收能力弱

雏鸡消化道细而且短，容积小，每次的采食量少，食物通过消化道快；肌胃的研磨能力差；消化腺发育不完善，消化酶的分泌量少、活性低。因此，雏鸡饲喂要少吃多餐，增加饲喂次数。雏鸡饲粮的营养浓度应较高，粗纤维含量不能超过 5%；饲料的颗粒要适宜以便于雏鸡采食；为了促进饲料的消化，必要时在饲料中添加消化酶制剂。

5. 羽毛生长快

雏鸡 3 周龄时羽毛为体重的 4%，4 周龄时为 7%，以后大致不变。从出壳到 20 周龄，鸡要更换 2 次羽毛，分别在 5～6 周龄和 16 周龄完成。羽毛中蛋白质含量高达 80% 以上，羽毛的脱换需要消耗较多的蛋白质。因此，雏鸡日粮的蛋白质含量要高。

6. 胆小、易惊、抗病力差

雏鸡胆小易受惊吓，异常的响动、鸟兽靠近、陌生人进入鸡舍、光线的突然改变都会造成惊群，出现应激反应。生产中应创造安静的育雏环境，饲养人员不能随意更换。雏鸡免疫系统机能低下，对各种传染病的易感性较强，生产中要严格执行免疫接种程序和预防性投药，增强雏鸡的抗病力，防患于未然。

7. 印记习性

雏鸡对初次接触的环境和人员具有良好的印记性，能够在较短的时间内熟悉所处环境、周围个体和接触到的饲养人员。如果更换饲养环境或饲养人员则会造成雏鸡重新的适应过程，而这个过程会对雏鸡的生长和健康产生不利影响。此外，饲养员所穿的服装也要固定，不能经常变换。

8. 群居性强

鸡依然保留了其原始祖先在野生状态下的群居习性，雏鸡同样喜欢群居生活，一块儿进行采食、饮水、活动和休息。因此，雏鸡适合大群饲养，这样也有利于保温。

9. 模仿性强

雏鸡具有良好的模仿性，如刚接入育雏室的雏鸡，只要有个体会饮水或采食，在较短的时间内就会有绝大多数的个体模仿，不需要逐只训练。但是，雏鸡对啄斗也有模仿性，饲养管理条件差的时候一旦个体出现啄癖，就可能引起多数个体仿效。

10. 自我保护能力差

雏鸡个体小，缺乏自我保护能力，老鼠、蛇、猫、狗、鹰都会成为雏鸡的敌害，育雏期间如果忽视夜间的巡视则经常会遇到老鼠伤害雏鸡的现象。雏鸡的躲避意识低，饲养管理过程中会出现踩死、踩伤、压死、砸伤、夹挂等意外的伤亡情况。

三、育雏方式

1. 笼养育雏

雏鸡接入育雏室后一直饲养在育雏笼内，育雏笼一般为3～5层，采用叠层式排列（即"H"形鸡笼）。笼内的热源可用电热丝或热水管来供给，室温一般用暖气或热风供暖，小规模养殖场可以用火炉或地下火道供暖。立体育雏比平面育雏能更经济有效地利用鸡舍和热能，既有网上育雏的优点，雏鸡发育充分整齐，疾病容易控制（尤其是球虫病的发病较少），还可提高劳动生产效率。但需要一定的投资，对营养和管理技术要求高。在大中型种鸡场和部分小型种鸡场基本都采用这种育雏方式。

2. 地面垫料平养育雏

地面垫料平养育雏就是在育雏室地面上铺垫5～10厘米厚的垫料饲养雏鸡。垫料可就地取材，诸如切碎的干净稻草、稻壳、麦秸、刨花等。可以采用地下火道（或暖气、热风炉等）配合红外线灯加热或配合育雏伞加热。如果育雏舍容量大，头几天雏鸡小，活动范围有限，为便于保温和管理，应当用纸板或其他隔板把雏鸡围在热源的周围。待雏鸡长大，活动能力加强时，再把隔板撤去。这种方式关键在于防止垫料潮湿，否则会使球虫病、大肠杆菌病、霉菌性疾病的发病率增高。

3. 网上平养育雏

网上平养育雏是用网片代替地面，网片可用金属网，一般网眼面积为1.5厘米^2。网板离地面50～80厘米，用角铁焊成支架把网片铺在上面，在金属网片上面再铺一层塑料网以增加网片表面的弹性。这样能承受饲养人员在上面走动，便于饲养操作。网养可省去垫料，最大优点是雏鸡与粪便接触机会少，发生球虫病、白痢、曲霉菌病的机会就少。

四、育雏前的准备

（一）确定育雏时间

育雏时间不仅关系到育雏工作的开展，而且也决定了本批种鸡的性成熟期和产蛋高峰期所处的时间，也直接影响着该批鸡群的养殖效益。育雏时间的确定要考虑两个方面的因素：

1. 统筹考虑本场鸡群周转计划

这主要是针对规模化优质肉种鸡场的要求。因为规模化种鸡场内有数个或十多个的鸡舍，如果不是采用“全进全出”管理模式则种鸡群需要逐渐更新，同时还要保持种鸡群生产规模的相对稳定以保证生产经营的稳定性，在经营中需要制订鸡群周转计划，确定每一栋鸡舍鸡群的更新时间。对于将要更新的鸡群应在鸡群淘汰前 10 周左右开始育雏，这样在鸡群淘汰，房舍清理、消毒，设备维护，空置一段时期后本批雏鸡已达 17 周龄前后，即可进行转群。当然，一些养鸡场采用“全进全出”管理模式，需要考虑进鸡的时间安排。

2. 根据市场种蛋或雏鸡价变化规律确定育雏时间

种蛋和雏鸡价格是决定生产效益的关键因素之一，不同年度、不同季节种蛋盒雏鸡的市场价格差异很大。如快大型青脚麻鸡的公雏价格在行情低迷的时候每只不足 1 元，而在行情好的时候能够达到 3.5 元。作为种鸡场的经营者要通过多种途径获取信息，及时根据对市场变化的分析结果确定育雏时间。根据产蛋规律在 26 ~ 45 周龄期间种鸡群产蛋量最高。根据对市场变化的分析，应在种蛋价上涨之前 25 周或 26 周开始育雏。

（二）选择合适品种和确定育雏数量

1. 选择合适的品种

育雏前要决定养什么类型的品种，选养什么类型的蛋鸡品种要根据市场需要来定，主要考虑公司种蛋或雏鸡、优质肉子鸡主销地对产品外观特征和生产性能的具体要求。

2. 育雏数量的确定

育雏数量要根据成年种鸡房舍面积和育雏室面积而定，考虑育雏、育成成活率和合格率，雏鸡要比产蛋鸡笼位多养 10% 左右。如一个成年种鸡舍的笼位有 5 000 个，育雏时考虑的进雏数量为 5 500 只，多出的 500 只主要是考虑到 17 周龄前死亡和淘汰造成的数量减少部分。

(三)育雏室的准备

1. 清扫冲洗

目的是将育雏室内的有机杂质清理出去,因为这些有机杂质中有大量微生物的存在,不清理掉就会危及下一批雏鸡的健康。尤其是当上一批雏鸡曾经发生过传染病的时候,育雏室内的有机杂质中会有较多的病原体存在。每批雏鸡育雏结束转出后,要及时清除舍内的灰尘、粪渣、羽毛、垫料、剩余饲料等杂物;清理出的杂物要运往粪便堆积区。然后关闭育雏室的总电源,用高压水枪或清洗机冲洗育雏室墙壁、屋顶、地面和室内设备。冲洗的先后顺序是:屋顶→墙壁→设备→地面→下水道。下水道的水要清理干净。使用自来水冲洗后再用消毒药水冲洗 1 次。育雏室的屋顶、外墙壁、门窗外壁也要冲洗。

2. 检修房舍与设备

育雏室清扫干净后,待室内水汽排放 2 天后再对屋顶、屋檐、排风口、进风口、门窗进行检修,保持其良好的密闭性。之后检查电路、通风系统和供温系统。打开电灯、电热装置和风机等,检查运转是否良好,如果发现异常情况则应认真检查维修,防止雏鸡进舍后发生意外。检查进风口处的挡风板和排风口处的百叶窗帘,清理灰尘和绒毛等杂物,保证通风设施的正常运转。认真检查供电线路的开关、闸刀、电线接头,防止漏电。

3. 消毒

在上一批雏鸡转出后到下一批雏鸡接入前的一段时间内至少要求消毒 3 次。第一次消毒是在雏鸡转出并经过冲洗清理后进行,可以进行冲洗消毒或福尔马林熏蒸消毒;第二次消毒是在接雏前 4 ~5 天要求将育雏用具再次清洗干净后用喷洒的方法对设备、地面和墙壁进行喷洒消毒;第三次消毒也就是接雏前 3 天将所有设备用具安放好对育雏室进行熏蒸消毒,每立方米空间用福尔马林 42 毫升,高锰酸钾 21 克,放入若干个陶瓷盆中,将鸡舍密闭 36 ~48 小时,之后打开门窗和风机进行通风换气以保证雏鸡到来时育雏室内没有明显的刺鼻刺眼气味。接雏前一天再次对育雏室内的地面、墙壁、笼具设备等进行喷洒消毒。

4. 育雏室空置

从上一批雏鸡转出并清理消毒后到再次接入下批雏鸡之前,育雏室至少要闲置 4 周。在经过清扫和冲洗干净的育雏室内有机杂质的残存量很少,经过消毒后这些有机杂质上附着的微生物大部分被杀死。微生物在干燥的、微量的有机质上存活的时间比较短,经过 4 周左右基本上可以切断上下批次之间疾病的循环传播。

(四)育雏用品的准备

1. 饲料的准备

优质肉种鸡雏鸡0~6周龄期间累积饲料消耗为每只约1千克。本场配制饲料要注意原料无污染,不霉变。生产中大多数使用的是雏鸡用全价粉状饲料,也有在5日龄前使用雏鸡花料而后使用粉状饲料的。

注意要在进雏前3~5天把饲料备好,每次可以准备3周的用量。雏鸡的饲料中如果需要添加药物或其他添加剂最好是在饲料厂内添加,如果需要在育雏室添加则最好在地面铺上塑料布,尽量避免让饲料与地面的直接接触。

饲料要存放在料库或育雏室的物品储存间,不能放在育雏室内,因为育雏室内的高温不利于饲料品质的保持。

2. 药品及添加剂的准备

育雏期间需要准备的药品有常用的消毒药、抗菌药物、抗球虫药和添加剂等。

消毒药物至少要准备3种化学性质不同的药物(如季铵盐类、碘制剂类、氯制剂类、过氧乙酸等),以便于交替使用和用于不同的消毒对象(如饮水消毒、环境消毒、设备和用具消毒)。长期使用单一的消毒药容易造成微生物的耐药性,而且单一的消毒药其消毒谱也窄,消毒效果不佳。

抗菌药物在育雏期间是经常用到的,常见的大肠杆菌病、鸡白痢等细菌性疾病以及慢性呼吸道病都需要使用药物预防和治疗。对于地面垫料平养的育雏方式,球虫病的发生概率较高,即便是在笼养育雏方式中也经常出现球虫病。防治球虫病的药物也是必备的。

用于补充营养、缓解应激、促进生长和增强体质的添加剂有速溶多维、电解多维、口服补液盐、维生素C、葡萄糖、益生素、免疫增强剂等,也要提前备好。

3. 疫苗的准备

在育雏期间需要接种的疫苗主要有鸡新城疫疫苗、鸡传染性法氏囊炎疫苗、禽流感疫苗、鸡传染性支气管炎疫苗、鸡痘疫苗、传染性喉气管炎疫苗等,有的场还接种败血支原体(慢性呼吸道病)疫苗。这些疫苗有的是单苗,有的是联苗;有的是活苗,有的是灭活苗。各种疫苗要结合当地情况进行合理选择,并在育雏开始前1周内准备齐,按照使用说明进行储存。

4. 垫料的准备

垫料是指育雏舍内各种地面铺垫物的总称，用于采用地面平养方式的雏鸡。垫料要求干燥、清洁、柔软、吸水性强、灰尘少、无异味，切忌霉烂。可选的垫料有稻壳、碎稻草、切短的麦秸、碎玉米芯、锯木屑等。如果采用网上平养或笼养方式育雏可以不必准备垫料。垫料在使用前要经过太阳暴晒以杀灭其中的病原体，并使其充分干燥。

5. 其他用品

包括称量药物或添加剂的电子秤、混药用的水桶、喂料用的料车和加料斗、各种记录表格、干湿温度计、手电筒、连续注射器、滴管、刺种针、称量雏鸡体重的台秤、喷雾器、开食盘等。使用燃煤热风炉的还要准备好煤炭。

（五）育雏舍的试温和预热

1. 试温

试温是育雏前准备工作的关键之一。至少提前 3 天检查维修加热设备，发现问题及时维修。在实际生产中由于加热设备维护不到位而导致的室温过低、室内温度差异大而影响育雏效果的情况经常遇到。

加热设备检修后要及时启用以对育雏室进行升温，使舍内的最高温度在雏鸡到来前升至 35℃。升温过程检查火道是否漏气、加热设备有无问题、熟悉加热设备的温度控制。试温期间关键在于及时发现加热系统的问题，以便于及时解决。

试温时温度计放置的位置：育雏笼应放在中间层；平面育雏应放置在距雏鸡背部相平的位置；带保温箱的育雏笼在保温箱内和运动区上都应放置温度计测试。

2. 预热

试温的同时也是育雏室预热的过程，在预热期间随着加热设备散发的热量不仅使育雏室内的空气温度升高，还使育雏室的地面、墙壁、设备等温度也升高，而且也只有后者的温度升高后对缓解育雏室温度的波动才会有良好效果。预热中后期要把育雏室的门窗或风机打开进行通风（可以与熏蒸消毒 24 小时后的通风相结合），排除室内的湿气以保持室内干燥。因为在育雏期间高温高湿的环境容易导致育雏效果不好。预热期间要检查育雏室前半部分各处温度是否均匀，要求温差不能超过 1.5℃，如果温差太大就要考虑采取调节措施。

五、雏鸡的运输与安置

(一)运输

1. 运输时间把握

适宜的运输时间应在雏鸡绒毛干燥后(一般在出壳后12小时)开始,运抵目的地的时间通常在雏鸡出壳后24小时内,不应迟于出壳后36小时。路途时间控制在8小时以内对雏鸡的影响相对较小。

如果起运过早,雏鸡表现软弱、对外界环境的适应性差、对运输产生的应激大,运输中相互挤压造成的损失也大。如果起运过晚,雏鸡饮水和开食时间都会受影响,进而影响到雏鸡的健康和生长发育,而且运输所造成的应激也比较大。运输前的雏鸡不能喂饲,否则运输途中会出现较多的损失。

2. 运输用具

运雏工具主要是专用运雏汽车(图7-1),为带有空调的厢式货车,能够防止风吹日晒雨淋,可以人为控制车厢内的温度。所有与雏鸡运输有关的设备、用具、用品在使用前都要经过检查、维修和消毒处理。雏鸡运输车在卸完雏鸡后就应该立即进行清扫和冲洗,在下次使用前还要进行冲洗和消毒。目前广泛使用的纸质雏鸡盒都是一次性用品,不能循环使用。

图7-1 雏鸡运输专用车

3. 准备好需要携带的证件

运雏车司机要随身携带行车证、驾驶证等相关证件,不要在运雏途中被查出证件不全而造成车辆被扣、雏鸡不能及时运输的被动局面。雏鸡运输的押运人员应携带检疫证(由供种场当地县级畜牧兽医行政主管部门开具并加盖有公章)、身份证和种畜禽生产经营许可证、引种证明、发票、路单以及其他有关的手续。以免在路途中被检查时由于缺少相关手续而被扣押造成损失。

4. 运输过程注意事项

雏鸡的运输应防寒、防热、防闷、防压、防雨淋和防震荡。运输雏鸡的人员在出发前应准备好食品和饮用水，中途不能停留。远距离运输应有两个司机轮换开车。押运雏鸡的技术人员在汽车启动后2小时左右检查车厢中心位置的雏鸡活动状态。如果雏鸡的精神状态良好，每隔1~2小时检查1次。检查间隔时间的长短应视实际情况而定。

如果路途时间长，为了保证运输过程中雏鸡少受应激，可以在起运前向雏鸡盒内喷洒一些专用的抗应激添加剂。

（二）接雏与安置

育雏室工作人员在雏鸡运送到育雏室前要做好各项准备工作。

1. 检查育雏室温度

雏鸡到来前要求室内温度达到35℃左右，不能低于31℃，如果达不到则必须采取应急措施。否则，雏鸡到来后较长时间受凉就会影响其健康。

2. 笼底铺垫处理

笼养育雏的笼底网（或网上平养的网床）上要铺一层菱形孔塑料网，3日龄前还要在塑料网的上面铺垫报纸或牛皮纸，一方面可以防止幼雏腿脚踩空被底网的网孔卡住，另一方面可以把饲料直接撒在纸上进行开食。牛皮纸铺一层就可以，报纸则需要3~4层，铺纸的时候要把底网与侧网的边角处铺上。

3. 做好每个育雏笼的使用计划

根据接雏的数量和第一批使用的育雏笼数量，确定每个单笼内放置雏鸡的数量。一般在一个育雏室内刚接入雏鸡时只使用育雏笼总数的30%左右，以后随着雏鸡周龄增大在扩群的时候再使用其他笼。刚开始使用的雏鸡笼要靠近热源，是育雏室内温度较高的地方的育雏笼，一般在靠近育雏室的前部，可以在育雏室中间用双层塑料布或编织布悬垂遮挡把暂时不用的育雏室后部笼具分开，在前半部进行集中加热以减少能源消耗。

地面垫料平养或网上平养育雏方式可以将育雏室的前1/3用塑料布或无纺布隔出来，雏鸡饲养在这一部分，加热设备也集中在这一部分。10日龄以后随着雏鸡体重的增大，将隔挡用的塑料布或无纺布移至鸡舍的一半位置，增加鸡群活动空间，20日龄以后可以撤去，让雏鸡群在全部空间内活动。

4. 调整前网宽度和放置饮水器

雏鸡接入育雏室前先把育雏笼的前网调整好，把双层前网之间的间距调整到最小，以防雏鸡从笼缝中外逃。5日龄后随着笼外料槽的使用，逐渐把前网竖丝间隙增大，让雏鸡的头部能够自由进出。笼门调好后再把饮水器装水后放好，一般在一个单笼内放置1～2个容量为1.5升的真空饮水器。放置在笼内的中间部位，以便于较多的雏鸡可以同时饮水。

5. 安置计划

雏鸡接入后应把公鸡和母鸡分开放置，可以先将母雏放进笼内，然后把公雏剪冠后放入另外的笼内，以免混淆。在按照每个笼内计划放置的雏鸡数量将雏鸡放入。雏鸡接入后要清点数量，把弱雏单独放置在一个单笼内以加强护理。

雏鸡到来时应将舍内的灯全部打开，用60瓦的白炽灯泡。

六、育雏的环境条件

（一）育雏的温度控制

温度直接关系到雏鸡体温调节、运动、采食和饲料的消化吸收等。雏鸡体温调节能力差，对温度的反应很敏感。温度低，很容易引起挤堆而造成伤亡，而且会加重感染白痢雏鸡的症状。1周龄以内育雏笼内温度掌握在33～35℃，以后每周下降2℃左右，6周龄降至25℃。第一周温度计水银球以悬挂在雏鸡背部的高度为宜，平养距垫料5厘米，笼养距底网5厘米。详见表7－1。

表7－1　雏鸡的供温参考标准（℃）

日　龄	0～3	4～7	8～14	15～21	22～28	29～42
鸡体周围温度	35～33	33～31	31～29	29～27	不低于23	不低于20
育雏室温度	30～28	29～27	27～25	不低于23	不低于20	不低于18

育雏实践中不仅要注意观察温度的显示情况，还要看雏鸡的采食、饮水行为是否正常，即“看雏施温”。温度适宜的时候雏鸡羽毛丰满干净有光泽、胫爪光润、精神状态好，采食和饮水正常、活泼好动，休息时伸腿伸翅伸头，卧地舒展全身，呼吸均匀。温度偏低时会发现雏鸡挤堆，发出尖声鸣叫，呆立不动，低头缩颈，采食饮水减少，站立不稳，绒毛散乱；温度过低会引起瘫软或神经症状。温度偏高雏鸡表现为双翅下垂，张口喘气，饮水量增加，寻找低温处休息，往笼边缘跑；这种情况出现后应立即进行降温，降温时注意温度下降幅度不宜太大，使温度逐渐下降。如果雏鸡往一侧拥挤，说明有贼风袭击，应立即检查进口处的挡风板是否错位，检查门窗是否未关闭或被风刮开，并采取相应措施

保持舍内温度均衡。如果雏鸡的羽毛被水淋湿，有条件的应立即用暖风机以36℃温度烘干，并在较高温度处休息一会儿，可减少死亡。

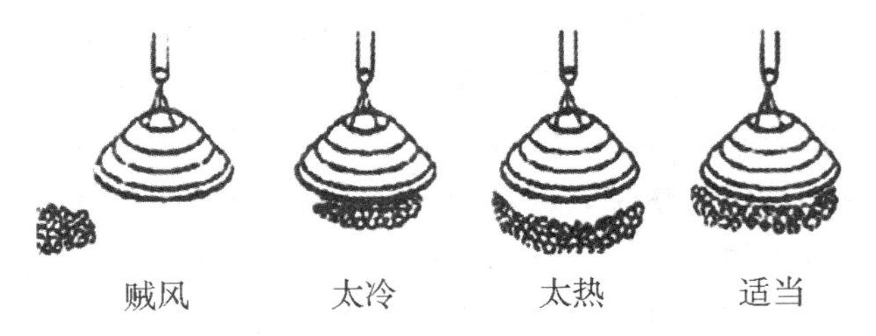

图 7－2　雏鸡对不同温度的反应

育雏室内温度应保持相对稳定，如果出现忽高忽低的情况则容易造成雏鸡感冒，抵抗力下降，导致其他疾病的继发。育雏温度随季节、鸡种、饲养方式不同有所差异。高温育雏能较好地控制鸡白痢的发生，冬季能防止呼吸道疾病的发生。

育雏前期，尤其是在 14 日龄前要关注夜间的室温变化（低温季节更应注意），因为前 2 周的雏鸡个体小，自身产热量低，御寒能力差；夜间值班人员容易瞌睡，对于人工控制的加热设备如火炉、地下火道有可能出现控制不当的问题而造成育雏室内温度的不适宜；夜间外界温度低，通风时常常造成局部温度偏低；夜间也是雏鸡休息的时候，对不适宜温度的反应性下降。

目前，在育雏过程中对温度的控制有两种观念，即高温育雏或低温育雏。高温育雏是指在育雏期 2 周采用高温育雏（比常规育雏温度高 1～2℃，达到 35～36℃），优势在于极大地减少鸡白痢死亡率（80% 以上），对鸡苗卵黄囊的吸收有明显的促进作用，明显地提高鸡苗成活率。在高温的前提下，可以打开门窗，让空气充分流动，排出育雏室内的有害气体而育雏室内温度仍能满足鸡苗生理需要。应注意：鸡苗入舍前，舍内温度不要太高，以免温差太大，鸡苗适应不了，应逐渐升温至 35℃；高温是指前十几天，不要长期高温，否则鸡苗生长缓慢，喙、爪及羽毛干燥，缺乏光泽，浪费能源；舍内还要保持一定的湿度。而低温育雏技术则是指在育雏期内的前 2 周温度略低于常规的温度控制标准，3 日龄前的温度为 32℃，4～7 日龄为 31℃，8～11 日龄 30℃，12～15 日龄 29℃。低温育雏能够节约能源费用，也能够使雏鸡适应较低温度的环境。不过对于大多数生产者来说，不建议使用低温育雏方法。

（二）育雏室湿度控制

5 日龄之前要求室内相对湿度为 70% 左右，6～10 日龄为 65%，以后保持在60%即可。育雏期间,第一周有可能出现室内湿度偏低的现象,以后常见的是湿度偏高问题。

育雏前期较高湿度有助于剩余卵黄的吸收,维持正常的羽毛生长和脱换。必要时需要在育雏室内喷洒消毒液,既能够对环境消毒,又可以适当提高湿度。环境干燥易造成雏鸡脱水,饮水量增加而引起的消化不良;干燥的环境中尘埃飞扬,可诱发呼吸道疾病。育雏后期室内的湿度常常偏高,需要采取防潮措施,如适当增加通风量、及时清理粪便、及时更换潮湿垫料、防止供水系统漏水等。因为,育雏室湿度过高会引起垫草或饲料的发霉,诱发曲霉菌病、球虫病;容易造成细菌的繁殖而引起疾病,会影响高温情况下雏鸡的呼吸道散热过程;高湿度也会加快饲料中营养素的损失,甚至引起饲料发霉变质。

在冬季和早春降水较少的季节育雏室内容易出现湿度偏低的情况,而在夏季和秋季一般不会出现。

(三)育雏室通风控制

通风的目的主要是排出舍内污浊的空气,换进新鲜空气,另外通过通风可有效降低舍内湿度。空气质量主要从氧气、有害气体、粉尘的含量来衡量,若雏鸡长时间生活在有害气体和粉尘含量高的环境中,会抑制雏鸡的生长发育,造成体重衰弱,容易感染疾病,抗病力下降。

育雏前期,应选择晴朗无风的中午进行开窗换气。第二周以后靠机械通风和自然通风相结合来实现空气交换,但应避免冷空气直接吹到雏鸡身上,若气流的流向正对着鸡群则应该设置挡板,使其改变风向,以避免鸡群直接受凉风袭击,见图7-3。育雏室内有害气体的控制标准为氨气不超过20毫克/千克,硫化氢不超过10毫克/千克。实际工作中通风控制是否合适应该以工作人员进入育雏室后不感觉刺鼻、刺眼为度。

图7-3　育雏室进风口内侧的导流板

育雏期间通风和保温是常见的一对矛盾,保温效果好的时候常常是忽视通风,而通风的时候常见的是育雏室内温度的下降。尤其是在低温季节育雏这对矛盾更加突出。在规模化养鸡场解决这对矛盾的根本方法是采用热风炉或暖气加热系统,吹向雏鸡笼的是热风,见图 7 -4。

图 7 -4　育雏室内暖气加热系统

在育雏室通风管理中要考虑不同季节外界的环境温度所造成的影响。寒冷季节通风容易造成室内温度的明显下降,而且进入鸡舍的空气温度低容易造成雏鸡受凉感冒。因此,应选择在中午前后外界温度高的时候通风。在进风口(进风窗)内侧必须设置风斗,将进入育雏室的风导向育雏室的上方,避免冷风直接吹向雏鸡身体,否则会对雏鸡的健康造成严重的不良影响;温暖季节的通风时间可以集中安排在上午 10 点后到下午 4 点前进行,如果舍内外温差大,同样需要防止冷风直吹鸡体。高温季节,则可以昼夜通风,白天加大通风量,晚上打开部分风机或窗户,尤其是要注意在中午前后加大通风量防止室内温度过高。室内气流速度的大小取决于雏鸡的日龄和外界温度。育雏前期注意室内气流速度要慢,后期可以适当提高气流速度;外界温度高可增大气流速度,外界温度低则应降低气流速度。

不同周龄的雏鸡对通风量的要求也不一样。一般周龄小的雏鸡由于新陈代谢过程中产生消耗的氧气少、产生的二氧化碳也少、粪便相对干燥(其中微生物发酵产生的有害气体也少),因此不要求太大的通风量;随着雏鸡周龄的增大,氧气的消耗量、二氧化碳的产生量随之增加,活动量大造成育雏室内的粉尘增多,粪便排泄量增加而且含水量升高被微生物发酵所产生的有害气体也增多,要求换气量必须随着加大。

（四）光照管理

光照对雏鸡的生长发育是十分重要的，它关系到雏鸡的采食、饮水、运动、休息，也关系到工作人员的管理操作和减少老鼠的活动。

光照时间的控制很重要，对于有窗鸡舍，育雏室内的光线受自然光照的影响，在控制光照的时候需要考虑自然光照的变化。育雏期前3天，采用24小时光照制度，白天利用自然光、夜间用灯泡照明。4～7日龄，每天光照22小时，8～21日龄为18小时，22日龄后每天光照14小时。育雏前期较长的日照明时间有助于增加雏鸡的采食时间。但是，对于4周龄以后的雏鸡来说，由于消化系统发育趋于健全，消化道的容积增大，每次的采食量较多，晚上关灯的时间可以适当延长。如果采用的是密闭式鸡舍，育雏室内的光照时间完全可以人为控制。光照时间的控制要求为：育雏期前3天，采用24小时光照制度，4～7日龄，每天光照22小时，8～21日龄为18小时，从22日龄开始就限定为每天8小时或10小时。有的鸡场使用密闭式育雏室的时候，从第二周就把光照时间缩短到每天8小时，这种做法不利于雏鸡的早期体重发育。

光照强度也需要重视，在有窗式育雏室，光照强度的控制要考虑白天自然光照的强度。白天如果光线过强，需要在靠南侧的窗户上悬挂布帘；如果是阴天，靠南侧的自然光线强度能够满足雏鸡需要，但是在育雏室中间或北侧就会显得光线较弱，需要补充光照。要求育雏室内光线的强度以能够清晰地观察雏鸡行为表现、饲料和饮水状况、粪便形状和颜色即可。光照强度过大会使雏鸡表现烦躁不安，也容易诱发啄癖。夜间照明主要靠灯泡提供光线，第一周光照强度要稍高，夜间补充光照的强度约为50勒，相当于每平方米5～8瓦白炽灯光线，便于雏鸡熟悉环境，找到采食、饮水位置，也有利于保温。第二周之后光照强度也要逐渐减弱，光照强度在30勒就可以。

育雏室内的光线分布要均匀，尤其是采用叠层式育雏笼的情况下，需要在四周墙壁约1米高度的位置安装适量的灯泡，以保证下面2层笼内雏鸡能够接受合适的光照。

（五）饲养密度

饲养密度对于雏鸡的正常生长和发育有很大的影响。在合理的饲养密度下，雏鸡采食正常，生长均匀一致。饲养密度大小与育雏方式有关，因此要根据鸡舍的构造、通风条件、饲养方式等具体情况灵活掌握。育雏期不同育雏方式雏鸡饲养密度可参照表7－2。

表 7－2　不同育雏方式雏鸡饲养密度（每平方米饲养只数）

地面平养		立体笼养		网上平养	
周龄	密度	周龄	密度	周龄	密度
0～2	30～35	0～1	60	0～2	40～50
2～4	20～25	1～2	40	2～4	30～35
4～6	15～20	3～6	30～25	4～6	20～24
6～2	5～10	6～11	20	6～8	14～20
12～20	5	11～20	14		

饲养密度过大对雏鸡生长发育和健康的影响，这种影响的表现主要为：雏鸡体重偏小，发育不均匀，容易发生啄癖，容易感染疾病或会加重疾病的危害（呼吸系统疾病的表现更突出），影响雏鸡羽毛的生长。

（六）噪声控制

噪声是影响雏鸡健康发育的重要外界因素，它会造成雏鸡的紧张、恐慌、惊群、挤堆，严重时可能导致伤残和死亡。因此，育雏室内鸡附近必须保持一个相对安静的环境，不能鸣汽车喇叭、不能大声喊叫、避免狗在鸡舍附近狂吠、不能在附近进行有较大噪声的施工等。

（七）防止雏鸡受惊扰

由于雏鸡胆小容易惊群，受到一些外界干扰后会出现应激反应，进而影响其生长发育和健康，生产中要设法减少雏鸡群所受的干扰。要注意防止猫、狗等体型较大的动物进入育雏室，减少各种飞鸟进入育雏室、减少陌生人的靠近，饲养人员要穿颜色比较暗淡一些的工作服，防止门窗因刮风而出现的晃动和噪声等。

七、雏鸡的饮水管理

1. 初饮

初生雏鸡接入育雏室后，第一次饮水称为初饮，也称为开水。由于育雏室的温度高，雏鸡机体的含水量也高，在高温的育雏条件下，如果不能及时补充水分则雏鸡很容易造成脱水，因此初饮应在雏鸡接入育雏室后尽早进行。

初饮应在雏鸡放置到育雏笼后立即进行。在每个单笼内放置 1～2 个真空饮水器，饲养员用手指轻轻敲击饮水器的水盘，吸引雏鸡饮水，一般雏鸡听到声响、看到水盘就会靠近用喙部啄水盘，这时就能够喝到水了，一旦一个单笼内有几只雏鸡饮水,其他雏鸡很快就会学会饮水。对于无饮水行为的雏鸡应将其喙部浸入饮水器内以诱导其饮水。初饮用水最好用温开水,水温在20～25℃。初饮的水中可以添加0.02%的高锰酸钾,也可以添加6%的葡萄糖,也可以不添加任何东西。

2. 饮水质量

饮水的卫生质量直接关系雏鸡的健康。饮水要干净,要符合饮用水卫生标准,第一周的雏鸡最好饮用温开水,以后可换用深井水或自来水。最初几天的饮水中,通常加入适量的高锰酸钾或百毒杀、次氯酸钠等消毒剂,以消毒饮水和清洗胃肠、促进雏鸡胎粪的排出。但是,如果需要在饮水中添加其他成分如抗生素、复合维生素等的时候不要同时添加消毒剂。

为了保证饮水质量,要求定期检测水质,检查水中细菌总数和大肠杆菌数量、硬度、酸碱度、氮含量等指标。不符合标准要求的必须考虑使用新的水源。为了保证饮水的质量,还要在育雏室内的水管上安装过滤器,滤除水中的各种杂质。

各种饮水器要定时清洗和消毒,因为在育雏室内温度高、湿度大,水中的微生物繁殖比较快,水质容易受污染。

3. 饮水器

第一周使用真空饮水器,直接放在笼的底网上供雏鸡使用;第二周继续使用真空饮水器的同时把乳头式饮水器高度调整好,使饮水乳头比雏鸡的背部略高一点,让雏鸡开始训练使用乳头饮水器,见图7－5;第三周以后可以撤掉真空饮水器,只用乳头式饮水器,但是需要定期调整乳头式饮水器的高度,基本上让出水乳头的末端比雏鸡背部高2厘米左右。有的乳头式饮水器在出水乳头下面安装有一个小水盘,当雏鸡饮水时有水漏出则可以接到水盘中供雏鸡继续饮用,还可以防止水漏入粪便中。

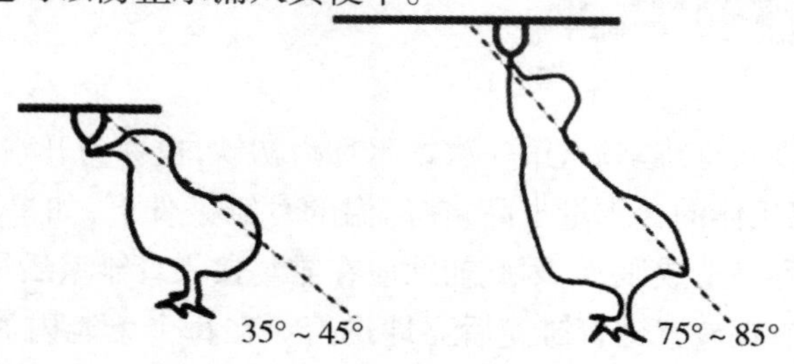

图7－5　饮水器的高度调整

(10日龄前雏鸡抬头可以饮水,10日龄后仰头才可以饮水)

4. 饮水管理

(1)保证饮水充足　为了保证每只雏鸡随时都能够喝到水，饮水器的数量要足够，在有光照的时间内尽可能保证饮水器具中有足量的水，要注意观察雏鸡的饮水行为，看是否每只雏鸡都能够及时喝到水。一般情况下，雏鸡的饮水量是其采食量的1.5～2倍。需要密切注意的是：雏鸡饮水量的突然改变，往往是鸡群出现问题的征兆。

如果饮水不足或缺水会影响雏鸡的采食，进而影响其生长发育和健康。如果较长时间雏鸡处于干渴状态，一旦供水后会造成雏鸡的暴饮，一次饮水过多会影响消化机能，甚至出现水中毒；而且在恢复供水之处，雏鸡争相饮水会把前面的雏鸡压到饮水器水盘中，造成绒毛湿水甚至溺水。

从雏鸡的发育和胫爪状态能够推断雏鸡的饮水情况，雏鸡发育良好、胫爪光润则说明饮水正常，如果雏鸡发育慢、胫爪干瘪粗糙则可能是饮水不足。

(2)控制饮水温度　育雏期间将饮水温度控制在20～25℃。合适的水温对于雏鸡是非常重要的，水温低会对消化道产生不良刺激而影响其消化机能，水温高则雏鸡不愿饮水。

(3)早期饮水中的添加物　为了刺激饮欲、促进生长和预防疾病，第一周可在水中加入葡萄糖或蔗糖(质量分数为7%～8%)。对于长途运输后的雏鸡，在饮水中要加入口服补液盐，有助于调节体液平衡。在饮水中加入速溶多维，电解多维、维生素C可以减轻应激反应，提高成活率。有些场为了雏鸡的健康在第一周、第三周还通过饮水添加一些抗生素，用于防治细菌性疾病。

八、雏鸡的饲料与饲喂管理

(一)雏鸡的饲料

雏鸡有专用饲料，其商品名称就是雏鸡料，根据饲料的形状可以分为雏鸡粉料和雏鸡花料(破碎的颗粒饲料)，不能用其他饲料替代雏鸡料。雏鸡饲料应符合以下要求：

1. 较高的营养浓度

要求雏鸡饲料中每单位重量中的能量水平、蛋白质含量与质量、维生素和微量元素添加量都相对较高，而粗纤维的含量应较低。因为雏鸡的消化道短、容积小，每天采食的饲料量有限，喂饲高营养浓度的饲料有助于增加其每天的营养摄入量。

2. 颗粒大小要适中

雏鸡的喙软,不能把大粒饲料啄碎,肌胃对饲料的研磨能力也很差,大颗粒饲料不利于雏鸡采食和消化。饲料颗粒过小如粉状则不利于采食,也容易造成粉尘飞扬,每次都能够看到剩在料盘或料槽底部的都是粉末状的东西。

3. 饲料易消化

雏鸡饲料中尽量少使用消化率低的饲料原料如菜籽粕、棉仁粕、血粉或羽毛粉等,这类原料使用较多则雏鸡对饲料中营养素的利用率大大降低,势必影响其生长发育。

4. 饲料要新鲜

雏鸡的饲料要新鲜,加工后的产品存放时间不宜超过1个月,饲料新鲜是保证其中各种营养素含量正常的基本条件,随着存放时间的延长饲料中的营养素会分解,效率降低,有些还会变质。雏鸡饲养中不能使用发霉变质的饲料和饲料原料。发霉变质的饲料或原料中有大量的细菌、真菌以及毒素,这些细菌、真菌会造成雏鸡的感染,毒素会影响肝脏的机能和免疫机能。

5. 合理使用添加剂

除复合维生素、微量元素和氨基酸等营养性添加剂外,在雏鸡饲料中经常使用的添加剂包括酶制剂和微生态制剂两种。使用酶制剂有助于提高饲料的消化率,因为雏鸡体内的消化酶的分泌量和效能都较低;使用微生态制剂有助于维持肠道菌群的平衡,有利于保持肠道健康。

(二)雏鸡的"开食"

1."开食"时间

雏鸡第一次喂饲称为"开食",见图7-6。"开食"时间一般掌握在出壳后18~36小时,最好在初饮后0.5~1.0小时内进行,也有与初饮同时进行的。开食过晚会造成雏鸡体内原始营养消耗过多,影响正常生长发育。

2."开食"方法

"开食"使用粉状全价配合饲料或用雏鸡花料喂饲。直接把饲料撒在料盘或塑料布上,用手轻轻敲击发出声响,引诱雏鸡啄食。雏鸡采食有模仿性,一旦有几只学会采食,很短时间全群都会采食。

3. 用料量

"开食"的目的在于训练雏鸡学会采食,不能让雏鸡吃得太多以免伤及消化系统,一般按照每100只雏鸡使用100~150克的饲料量即可。

图7-6 雏鸡的"开食"

（三）雏鸡的喂饲

1. 喂饲用具

笼养雏鸡在5日龄以前使用开食盘或把饲料撒在塑料布上，6~10日龄可以把饲料添加到料槽内，同时还要继续使用开食盘，10日龄以后撤去开食盘让雏鸡使用料槽采食。平养主要使用料桶，笼养初期使用料桶或料盘，10日龄后使用料槽。开始几天可以把饲料放在料盘内让雏鸡采食。4天后的雏鸡要逐步引导使用料桶或料槽，10天后完全更换为料桶或料槽。每天至少要清洗1次喂料用具，必要时要进行消毒处理。尽量减少雏鸡踩进盘内并在盘内排粪，以减少饲料的污染。

2. 喂饲次数与喂料量

第一周的雏鸡由于消化道的容积和长度小，饲料在消化道内停留时间短，雏鸡容易饥饿，在喂饲时要注意少给勤添，每昼夜可以多饲喂几次；以后随着周龄增加，消化道的容积增大，肠道长度变长，可以适当减少喂饲次数并增加每次的喂料量。前3天每天喂饲7次，4~7天每天喂饲6次，8~12天每天喂饲5次，13天以后每天喂饲4次。喂料量以所饲养鸡种的育种公司提供的喂料量参考标准为基本依据，每次喂料量以雏鸡在30分左右基本吃完为度，见表7-3至表7-4。

3. 喂饲方法

每次喂饲要提前确定每个育雏笼的喂饲量，之后备好饲料。把料盘先放进笼内，之后向料盘内添加饲料；如果使用小料桶则先在笼外将饲料添加好再把料桶放入笼内。注意不能抛撒饲料。

4. 采食情况检查

每次喂饲后检查雏鸡的采食积极性，健康的雏鸡总是积极采食，如果出现采食不积极就必须认真分析原因。每次喂饲结束后可以随机抓几只雏鸡触摸其嗉囊，检查嗉囊中食物的充盈度，如果绝大部分个体嗉囊中有食物充盈则说明喂饲控制的合适，如果部分雏鸡嗉囊中空虚则说明喂饲量不足。在前三天要注意观察是否有雏鸡不会采食，如果有这样的个体必须及时隔离并加强诱导采食，必要时用胶头滴管将混有葡萄糖、复合维生素的水溶液滴在雏鸡口中。

表7－3　"新兴黄鸡Ⅱ号"肉鸡配套系父母代公鸡育成期体重及耗料标准表

周龄	周末体重（克）	喂料量（克/只·日）	周龄	周末体重（克）	喂料量（克/只·日）
1～7		自由采食	15	1 700	73
8	980	52	16	1 780	76
9	1 100	53	17	1 870	79
10	1 170	56	18	1 970	81
11	1 240	60	19	2 160	85
12	1 340	64	20	2 250	93
13	1 460	69	21	2 400	95
14	1 590	72	22	2 560	97

表7－4　"新兴黄鸡Ⅱ号"肉鸡配套系父母代母鸡育成期体重及耗料标准表

周龄	周末体重（克）	喂料量（克/日·只）	周龄	周末体重（克）	喂料量（克/日·只）
1～4		自由采食	13	1 220	57
5	510		14	1 290	63
6	600		15	1 360	64
7	695	36	16	1 435	66
8	790	41	17	1 525	72
9	880	44	18	1 620	76
10	975	47	19	1 720	80
11	1 065	50	20	1 820	86
12	1 150	54	21	1 920	92

九、雏鸡的管理

（一）剪冠

饲养优质肉种鸡的时候，需要对父本雏鸡进行剪冠处理。

1. 剪冠的目的

剪冠的目的在于方便成年公鸡的采食，冬季能够防止鸡冠被冻伤，减少争斗引起的鸡冠损伤，容易发现雌雄鉴别错误的个体。

2. 剪冠的工具和用品

剪冠常用的工具是手术剪，其他用品主要是酒精棉球。剪刀用于剪冠，棉球用于消毒。

3. 剪冠时间

剪冠通常在 1 日龄进行，在雏鸡接入育雏室后可立即进行，日龄大则容易出血。

4. 剪冠操作

操作时用左手握雏鸡，拇指和食指固定雏鸡头部，右手持手术剪，在贴近头皮处将鸡冠剪掉（残余的部分越少越好），用消毒药水消毒即可。只要不伤及皮肤一般不会有较多出血。

（二）断喙

优质肉种鸡的饲养期长，在笼养条件下很易发生啄癖（啄趾、啄羽、啄肛、啄蛋等），尤其在育成期和产蛋初期，啄斗会造成鸡的伤残甚至死亡。另外，鸡在采食时常常用喙将饲料钩出料槽，造成饲料浪费，据有关资料报道在肉种鸡产蛋期的 45 周饲养过程中，平均每只合理断喙的母鸡可节粮约 500 克。

引起鸡发生啄癖的因素很多，包括温度偏高、饲养密度过大、通风不良、光照强度过大、饲料中某些营养素的不足或缺乏（如蛋白质、维生素、食盐、粗纤维等）、疾病（如泄殖腔炎症、皮炎症状的疾病）等。啄癖发生后很难纠正，即便是使用相关药物或添加剂也不一定有效，而断喙是解决上述问题的有效途径，也是目前普遍应用的技术措施。

1. 断喙工具

雏鸡断喙使用的工具包括断喙器、台案、椅子、雏鸡盒、多用电插座等。

断喙器虽然有多种形式，目前普遍使用的是台式自动断喙器，放在台案上接通电源即可使用。断喙前可以把笼内的雏鸡取出放在雏鸡盒内，断喙后的雏鸡再放回笼内。如果有空笼也可以不用雏鸡盒，把与空笼相邻的笼内的雏鸡断喙后放入空笼内，该笼内雏鸡断喙结束后可以作为下一个笼内雏鸡的周转笼使用。

另外，近年来一些大型孵化厂引进有红外线断喙设备，在孵化厂内对雏鸡进行挑选、分级、雌雄鉴别和接种疫苗后进行断喙处理，1 周后上喙的尖端就会脱落，对雏鸡的应激很小，而且断喙效率很高。

2. 断喙时间

使用台式自动断喙器一般在7~15日龄对雏鸡进行断喙。断喙时间早(5日龄以内)，雏鸡太小，对鸡的损伤大，影响雏鸡早期的发育，而且不易操作，由于喙太软，切得短容易再生，切得长则喙部过短而影响采食。断喙时间太晚(如迟于25日龄)则雏鸡的喙比较坚硬，切喙速度慢，发生喙部断面出血的现象较多，对雏鸡造成的应激大。

3. 断喙方法

安放好断喙器，接通电源，打开断喙器上的电源，调整刀片下切的频率和刀片的温度，做好断喙的准备，刀片温度在800℃左右(颜色暗红色)。刀片前的铁片上一般有3个孔供选用(插喙孔)，孔径有大中小，根据雏鸡的日龄大小选择使用哪个插喙孔。

喙部切断长度要求，上喙切去1/2(喙端至鼻孔)，下喙切去1/3，断喙后雏鸡下喙略长于上喙。在实际操作时上喙的切断部位在前端颜色发白处与中段颜色暗红色交界处。这个部位上喙部的生长点，从此处切断并烧烙能够使生长点的组织坏死，有效防止喙部再长尖。

4. 断喙操作要点

单手握雏，拇指压住鸡头顶，食指放在咽下并稍微用力，使雏鸡缩舌防止断掉舌尖。将头向下，后躯上抬，上喙断掉较下喙多。在切掉喙尖后，在刀片上灼烫1~2秒，有利止血。

日龄小的雏鸡其喙的前端一般不是切掉的，常常是在刀片上烧烙掉的。

断喙1 000只左右要将断喙器上的电源开关关闭，3分后拔掉插座，彻底切断电源，用绝缘螺丝刀的前端将断喙器刀片上粘的杂物刮掉，清理干净后再接通电源继续操作。断喙完成后先关闭机器上的电源开关，几分钟后再关闭总电源。之后清理断喙器，待刀片温度下降至室温的时候将机器收起保存。

5. 断喙注意事项

断喙器刀片应有足够的热度，切除部位掌握准确，确保一次完成；刀片应在使用结束后用小刀刮去上面的杂物，每断喙1万只鸡应更换刀片。断喙前后2天应在雏鸡饲料中添加维生素K(2毫克/千克)或复合维生素(比正常添加量增加35%)，有利于止血和减轻应激反应。断喙后立即供饮清水，3日内饲槽中饲料应有足够厚度，避免采食时喙部触及料槽底部而使喙部断面感到疼痛。鸡群在非正常情况下(如疫苗接种，患病)不进行断喙，以免加重已经存在的问题。断喙时应注意观察鸡群,发现个别喙部出血的雏鸡要及时烧烫止血,创面出血的雏鸡常常被其他雏鸡包围并且创面被啄,如果不及时发现和取出则可能会因为出血太多而成为弱雏甚至死亡。

(三)弱雏复壮

在大群饲养条件下难免会出现部分弱雏。适时进行强弱分群,可以保证雏鸡均匀发育,提高鸡群成活率。弱雏复壮可以采取下面4项措施。

1. 及时发现和隔离弱雏

饲养人员在观察鸡群的时候,发现弱雏要及时挑拣出来放置到专门的弱雏笼(或圈)内。如果不能及时隔离则弱雏在大群内容易被踩踏、挤压而伤亡,这在蛋鸡育雏实践中也很常见。

2. 注意保温

把在弱雏笼(或圈)设置在靠近热源的地方或在其中另外安装加热设备,使笼(圈)内温度要比正常温度标准高出1~2℃,这样有助于减少雏鸡的体温散失和体内营养消耗,有利于康复。

3. 强化营养

弱雏的饲料要足够,还应该在饮水中添加适量的葡萄糖(5%)、水溶性复合维生素、口服补液盐等,增加营养的摄入,促进其恢复。对于最初几天不吃料的雏鸡要用滴管向其口中滴营养液。

4. 对症治疗

通过在饲料或饮水中添加抗生素对弱雏进行预防和治疗疾病,以促进康复。对于有外伤的个体还应对伤口进行消毒。

(四)分群与密度调整

1. 雏鸡的分群

在育雏的最初几天,分群一般是按照性别、体重大小、体质强弱进行的,每个小群内的个体在这些方面尽可能一致。调群一般在每周末结合饲养密度的调整进行,每次每个小群内的调整数量不宜太大,只是少数调整。

调群一般是把每个小群内个体偏大的取出后集中到若干个相邻的单笼内,再把体重偏小的取出后集中到另外的若干个相邻的单笼内,使得调群后每个单笼内(每个小群)的雏鸡体重大小、体质强弱相对一致。通过调群也将原来每个单笼内的雏鸡数量减少了,饲养密度也降低了。每次调群后,尽量保持每个单笼内雏鸡的数量相同以便于确定每个单笼的喂料量。同时,要注意体重不同的小群的喂料量也要进行适当调整。

2. 饲养密度调整

每周龄末随着雏鸡体重增加，单位面积内雏鸡的饲养量要相应减少，否则就会出现密度过大的问题。每周与调群结合进行密度调整，保证笼内雏鸡的活动空间，一般要求按照相关密度标准落实，但是由于具体情况存在差异，可以按照鸡群的表现进行调整，当雏鸡卧下休息的时候笼底有20% ~30%的空闲面积是比较恰当的。

生产中常见的问题是饲养密度过高，这会带来许多问题，一定要注意避免。

(五)抽测体重

肉种鸡育雏期体重控制对于提高育雏效果乃至对育成期的管理都很重要。一般要求每逢双周的周龄末空腹称重1次，每次称量50只以上，要逐只称重和记录。要求是随机抽测，以提高称重结果的代表性。

根据称重记录可以统计出鸡群的平均体重和变异系数，可以作为衡量前期饲养管理成效的评价依据和下一阶段饲养管理工作调整的基础。

(六)雏鸡的卫生防疫

1. 严格执行卫生防疫制度

育雏前要制定卫生防疫制度，这些制度包括育雏室隔离措施，消毒要求，药物使用准则，疫苗接种要求，抗体检测要求，粪便清理与无害化处理要求，病死雏鸡处理规定等。严格执行卫生防疫制度，落实科学的免疫程序是预防疾病的重要基础。

2. 做好隔离与消毒工作

(1)隔离要求　对于一个综合性优质肉种鸡场，育雏室与周围环境要严格隔离，与其他鸡舍之间至少有30米的距离并通过绿化进行隔离；杜绝无关人员的靠近，尽可能减少育雏人员的外出；设法避免其他动物(如飞鸟、老鼠、猫、狗等)进入育雏室。如果有条件，种鸡场应实行“全进全出”管理制度，把育雏育成鸡场和成年鸡场分不同地段建设，避免相互干扰。

(2)消毒要求　消毒可以杀灭环境中大部分的病原体，是保证鸡群健康的重要前提。育雏室在进雏前要进行熏蒸消毒，进雏后每周带鸡消毒3次，育雏室的门窗、通风口及附近每周喷洒消毒药2次；饮水和喂料设备每天消毒1次。凡是进入育雏区的人员和车辆、物品必须经过严格的消毒后才可以放行。

3. 及时发现病鸡

每天早上要通过观察粪便了解雏鸡健康状况，主要看粪便的稀稠，形状，颜色等，如果粪便为黄绿色或红色，或灰白色稀便则预示有健康问题。观察雏鸡的采食情况，如采食的积极性，嗉囊的充盈情况；观察雏鸡的行为表现，如果雏鸡表现为精神不振、羽毛散乱、低头缩颈、闭目呆立则是发病的症状。发现鸡群中有个别的雏鸡有问题就必须及早采取措施，防微杜渐，因为许多疾病在发病之初仅有少数个体表现出症状。

4. 合理使用药物预防疾病

对于一些细菌性和寄生虫感染（如鸡白痢、大肠杆菌病、禽霍乱、球虫病以及败血支原体感染等）要定期使用药物进行预防。10 日龄前主要是预防鸡白痢和大肠杆菌病。20 日龄前后要预防球虫病的发生，尤其是地面垫料散养。28 日龄后还要做好大肠杆菌病和副伤寒、禽霍乱、慢性呼吸道病的预防工作。要合理选用药物，使用剂量和方法准确，用药时间要按照疗程要求进行。

5. 及时做好疫苗的接种工作

育雏期间预防病毒性传染病的主要方法是接种疫苗。目前，在中小型养鸡场都是使用相关的免疫程序进行接种：出壳当天通过皮下接种鸡马立克病疫苗（冷冻保存的细胞结合苗）；4 ~5 日龄通过滴鼻或滴口的方式接种传染性法氏囊炎弱毒疫苗；9 ~10 日龄通过滴鼻或滴口的方式接种新城疫 - 传染性支气管炎（H120）二联疫苗；17 ~ 18 日龄通过饮水方式接种传染性法氏囊炎弱毒疫苗；25 ~26 日龄通过滴鼻或滴口的方式接种新城疫 - 传染性支气管炎（H52）二联疫苗并半倍量肌内注射新城疫油乳剂灭活疫苗；32 日龄肌内注射禽流感油乳剂灭活疫苗；40 日龄接种传染性喉气管炎和禽痘疫苗。

使用免疫程序最好与当地的兽医结合并考虑当时当地家禽疫病的发生特点，进行适当的调整。

6. 及时检测鸡群的抗体

每次接种疫苗之后 7 ~10 天要测定抗体水平以了解接种效果，如果抗体水平低或整齐度差则要考虑补充接种；1 个月后再次检测以了解抗体变化，为下一次的疫苗接种时间确定提供参考。

7. 提高免疫接种效果

育雏期间接种的疫苗次数多、种类多，有时会出现接种效果不理想的情况，为了保证疫苗的接种效果，需要注意以下事项：合理确定免疫接种的时机，最好能够通过抗体检测结果确定接种时间。选择合适的接种方法，能够应用个体免疫接种方法的尽量不用群体接种方法。疫苗的合理选择与疫苗使用前的检查。疫苗的毒株或血清型要与当地当前流行的毒株或血清型相吻合；活疫苗使用前要进行效价测定，保证疫苗的质量。按要求进行稀释、现用现配，稀释液和稀释倍数要按照疫苗的使用说明操作，疫苗在使用前临时稀释，稀释后的疫苗尽量在1小时内用完。防止漏免，免疫接种前要把地面的雏鸡都抓起来放入笼内，同时要减少免疫过程中雏鸡从笼内逃出而漏免。剂量准确并保证疫苗真正进入接种部位。减少外界因素对疫苗的不良影响，无论是在疫苗的运输、储存、稀释和接种过程的哪个环节都要注意。免疫接种前后各2天增加复合维生素用量，这样有助于提高免疫接种效果。保证用品及操作过程的卫生，所有接触疫苗的用品在使用前都有经过消毒处理；在操作过程中也要注意防止用品被污染。操作人员要经过技术培训，使他们熟悉疫苗接种的所有技术要点。种鸡群经过特定疫病净化，尤其是对淋巴白血病等具有免疫抑制作用的疾病净化后会显著提高其他疫苗的接种效果。

（七）减少雏鸡的意外伤亡

1. 防止野生动物伤害

雏鸡缺乏对敌害的防卫能力，老鼠、鼬、鹰、猫、狗都会对它们造成伤害。因此，育雏室的密闭效果要好，任何缝隙和孔洞都要提前堵塞严实，门窗要罩有金属网。当雏鸡在运动场过程中要有人照料雏鸡群。

育雏人员经常在育雏室内巡视是防止野生动物伤害雏鸡的最重要措施。在育雏的第一周夜间必须要有值班人员定时在育雏室内走动，而且在灯光布置的时候必须注意不能有照明死角。

2. 弱雏造成的死亡

购买雏鸡时不要把弱雏留下来（即便是价格低廉甚至免费送的），弱雏不仅成活率低，其生长速度也慢，将来出现不合格的个体数量也多。

3. 减少挤压造成的死伤

雏鸡休息的时候喜欢相互靠近，当育雏室温度过低、雏鸡受到惊吓都会引起雏鸡挤堆，造成下面的雏鸡死伤。育雏人员要注意经常性地观察雏鸡的表现，一旦有挤堆现象要立即查明原因并采取措施。

4. 防止中毒

育雏期间造成雏鸡中毒的原因主要有煤气中毒和药物中毒两种。前者主要出现在使用煤火炉加热的育雏室内，如果不注意煤烟的排放就可能造成煤气中毒；后者发生的情况有药物使用剂量过大、药物与饲料混合不均匀，雏鸡采食含有杀虫剂或毒鼠药的饲料等。

5. 注射接种操作要谨慎

如果采用胸肌注射免疫接种方法，操作时要注意针头进入肌肉的角度，防止角度大使针头刺入腹腔、刺破肝脏。

6. 其他

笼养时防止雏鸡的腿脚被底网孔夹住、头颈被网片连接缝挂住等。

（八）公母分群饲养

优质肉种鸡的父系和母系通常是不同的品种或品系，其生产用途和生长速度也不同，所以肉种鸡在育雏期间要公母分群饲养，以达到各自的培育要求。为了能够准确区分其性别，可以在1日龄把公雏的冠剪掉。

在之后的饲养过程中要及时淘汰父系和母系鸡群中鉴别错误的个体。要注意防止不同品系的雏鸡混群。

（九）选择和淘汰

育雏结束时青年羽更换完成，此时要根据父系和母系各自的特征要求进行选择，淘汰体质差、发育不良、羽毛颜色不符合要求的个体。

第二节　青年鸡培育

青年鸡也称育成鸡，是指7～18周龄的鸡。因此，7～18周龄阶段在生产上常常称为育成期，通常把7～12周龄阶段称为育成前期、13～18周龄阶段称为育成后期，在饲养管理方面前期和后期有明显的不同。

一、育成鸡的培育目标

1. 体重发育达标

合适的体重是衡量青年鸡良好发育状况的重要指标。对于每个优质鸡品种或配套系来说，都有自己的体重发育标准，这个标准是育种公司经过大量实验研究得出的结果，当鸡群的体重与标准体重相符合的时候才能获得最佳的生产成绩。

体重过大往往是鸡过肥的表现，过于肥胖的鸡由于腹腔中脂肪沉积过多而影响以后的产蛋，而且由于消耗的饲料较多也会增加培育成本；体重过小说明鸡的发育不良，将来也不可能高产。在实际生产中对育成鸡体重的控制可以让育成前期鸡的体重适当高于推荐标准（不超过5%），育成后期则控制在标准体重范围内。

在生产实践中，有的育种公司培育的种群或配套系时间短，没有对合适的体重标准进行系统测试，照搬其他公司的标准，常常给用户的饲养管理带来很多问题。

2. 提高群体发育整齐度

群体发育整齐度是指体重在该周龄标准体重 ±10% 范围内的个体占总数的百分比。例如，群体内有 85% 的个体体重在该范围内则可以说该鸡群的整齐度为 85% 。对于育成鸡群来说，发育的整齐度高就意味着鸡群中绝大部分的个体能够在达到性成熟日龄的时候生殖系统发育成熟，在较短的时间段内集中开产。有大量的研究和生产实践证明，发育整齐度高（尤其是在育成后期）的鸡群在性成熟后产蛋率上升快、产蛋高峰维持时间长、每只鸡的总产蛋量高、饲料效率高、鸡死淘率低。

发育整齐度差的群体往往表现为：初产阶段产蛋率上升速度慢、产蛋高峰维持时间短、产蛋中后期鸡的死淘率高等。这主要是因为整齐度低的时候有的成熟早、有的成熟晚，开产时间不一致，部分个体体质弱。

要求在 16 周龄的时候青年鸡群的整齐度要达到 80% 以上，如果低于这个水平则鸡群在产蛋初期的产蛋率上升幅度较慢，高峰期持续时间较短。目前，一些选育代次较少的优质肉种鸡群（品系），其群体发育的整齐度往往不高。

3. 适时达到性成熟期

青年鸡发育到一定时期，体重达到规定标准，生殖系统发育基本完成并能够产生成熟的精子或鸡蛋的时期就是性成熟期。目前，在优质肉种鸡生产实践中合适的性成熟期，中小型品种在 20 周龄，大型品种在 23 周龄。

如果青年鸡的性成熟期提早则鸡的一些组织器官发育不成熟，无法维持开产后长期高产的需要而出现产蛋高峰持续期短、死淘率高，初产蛋重小等问题。如果性成熟期推迟则说明鸡的前期发育受到障碍，某些器官的发育可能会出现机能障碍，同样影响以后的产蛋。

4. 体质强壮

采取有效措施保证青年鸡群有健壮的体质，因为进入产蛋期以后许多药物和疫苗不能使用，而且高的产蛋率会消耗很多的体能。如果青年鸡的体质不好，就无法承受高产蛋率的体能消耗，势必造成较高的死淘率。

二、育成鸡的生理特点

1. 消化系统发育健全，生长速度快

进入 6 周龄后，鸡的消化系统机能发育已经趋于完善，采食量大，对饲料的消化能力提高。这一时期鸡的生长发育迅速，体重增加较快。尤其是在 14

周龄以前,是体重和骨架发育的最快时期;而进入 14 周龄后则需要控制喂料量或适当降低饲料营养水平以防止体内脂肪过多沉积。

2. 基本生理机能发育完善,适应性增强

进入育成期后,鸡的各项生理机能(除生殖机能外)发育趋于完善,自身调节能力大大提高,能够很好地适应环境条件的变化,因此在这个时期对环境条件的要求不像雏鸡阶段那样十分严格。

3. 羽毛脱换,成年羽长齐

雏鸡在 35 日龄前后完成第一次换羽,从 50 日龄开始进入第二次换羽,大约在 17 周龄完成换羽过程,长齐成年羽。

4. 生殖系统在育成后期快速发育

育成前期鸡的生殖系统处于缓慢发育阶段,而体重的增长速度相对更快;育成后期尽管体重仍在持续增长,但生殖器官进入快速发育时期,生殖器官的发育对饲养管理条件的变化反应逐渐敏感,尤其是光照时间和饲料营养水平。因此,育成后期光照控制很关键,同时要限制饲养,防止体重超标和性成熟提前。

三、育成鸡的饲养

(一)育成鸡的饲料

在优质肉种鸡的育成期根据前期和后期鸡不同的生理特点和培育目标,所使用的饲料也有差异。一般前期饲料中粗饲料的使用量相对较少,饲料中的蛋白质、钙等营养素的浓度较高,分别达到 16% 和 1.2% 。而后期饲料中粗饲料的使用较多,蛋白质和钙含量较低,分别为 14.5% 和 0.9% 。如果后期饲料中蛋白质含量高则容易造成生殖器官发育较快,性成熟期提前;如果钙含量过高则易诱发肾脏尿酸盐的沉积,并易出现稀便。目前,一些饲料生产企业为了养殖户的使用方便,在育成期采用一段式饲料配制方法,其粗蛋白质含量一般控制为 15% ,钙含量为 1% ,代谢能水平为 11.2 兆焦/千克左右。

也有一些优质肉种鸡生产者从生产实践中总结经验认为,育成期让饲料营养水平略低一些,将来的产蛋性能表现会更好。

如果采用平养方式,优质肉种鸡的育成鸡每天可以使用适量的青绿饲料,一般在非喂料时间撒在运动场地面或网床上让鸡啄食。青绿饲料的用量可占配合饲料用量的 30% 。使用青绿饲料最好是多种搭配。合理使用能够促进羽毛生长、减少啄癖。

(二)育成鸡的喂饲管理

1. 喂饲次数

育成前期每天喂饲2次,育成后期每天喂饲1次。需要注意的是喂饲次数要根据鸡的发育情况和喂饲量及喂饲方式而定。体重和体格发育落后时可增加喂饲量和次数,体重发育偏快则减少喂饲量和次数。

2. 饲料的过渡

无论是育雏结束时从雏鸡饲料向育成鸡前期饲料过渡或13周龄前后由育成前期饲料向育成后期饲料过渡,都要有一个过渡过程,一般要求过渡期为5天时间。如由雏鸡料向育成前期饲料过渡,第一天雏鸡料占80%,育成前期料占20%;第二天雏鸡料占60%,育成前期料占40%;第三天雏鸡料占50%,育成前期料占50%;第四天雏鸡料占30%,育成前期料占70%;第五天完全使用育成前期料。

饲料的突然变化会造成鸡群的应激,常出现采食量下降并持续多日,导致生长发育减慢的问题。

3. 喂饲量控制标准

控制喂饲量的目的是控制鸡的体重增长,让体重能够符合标准,在实际生产中通常要根据育种公司提供的鸡体重发育和饲料喂饲量标准安排喂饲量。表7-5是新广黄鸡父母代两个配套系母本育成期的体重与喂料量参考标准。

表7-5 新广黄鸡父母代母鸡育成期体重及饲喂标准

周龄	K90父母代育成期		K99父母代育成期	
	体重(克)	喂料量[克/(天·只)]	体重(克)	喂料量[克/(天·只)]
5~6	580~650	45	630~700	48
8	790	50	840	53
10	930	55	980	58
12	1 080	60	1 140	63
14	1 240	65	1 300	68
16	1 400	73	1 460	73
18	1 560	75	1 620	78
20	1 720	80	1 780	83

4. 抽测体重以调整喂饲量

育成鸡体重发育情况是决定鸡群每日喂料量的基础，要求每周或间隔 1 周要抽样称重一次（抽样比例为 5% ~10%），计算平均体重，与标准体重对比，确定下周的饲喂量。如果实际体重与标准体重相差幅度在 3% 以内可以按照推荐喂饲量标准喂饲，如果低于或高于标准体重 3% 则下周喂饲量在标准喂饲量的基础上适当增减，增减的幅度可以与体重差距的幅度为参考。

在实际生产中，一般在 13 周龄前让鸡的实际体重比标准高 5% 左右，在育成后期比标准高 1% ~2%。尽量不要让实际体重低于标准体重。

生产中由于有些种鸡场没有鸡群喂料量参考标准，在执行过程中可以按中等体型的优质肉种鸡育成前期每只鸡每天的喂饲量为从 50 克逐渐增加到 70 克，一般按照每周每只鸡的日喂料量增加 2. 5 克为标准，在育成后期（15 周龄以后）每只鸡每天的喂料量控制为 80 克，每天的饲料一次性喂给；如果是大体型优质肉种鸡其喂料量在育成前期从每只鸡每天 50 克开始，以每周每只鸡日喂料量增加 3 克的递增幅度控制，在育成后期每只鸡每天的喂料量控制为 85 克，每天的饲料一次性喂给。

5. 合理限制饲养

优质肉种鸡在育成期（尤其是后期）体重容易偏大、体内脂肪容易较多沉积，如果不控制喂饲则会出现体重超标、腹部脂肪沉积过多的问题。

限饲方法一般采用每天限饲法。中等体型的优质肉种鸡育成前期每只鸡每天的喂饲量为 50 ~70 克，后期控制为 80 克，每天的饲料一次性喂给。小体型或大体型的优质肉种鸡则适当减少或增加日喂饲量。每天的饲料一次性喂给，以保证每只鸡都能吃到足够的饲料份额。

（三）育成鸡的饮水管理

优质肉种鸡育成期基本都是采用笼养方式，使用乳头式饮水器供水。饮水供应要充足，保证饮水设备内有足够的水，需要注意的是应该经常检查饮水设备内的水分布情况，保持水线中合适的水压，防止缺水和漏水。

饮水质量要好，必须符合饮用水卫生标准。饮水系统要定期进行消毒处理以杀灭水管中存在的微生物和藻类。一般在水管进入鸡舍时需要安装过滤器，以清除水中杂质，同时安装加药装置用于必要时对饮水进行消毒处理。

使用乳头式饮水器要注意位于鸡笼前端的水箱应密闭，防止粉尘落入其中。有很多中小型鸡场在通过水箱添加疫苗或药物后没有把水箱的盖子盖好，使得水箱内水的表面有一层漂浮的杂物，这不仅危及饮水的卫生而且可能

影响出水乳头根部的密封效果。

要注意饮水的温度，水温在18～25℃是比较合适的。要注意夏季防止水温偏高，如果水温超过32℃就会使饮水量下降并加重热应激。低温季节水温不要低于15℃，否则会对鸡的消化道造成冷刺激。

四、育成鸡群的管理

（一）提高育成鸡的发育均匀度

由于育成鸡的均匀度直接影响以后的产蛋性能，因此提高均匀度就是育成鸡管理的关键环节。

1. 分群与调群

分群的目的是为了针对不同的群体采取相应的饲养管理措施，调整喂料量，促进鸡群体重发育趋于一致；调群则是通过检查体重将体重相似的个体调整到一个群内。在育成鸡的饲养管理过程中，要根据体重进行合理分群，把体重过大和过小的分别集中放置在若干笼内或圈内，使不同区域内的鸡笼或小圈内鸡的体重相似。以后每隔1周都需要通过检查体重对个别鸡进行调群。

2. 根据体重调整喂饲量

喂饲量是影响青年种鸡体重增长的主要因素，根据不同鸡群的体重分别制定喂饲量有助于促使体重更加接近。体重适中的鸡群按照标准喂饲量提供饲料；体重偏大的鸡群则应该适当降低喂饲量标准，体重偏小的则适当提高喂饲量标准。这样使大体重的鸡群生长速度减慢、小体重的鸡群体重生长加快，最终都与中等体重的鸡群相接近。

3. 保证均匀采食

只有保证所有鸡均匀采食，每天摄入的营养相近，鸡群的体重增长幅度才能接近，群体发育的整齐度才会更高。由于在育成阶段一般都是采用限制饲喂的方法，绝大多数鸡每天都吃不饱，这就要求有足够的采食位置，而且投料时速度要快。这样才能使全群同时吃到饲料，平养时更应如此。

（二）补充断喙

在7～8周龄对第一次断喙效果不佳的个体进行补充断喙。用断喙器进行操作，要注意断喙长度合适，避免引起出血。补充断喙的时间不能晚于10周龄，注意事项与雏鸡阶段相同。

（三）种鸡的选留

18～20周龄鸡群成年羽更换完成，需要根据鸡的外貌特征、体格和体质发育情况进行第二次选留。此次选留既要考虑公鸡的毛色、胫色、体型符合标准要求，又要选择体质健壮、冠鲜红、胸部宽深、雄性特征明显的公鸡。此次选择按母鸡数量的4% ~5% 留足种公鸡；对于母鸡则主要考虑羽毛颜色、体型大小、胫部颜色和长短等特征。及时淘汰那些外貌不符合品种要求、有畸形、过肥、过于瘦小、体质太弱的个体，这样的鸡在将来的繁殖性能较差。

种公鸡与种母鸡可以同舍异笼饲养，便于人工授精，也可单舍饲养。种公鸡要放入特制种公鸡笼内饲养，每个单笼一只。

（四）转群

不同的优质肉种鸡场可能在饲养工艺方面存在差异，其转群的次数和时间不一样。三段制饲养方式，在饲养过程中要进行两次转群：第一次转群在6 ~7周龄时进行，由育雏舍转入育成舍；第二次转群在16 ~17 周龄时进行，由育成鸡舍转入产蛋鸡舍。采用两段制饲养方式则只需要转群1 次，即在13 周龄前后将青年鸡从育雏室转入产蛋鸡舍。

1. 转群前的准备

转群前要做好工作计划和实施方案，确定转群的日龄和日期，转群的工作环节和所需人员及工具；应提前1 周对新鸡舍进行彻底的清扫消毒，准备转群后所需笼具等饲养设备并调试。做好人员的安排，使转群在短时间内顺利完成。另外，还要准备转群所需的抓鸡、装鸡、运鸡用具，并经严格消毒处理。

2. 转群时间安排

为了减少对鸡群的惊扰，转群要求在光线较暗的时候进行。傍晚天空具有微光，这时转群鸡较安群，而且便于操作。夜里转群，舍内应有小功率灯泡照明，抓鸡时能看清舍内情况。

目前，大多数种鸡场采用两段制饲养方式，种鸡在13 周龄前后转群。这个时间的确定应该考虑不同品种的体重和体格发育情况以及前期鸡群的生长情况，正确的转群时间应该是鸡在转入产蛋鸡笼后不会从前网和底网的缝隙中逃出，而且鸡站立的高度能够使用乳头式饮水器饮水。

3. 转群注意事项

（1）减少鸡伤残　抓鸡时应抓鸡的双腿，不要只抓单腿或鸡脖、单侧翅膀。每次抓鸡不宜过多，每只手1 ~2 只。从笼中抓出或放入笼中时，动作要轻，最好两人配合，防止挂伤鸡皮肤。装笼运输时，不能过分拥挤。

（2）减少应激　笼养育成鸡转入产蛋鸡舍时，应注意来自同层的鸡最好转入相同的笼层，避免造成大的应激。

(3)分等级　转群时将发育良好、中等和迟缓的鸡分栏或分笼饲养。尤其是对于发育不好的鸡要加强饲养管理,促进其生长。

(4)淘汰　结合转群可将部分发育不良、畸形个体淘汰,降低饲养成本。

(5)预防疾病　转群前在饲料或饮水中加入镇静剂(如安定、氯丙嗪),可使鸡群安静。另外,结合转群进行疫苗接种,以免增加应激次数。

(五)定期监测体重

育成期至少每2周要称重1次,称重时间要固定,并做到随机抽样,抽样比例为公鸡10%,母鸡3%～5%,逐只称重并做个体记录。然后计算平均重、标准差和均匀度。称重后要及时按体重大小调整鸡群,让每个群内的个体大小、强弱相似,对体重偏大的要减少喂料量以减缓其生长速度,对体重小的要增加喂料量以使其增重速度适当加快,使全群内个体差异逐渐缩小并在后期达到一致,符合标准要求。以平均体重±10%为限,均匀度应达到85%以上。江村黄鸡父母代种鸡育成期标准体重及饲喂标准见表7－6。

表7－6　江村黄鸡父母代种鸡育成期标准体重及饲喂标准

周龄	JH－2				JH－3			
	公鸡		母鸡		公鸡		母鸡	
	体重(克)	喂料量[克/(日·只)]	体重(克)	喂料量[克/(日·只)]	体重(克)	喂料量[克/(日·只)]	体重(克)	喂料量[克/(日·只)]
7	840	55	750	50	900	55	600	46
8	990	58	850	53	1 000	58	690	49
9	1 100	61	1 950	56	1 180	61	780	52
10	1 200	64	1 050	59	1 300	64	870	55
11	1 305	67	1 130	61	1 430	67	950	58
12	1 410	70	1 210	64	1 560	70	1 030	61
13	1 515	73	1 290	67	1 700	73	1 110	64
14	1 620	76	1 370	70	1 830	76	1 190	67
15	1 750	80	1 450	73	1 980	80	1 270	70
16	1 880	85	1 530	76	2 130	85	1 350	73
17	2 010	90	1 620	79	2 280	90	1 430	76
18	2 140	94	1 710	82	2 430	94	1 510	79
19	2 270	97	1 800	86	2 620	97	1 600	82
20	2 400	100	1 900	90	2 800	100	1 700	85

（六）做好生产记录

做好生产记录是建立生产档案、总结生产经验教训、改进饲养管理效果的基础。每天要记录鸡群的数量变动情况（死亡数、淘汰数、出售数、转出数等）、饲料情况（饲料类型、变更情况、每天总耗料量、平均耗料量）、卫生防疫情况（药物和疫苗名称、使用时间、剂量、生产单位、使用方法、抗体监测结果）和其他情况（体重抽测结果、调群、环境条件变化、人员调整等）。

（七）严格落实卫生防疫要求

1. 隔离与消毒

减少无关人员进入鸡舍，工作人员进入鸡舍必须经过更衣消毒。定期对鸡舍内外消毒，饮水消毒。每天清扫鸡舍内环境。

2. 疫苗接种和驱虫

育成期防疫的传染病主要有新城疫、禽流感、鸡痘、传染性支气管炎、传染性鼻炎、慢性呼吸道病等。地面平养的鸡群要定期驱虫。

3. 病死鸡和粪水的合理处理

生产过程中出现的病死鸡要定点放置，由兽医在指定的地点进行诊断。病死鸡必须经过消毒后深埋，不能出售和食用。鸡粪要定点堆放，最好进行堆积发酵处理。污水集中排放，不能到处流淌。

4. 特定疾病净化

18 周龄对全部种鸡进行白痢净化，淘汰所有阳性个体。目前，一些优质肉种鸡的白血病阳性率比较高，也需要进行净化。

（八）控制育成鸡的性成熟期

合理控制育成鸡生殖系统的发育速度，适时达到性成熟是育成鸡培育的重要目标，对于鸡群开产后的性能表现非常关键。性成熟期的控制主要从光照管理与营养摄入控制两方面着手。

1. 光照控制措施

光照影响生殖器官的发育主要在 13 周龄以后，此前的影响很小，可以不考虑。13 周龄后的光照控制主要是对光照时间和光照变化规律的控制。如前所述，育成后期要把每天的光照时间限制在 10 小时以内，最好控制为 8 小时左右；或者对于有窗鸡舍从 13 周龄开始到 17 周龄期间每天光照时间由 15 小时逐渐缩短到 10 小时左右。

如果在育成后期每天光照时间长期处于 12 小时则很容易造成鸡群生殖器官发育提前，出现早熟现象。

一般来说，只要鸡群体重和体格发育合适，在育成末期有3周左右的加光刺激，鸡群的生殖器官就会快速发育并达到性成熟。因此，不必要担心育成后期光照时间过短（只要每天不少于7小时光照），生殖系统发育迟缓会影响以后生殖器官的发育。

2. 营养摄入控制

母鸡卵巢和输卵管的发育需要较多的营养物质，尤其是蛋白质。卵泡中蛋白质的含量占干物质总量的40%左右，一个接近性成熟的母鸡卵巢上卵泡的重量约60克，蛋白质的重量约为15克；接近性成熟的母鸡输卵管的重量约150克，其中蛋白质的重量约30克。卵巢和输卵管中蛋白质的总重量为45克左右，基本都是在3周内沉积的。

如果育成后期的鸡每天摄入的蛋白质量多就可能会刺激生殖器官的发育，摄入的量仅能够满足维持需要和缓慢增重的需要就不会对生殖器官的发育产生较大的促进。基于此，在育成后期要控制鸡群每天蛋白质的摄入量，其措施一是喂饲蛋白质含量较低（14.5%左右）的饲料，二是使用蛋白质含量适中（15.5%）的饲料但要控制喂料量。

在生产实践中有时需要根据鸡体的具体情况调节饲料的情况。如16周龄时，有部分鸡的鸡冠已经变大（高度超过0.5厘米）变红，体重也偏大则说明有性成熟期提早的趋势，需要减少喂料量或降低饲料中蛋白质含量；如果16周龄时鸡的鸡冠还很小（高度约0.3厘米）、颜色为灰黄色，体重偏小则说明营养不够，需要适当增加喂料量或提高饲料营养水平。

五、预产阶段的饲养管理

（一）预产阶段的特点

对于优质肉种鸡在性成熟前后大约共5周称为预产阶段，中小体型的优质肉种鸡一般为17～21周龄，大型优质肉种鸡为19～23周龄。这个时期的鸡群生殖系统发育迅速，生殖激素的分泌显著增多但不稳定，鸡群对外界环境条件的敏感性增强，对各种感染的抵抗力下降。如果在管理上措施不当则可能会引起产蛋率上升速度慢、不合格种蛋多、死亡率高、出现笼养鸡产蛋疲劳综合征等问题。

（二）预产阶段的环境条件控制

1. 温度要求

此阶段鸡群最适应的温度是13～28℃，要做好夏季的防暑降温和冬季的防寒保暖工作，应尽量把温度保持在这个范围内；注意天气预报，如果出现大风降温天气要提早做好预防工作，尽量减少室温的急剧波动。

2. 湿度

相对湿度保持在60%左右即可，注意防止室内潮湿。

3. 通风换气

在外界温度不低于15℃的条件下注意适当加大换气量，保持鸡舍内良好的空气质量；如果是外界温度低于8℃的时候，要严格控制通风量和鸡舍内的气流速度，但是要保持少数风机的运转以进行持续的、小量的通风，以人进去鸡舍后无不良感觉为准，还要避免冷风直接吹到鸡身上。

4. 光照

预产阶段需要逐周递增光照时间以刺激鸡群生殖系统的发育，为产蛋做准备。加光时间需要考虑鸡群的周龄和体重发育情况。以中小型优质肉种鸡为例，发育正常的鸡群可以在18周龄开始加光，大多数个体经过3～4周其生殖器官就能够达到成熟；如果鸡的体重偏低则应推迟1～2周加光，否则会造成产蛋时鸡的体重偏小，造成蛋重小、易发生难产等问题。加光时间不能早于17周龄，即便是鸡的发育偏快，否则容易造成鸡的早衰。

加光的措施，第一周在原来基础上把每天的光照时间增加1小时，第二周递增40分，以后逐周递增20～35分（具体幅度要结合开始加光时的每天光照时间，当时每天光照时间长则这期间加光幅度小些，当时每天光照时间短则这期间加光幅度大些），要求鸡群在26周龄时每天光照时间达到16小时，以后保持稳定。

（三）喂饲要求

1. 采用预产期饲料

为了适应鸡体重、生殖器官的生长和髓骨钙的沉积需要，在18周龄就应使用预产期饲料。预产期饲料中粗蛋白质的含量为15.5%～16.5%、钙含量为2.2%左右，复合维生素的添加量应与产蛋鸡饲料相同或略高。饲料能量水平为11.6兆焦/千克左右。当产蛋率达20%时完全换用产蛋期饲料。

2. 喂饲要求

开产前，恢复鸡群的自由采食，保证营养均衡，促进产蛋率上升。预产阶段鸡的采食量明显增大，而且要逐渐适应产蛋期的喂饲要求，日喂饲次数可确定为2次或3次。日喂饲3次时，第一次喂料应在早上光照开始后2小时进行，最后一次在晚上光照停止前3小时进行，中间加一次。喂料量以早、晚两次为主。此阶段饲料的喂饲量应适当控制,防止营养过多而导致脱肛鸡的出现。饮水要求为充足、洁净。

开产时,鸡体代谢旺盛,需水量大,要保证充足的饮水。饮水不足,会影响产蛋率上升,并会出现较多的脱肛。

(四)加强疫病防疫工作

1. 免疫接种

根据免疫计划在 16~19 周龄期间,需要接种新城疫+传染性支气管炎二联疫苗(或新城疫+传染性支气管炎+减蛋综合征三联疫苗),传染性喉气管炎+禽痘二联疫苗,禽流感疫苗。本阶段免疫接种效果对产蛋期间鸡群的健康影响很大。

2. 合理使用抗菌药物

定期通过饮水或饲料添加适量的抗生素以提高抗病能力,如诺氟沙星、环丙沙星、庆大霉素等,17 和 19 周龄各用药 3 天,以预防大肠杆菌病、沙门菌病、肠炎等。

3. 坚持严格的消毒

按照要求定期进行带鸡消毒和舍外环境消毒,生产工具也应定期消毒。保持良好的环境卫生舍内走道、鸡舍门口,要每天清扫,窗户、灯泡应根据情况及时擦拭。粪便、垃圾按要求清运、堆放。

第三节　成年鸡的饲养管理

一、成年鸡群的环境条件控制

(一)鸡舍温度控制

1. 温度控制标准

对于繁殖期的种鸡,鸡舍的温度保持在 13~23℃是最理想的,冬季不低于 8℃,夏季最高不要超过 28℃。对于种公鸡来说,低温抑制公鸡睾丸生长,还延长成年公鸡精子生成时间;而持续高温,会引起睾丸温度升高,生殖上皮变性,出现畸形精子,使精液质量明显下降。对于种母鸡来说,温度偏低会增加饲料消耗,增大每个种蛋的生产成本,会减少饮水量并可能加大凉水对胃肠道的刺激,温度低于 5℃会造成产蛋率的下降;温度偏高会降低产蛋率,使蛋重变小、蛋壳变薄,种蛋受精率下降。

2. 温度控制措施

在中原地区，每年的4～5月和9～10月，外界气温适宜，鸡舍内一般不需要考虑加热或降温，只要合理控制通风即可维持舍内的适宜温度；6～8月外界温度高，大多数的时期需要通过使用湿帘降温－纵向通风系统进行降温，这个系统主要在上午9点以后至下午5点以前使用，个别的日子里在夜间也需要启动；11月至翌年3月是外界温度较低或寒冷的季节，早春外界温度不稳定，常常出现温度忽升忽降的情况，这期间既要考虑鸡舍的保温，还要考虑鸡舍的通风，目前有的密闭式鸡舍采用温控风机，设定鸡舍内温度的上下限，当温度达到上限时风机自动启动进行通风，当温度降至下限时风机自动关闭。一般可以将温度的下限设定为10℃。

（二）鸡舍湿度的控制

1. 湿度要求

鸡舍内相对湿度一般控制在55%～65%即可，不要低于40%，也不要超过70%。高温条件下，鸡舍湿度过高会使鸡散热、呼吸困难，鸡舍内器具潮湿，粪便发臭，还利于病原性真菌、细菌和寄生虫发育。低温时湿度过高则使鸡舍散热增加，加剧了冷效应，不仅影响产蛋量，还容易诱发各种疾病。湿度偏低会减弱鸡皮肤和外露黏膜对微生物的防御能力，再加上低湿易使鸡舍内尘埃、羽毛屑四处飞扬，引发呼吸道疾病；还有利于金黄色葡萄球菌、鸡白痢沙门杆菌及具有脂蛋白囊膜病毒存活。鸡舍内湿度太低，产蛋种鸡表现呆滞，羽毛紊乱，皮肤干燥，羽毛和喙爪等色泽暗淡，鸡群易发生呼吸道疾病。冬季如果舍内湿度过高，会使鸡体散发的热量增加，使鸡更加寒冷。

2. 湿度的控制措施

产蛋期的种鸡舍内湿度很少会出现偏低的情况，更常见的是湿度偏高问题。一只鸡一天的饮水量在200～300毫升，这些水中有大部分通过粪便排泄和呼吸排到鸡舍中，对于一栋装5 000只种鸡的鸡舍来说，每天通过鸡排到舍内的水分就高达1 000升左右。在生产中降低鸡舍湿度的措施主要有增加清粪频率，减少粪便中水分向室内的挥发；防止饮水器漏水，防止屋顶、窗户在下雨时漏水；将鸡场建在地势较高、排水方便的地方，适当抬高鸡舍地面，比室外地面要高出35厘米以上；适当加大通风量等。鸡舍在冬季由于通风量减少，更容易出现水汽在舍内集聚的现象。因此，在注意保温的同时合理进行通风既有利于保持室内空气的新鲜，也有助于防止潮湿。

（三）鸡舍通风的控制

1. 通风的要求

产蛋期种鸡舍通风的主要目的在于换气，即排出鸡舍内污浊的空气再把新鲜空气引入舍内，保证鸡舍空气中氧气含量不低于20%，氨气含量不超过20毫升/米^3。如果鸡舍内氧气含量偏低则会影响鸡的新陈代谢，进而影响健康和生产；氨气含量超标的同时其他有害气体如硫化氢、二氧化碳等的含量也常常超标，这将会对鸡的结膜和呼吸道黏膜产生较强的刺激作用，可能诱发呼吸系统疾病。

通风也是降低鸡舍湿度的重要措施，当鸡舍湿度偏高时适当加大通风量能够使鸡舍湿度明显下降。夏季高温期间，加大通风量是缓解热应激的重要措施，当气流速度超过1米/秒的时候，能够使鸡的体感温度明显下降。但是，在低温和常温季节，气流速度快不利于鸡舍的保温，还会维持体温所需要的饲料消耗。

2. 通风的措施

目前，大多数种鸡舍采用机械通风方式，而且较多使用的是纵向通风，在高温和常温季节可以根据鸡舍内的温度控制风机开关的数量，保持连续的适量通风；在低温季节则要结合考虑鸡舍温度和有害气体含量确定风机的开关数量和启动时间，解决好通风和保温的矛盾。生产中使用自然通风的种鸡舍常常在鸡舍的底部设地窗、中部设大窗、房顶设戴帽的排气圆筒。秋冬季可关闭中部大窗，仅留地窗和房顶的排气圆筒，也可在中部设排气扇，以便快速排除舍内污浊的空气。冬季要密切注意通风系统，不可引起贼风或把舍温降得太低，以减少饲料消耗，防止引发各种疾病。采用纵向通风方式的鸡舍在冬季通风的时候要注意，湿帘内侧导流板的使用，将其倾斜角度调整到合适位置，让鸡舍的冷空气被导向鸡舍的上部，与原有的温暖空气混合后再流向鸡身体周围，防止冷风直接吹到鸡身上。

3. 处理好通风与温度和湿度的关系

（1）通风与温度关系　当鸡舍温度高于正常温度时，通风的作用是借助气流速度调节鸡体温，并随着外界温度升高，加大通风量。但当舍内温度高于28℃时，要在加大通风的同时，开启湿帘降温系统。经过湿帘冷却的气流可使鸡舍温度降低4～8℃。当鸡舍温度较低时，通风的目的变为更换新鲜空气，此时既要保温，又需通风。为解决这一矛盾，可采用自动通风设备。该设备能在监测温度的前提下，给定适当的通风量。其在兼顾保温的同时，可适时进行通风换气，使鸡群获得较为舒适的感觉。

（2）通风与湿度的关系　在夏季温度较高的情况下，应加大通风量，降低舍温。同时，较大的气流速度带走了多余的水分，因此鸡舍内的相对湿度一般较为适宜。在寒冷季节，为了取暖，鸡舍内使用了地炉，再加上较小的通风量，使鸡舍湿度较小，容易诱发呼吸道疾病。对此，可通过向地面洒水以及在地炉炉头上安装小水箱，水箱里的水烧开后水蒸气进入鸡舍，使鸡舍内湿度得到较好改善。

（四）鸡舍光照控制

1. 光照时间控制

光照对种鸡的产蛋性能影响较大，合理的光照能刺激排卵，促进鸡的正常生长发育，增加产蛋量。生产中应从 18 周龄开始，逐渐延长光照时间，每周增加光照半小时，直到每周达到 16 小时为止，以后每天保证有效光照 16 小时，直到鸡淘汰前 4 周，再把光照时间逐步增加到 17 小时，直至淘汰。对于有窗鸡舍，白天利用自然光照，早晚人工补充光照。每天光照开始和结束的时间要相对固定，生产中一般把光照开始的时间确定为早晨 5 点 30 分前后，晚上 9 点 30 分前后结束。

2. 光照强度控制

对于产蛋期的种鸡群，要求鸡舍内的光照强度在 20～50 勒，对于有窗鸡舍在天气晴好的中午前后，通过窗户进入鸡舍的光线会比较强，有必要采取适当的遮挡措施。早晨和傍晚补充光照时，舍内每平方米安装 3～5 瓦的白炽灯泡，灯距地面 2 米左右，最好安装灯罩聚光。目前，在生产中使用的自动控制仪在开灯和关灯时电流会逐渐发生变化，使光照强度由弱到强或由强到弱，接近早上或傍晚自然光线的变化特点。

3. 光线分布控制

鸡舍内各处的光线分布要均匀，尤其要保证料槽和饮水器的位置能够有合适的亮度，以利于鸡采食和饮水，将灯泡安装在走道的中间位置（距地面 1.8 米）能够获得良好的效果。鸡舍内可以使用功率较小的灯泡，如 40 瓦的白炽灯或 5 瓦的 LED 灯，灯与灯之间的距离约 2.5 米，以保证舍内各处得到均匀的光照。有的种鸡场采用叠层式自然交配种鸡笼，如果鸡笼总体高度超过 3 米则有必要分层安装灯泡，第一层距地面高度约 1.7 米，第二层比鸡笼最顶层高出约 30 厘米。

4. 光源管理

以往鸡舍内人工光照主要使用白炽灯，近年来LED灯的使用越来越多。有窗种鸡舍内要求每列灯泡单独设置一个开关，便于根据各处自然光线的强弱决定开关灯的时间。灯泡要定期用干抹布擦拭，擦拭的时候要将该列灯泡的电源关闭以保证安全；损坏的灯泡要及时更换。

（五）饲养密度控制

1. 笼养种鸡的饲养密度

（1）使用产蛋鸡笼对密度的控制　目前，大多数优质肉种鸡的母鸡采用蛋鸡笼饲养，每个小单笼内饲养3只，每只鸡占有的笼底面积在350～450厘米^2。有实验报道证明，适当加大每只鸡的生活空间有助于提高种母鸡的产蛋率和种蛋质量。

（2）使用自然交配鸡笼对密度的控制　这种鸡笼在近年来在一些优质肉种鸡场开始使用，每个单元有2只公鸡和20～22只母鸡。有的设备公司推荐按笼底面积计算每平方米可以饲养16只种鸡，但是一些种鸡场在生产实际中饲养的密度为12～15只。

2. 平养种鸡的饲养密度控制

采用平养方式并不带室外运动场的鸡舍，按室内地面面积，每平方米可以饲养8～11只种鸡，如果带有室外运动场则可以将饲养密度提高到每平方米饲养10～13只。

在饲养密度控制方面还要考虑种鸡体重的大小和季节因素。

二、繁殖期种鸡群的喂饲管理

种鸡的饲料与喂饲

1. 饲料的要求

性成熟前7～10天在育成期饲料中添加50%的产蛋期种鸡饲料（两者各半），以提高鸡每天蛋白质和钙等营养素的摄入量，为生殖器官的发育和髓骨钙的沉积提供营养，当鸡群产蛋率达到5%以后完全更换为产蛋期种鸡饲料。

产蛋期种鸡饲料分前期和后期两种。营养水平应参考育种公司提供的标准。按照中等体型的优质肉种鸡，前期料的蛋白质要求达到16.5%～17%、钙含量为3.3%、代谢能水平为11.5兆焦/千克、蛋氨酸含量0.4%，复合维生素和复合微量元素添加剂使用种鸡专用产品，用量可以比标准提高15%～20%；后期料的钙含量要求达到3.4%、蛋白质含量16%、代谢能水平为11.3

兆焦/千克、蛋氨酸含量0.42%。与蛋种鸡相比，优质肉种鸡的饲料能量水平稍高、蛋白质含量略低。但是，在目前的优质肉种鸡育种方面，有的公司培育的母本种鸡体型较小、产蛋率较高，对于这样的鸡群其饲料的营养水平应该比中等体型的高10%左右，以解决由于采食量小而满足不了其高产的需要问题。

饲料要保持相对稳定，突然变更饲料容易导致鸡群的采食量和产蛋率下降。

饲料要新鲜，发霉变质、被污染和结块的饲料坚决不使用。每周向料槽内添加1次不溶性石粒，石粒大小与绿豆或黄豆相似，每次按每只鸡10克添加。

2. 饲喂要求

每天喂饲次数为2～3次，第一次在早上开灯后进行，第二次在晚上关灯前4小时进行。每次喂料后30分要匀料1次，使每只鸡都能够采食到合适的饲料量；每天要保证鸡群把料槽内的饲料吃干净1次。

产蛋前、中期采用自由采食方式，产蛋后期由于鸡群产蛋率下降，需要适当限制采食量以防止母鸡过肥，一般在45周龄后按照产蛋率每降低2%，每只鸡每天的喂料量比上周减少1～2克，但是减少的总量不超过10克。我国鸡饲养标准（NY/T 33—2004）中对黄羽肉种鸡产蛋期体重与耗料量的推荐标准见表7－7。

表7－7　黄羽肉种鸡产蛋期体重与耗料量

周龄	体重（克/只）	耗料量（克/只）	累计耗料量（千克/只）
21	1 780	616	616
22	1 860	644	1 260
24	2 030	700	1 960（2 660）
26	2 200	840	2 800（4 340）
28	2 280	910	3 710（6 160）
30	2 310	910	4 620（7 980）
32	2 330	889	5 509（9 758）
34	2 360	889	6 398（11 536）
36	2 390	875	7 273（13 286）
38	2 410	875	8 148（15 036）

续表

周龄	体重(克/只)	耗料量(克/只)	累计耗料量(千克/只)
40	2 440	854	9 002(16 744)
42	2 460	854	9 856(18 452)
44	2 480	840	10 696(20 132)
46	2 500	840	11 536(21 812)
48	2 520	826	12 362(23 464)
50	2 540	826	13 188(25 116)
52	2 560	826	14 014(26 768)
54	2 580	805	14 819(28 378)
56	2 600	805	15 624(29 988)
58	2 620	805	16 429(31 598)
60	2 630	805	17 234(33 208)
62	2 640	805	18 039(34 418)
64	2 650	805	18 844(36 028)
66	2 660	805	19 649(37 638)

注:本表最后一列累计耗料量前面为原始数据从 24 周龄开始计算是错误的,括号中为修正后的数据。

一些育种公司也会推荐自己培育品种的喂饲标准,下表是温氏集团推荐的“新兴黄鸡Ⅱ号”肉鸡配套系父母代种鸡产蛋与耗料标准,见表 7－8。

表 7－8 “新兴黄鸡Ⅱ号”肉鸡配套系父母代种鸡产蛋标准与耗料表

周龄	产蛋率(%)	日均耗料(克/只)	周末体重(克)	周龄	产蛋率(%)	日均耗料(克/只)	周末体重(克)
23	8	97	2 130	46	62	118	2 750～2 850
24	30	100	2 200	47	60	118	2 750～2 850
25	50	110	2 280	48	59	115	2 750～2 850
26	72	120	2 350	49	58	115	2 750～2 850
27	78	125	2 400	50	55	115	2 850～2 950
28	80	130	2 450	51	53	115	2 850～2 950

续表

周龄	产蛋率（%）	日均耗料（克/只）	周末体重（克）	周龄	产蛋率（%）	日均耗料（克/只）	周末体重（克）
29	78	130	2 500	52	49	115	2 850～2 950
30	78	130	2 550	53	48	115	2 850～2 950
31	77	128	2 580	54	48	115	2 850～2 950
32	77	128	2 600	55	46	112	2 850～2 950
33	77	128	2 620	56	46	112	2 850～2 950
34	76	125	2 650	57	45	112	2 850～2 950
35	76	125	2 650	58	45	112	2 850～2 950
36	75	125	2 650	59	45	112	2 850～2 950
37	74	122	2 650	60	45	112	2 850～2 950
38	73	122	2 680	61	45	110	2 850～2 950
39	72	122	2 680	62	44	110	2 850～2 950
40	70	120	2 750～2 850	63	44	110	2 850～2 950
41	68	120	2 750～2 850	64	43	110	2 850～2 950
42	68	120	2 750～2 850	65	43	100	2 850～2 950
43	67	120	2 750～2 850	66	43	100	2 850～2 950
44	65	118	2 750～2 850	67	42	100	2 850～2 950
45	65	118	2 750～2 850	68	42	100	2 850～2 950

在生产实践中，45 周龄后的种鸡群在人工授精时要提醒抓鸡人员观察母鸡后腹部的情况，如果后腹部膨大而且稍硬则说明母鸡偏肥，需要进一步控制喂料量。只有母鸡后腹部稍大而且柔软才是理想的状态。

3. 饲喂方法

目前，在中小型优质肉种鸡场多数采用人工喂料方式，而在一些大中型场会选择使用自动喂料系统。

（1）人工喂料　一般是用料车装饲料，用加料斗向料槽内添加饲料。要求饲养员要经过培训和锻炼，掌握每次一料斗的饲料添加多长的料槽才能够使每个笼位前面的饲料量符合要求，要学会计算一个鸡舍每次喂料量和每列鸡笼的每次喂料量，防止添加不均匀的问题。此外，还需要掌握好料斗的使用技巧，减少饲料落到料槽外面的情况。

（2）自动喂料　自动喂料系统由室外料塔、输料管、料斗、下料管、流量控制器、驱动系统等组成。需要喂料的时候，启动输料管电机，将额定量的饲料从料塔输送到料斗内，之后关闭输料管电机，启动室内喂料设备驱动电机，当喂料设备在室内沿鸡笼运行的时候，料斗中的饲料通过下料管落入料槽。每次落入料槽中的饲料的量可以通过流量控制器的调整进行调节。当喂料设备运行到鸡笼末端的时候，碰到限位开关即停止运行。使用自动喂料系统需要定期检查和清理料斗、下料管等部位，防止饲料在其内壁附着并结块。夏季使用湿帘降温系统的时候，每次喂料结束应将喂料机停在鸡舍中间部位，如果停在鸡舍前部则常常会因该处湿度过大而造成饲料结块和发霉问题。

4. 净槽处理

净槽处理就是每天下午喂料之前检查料槽内的饲料剩余情况，要求是没有剩余，让鸡群每天都把料槽内的饲料吃干净 1 次；如果有少量剩余饲料可以将其清理出来，并适当减少当天下午的喂料量，以便于第二天早晨喂料时鸡能够将料槽内的饲料吃干净。这样做的目的在于防止饲料在料槽内长时间积存造成发霉结块、营养素被破坏、鸡采食的营养不均衡等问题。

5. 产蛋期种鸡的饮水管理

（1）饮水设备与管理　目前在优质肉种鸡生产中基本上都采用乳头式饮水器，与水槽、真空饮水器和普拉松饮水器相比，这种饮水设备在使用过程中更省力，饮水也不容易被污染，水的抛洒也较少。采用笼养方式要求每 3 只鸡有一个饮水乳头，采用平养方式则要求每 5 只鸡有一个饮水乳头。

乳头式饮水器的安装高度要合适，一般应比鸡站立时背部高出 15 厘米左右，需要根据鸡的品种类型进行调整，让鸡抬头后能够用喙接触到出水阀。如果采用平养方式要考虑公鸡和母鸡体型大小的差异，兼顾两者的饮水方便性。

饮水器的水箱盖子要盖严，不能敞开，防止灰尘及其他杂物落入而污染饮水。每次通过饮水添加疫苗或药品、其他添加剂之后，经过 3 小时之后要打开水线末端的放水阀，对水线进行冲洗；正常情况下每周也要冲洗 1 次，保持水线内壁的清洁。

（2）保证饮水的充足　保持饮水系统内有水和合适的水压，使鸡随时能够饮用。定期检查饮水系统，发现出水阀堵塞或漏水现象要及时维修或更换。采用笼养方式要求出水阀的位置要合适，能够方便鸡饮水，要防止出水阀贴近笼网的铁丝；出水阀的高度要适宜，能够方便鸡饮水。

（3）保证饮水的洁净　饮水的卫生质量与鸡群的健康和生产性能关系非常密切，生产中由于饮水卫生状况差而导致鸡群健康问题和生产性能偏低的情况也很常见。一般要求种鸡场使用深井水，水质经过检测符合饮用水卫生标准。在鸡舍工作间内水管进入饲养间之前应在水管上安装过滤器，对饮水进行过滤处理，滤芯定期更换。在安装过滤器的水管后部安装加药装置，可以定期添加消毒剂对饮水进行消毒处理。

（4）其他要求　饮水的温度要合适，一般控制在18～25℃，如果在夏季能够使饮水温度不超过25℃则有助于缓解高温应激，在冬季水温不低于18℃则有助于减轻凉水对消化道的不良刺激。

三、成年鸡群的日常管理

（一）观察鸡群

观察鸡群要遵循先群体，再个体，再群体的原则和顺序。先从鸡群整体观察开始，看鸡群是否在地面（地面平养）、鸡笼（笼养）内均匀分布，鸡群是否特别偏好聚集在某个特定区域，或是由于鸡舍气候恶劣（如过于干燥或寒冷等）而避免到某个区域去。尝试发现鸡与鸡之间的不同，观察鸡群的整齐度，了解为什么会发生鸡群个体之间的差异。抓出那些看上去比较特别的鸡，进行近距离观察。如果发现有异常，要确定是由偶发因素造成的，还是一个潜在的重大问题的前兆。平时还要随机抓出一些鸡个体进行观察和评估。对一些个体的观察，还需要把它放到鸡群的大背景下进行评估。因此，鸡群观察的顺序是先整体后个体，再从个体到整体。

1. 产蛋情况观察

（1）产蛋时间观察　正常情况下，种鸡群上午9～12点是产蛋最集中的时间，这期间的产蛋量占全天产蛋总量的90%左右。如果是产蛋时间延后则鸡群有可能受到不良影响，有可能是产蛋率下降或健康出现问题的前兆。

（2）产蛋量变化的观察　根据产蛋规律和该鸡种的产蛋率变化标准，检查当天鸡群产蛋数或产蛋率与前2～3天的差别。如果产蛋率上升速度慢或产蛋率在不该下降的时候下降，或产蛋率下降幅度大于正常下降幅度都说明产蛋量有问题，如果连续2～3天的情况都是如此则说明饲养管理或健康有问题，必须及时分析和处理。

（3）观察蛋壳颜色　优质肉种鸡的蛋壳颜色绝大多数是浅褐色，在产蛋前期和中期蛋壳颜色应该均匀一致。如果部分种蛋的蛋壳颜色变浅则可能与

以下几种问题有关：使用杂粕的量较大、有呼吸系统疾病的感染（如新城疫、传染性支气管炎等）、饲料中维生素和微量元素添加剂用量不足等。

（4）蛋壳质量的观察　如果蛋壳表现出粗糙、厚薄不匀、厚度小、破裂等情况则说明蛋壳质地不好，这样的蛋不适宜做种蛋使用。正常情况下，不合格种蛋的比例不能超过5%。蛋壳质量差的影响因素很多，如饲料中钙、磷的含量和比例不合适，锰不足、维生素D_3不够，输卵管炎症、有呼吸系统疾病感染，鸡笼底网的倾斜度不合适，种蛋收集次数少等。需要对照这些可能，进行逐项排查。

2. 采食情况观察

（1）采食积极性　健康高产的种鸡群都具有良好的食欲，在每天的喂料量确定后，每次喂料后鸡都会争相采食。在鸡笼的一端看，料槽中全是彤红的鸡冠。如果喂料后鸡群采食不积极，吃一口停一停，则说明有问题。其原因可能是饲料突然变换、出现健康问题、鸡舍温度突然升高、饮水供应不足或饮水质量差。

（2）采食量观察　鸡群产蛋率超过50%以后采食量基本保持稳定，如果出现采食量下降的情况就需要及时分析，其原因可以参考采食不积极的情况。

3. 鸡外貌与精神状态观察

（1）鸡的羽毛观察　50周龄前健康鸡的羽毛紧贴在体躯，有少量脱落或折断，50周龄后可能有较多的脱毛情况；健康有问题的鸡羽毛散乱，双翅下垂；50周龄后羽毛完整、光亮的个体常常是产蛋率低的个体。

（2）鸡冠的观察　鸡冠颜色和形状是鸡健康和生产性能的重要外在表现。健康高产的鸡鸡冠颜色鲜红，厚而温润；病鸡和低产鸡的鸡冠颜色或浅红或发紫，有的鸡冠表面会有麸皮样的皮屑，鸡冠软且发凉。

（3）精神状态观察　健康鸡活泼、反应灵敏，眼睛有神。发病的鸡精神沉郁，喜静，不愿动。

（4）行为表现观察　主要观察鸡有无瘫软、伏卧在笼底无法站立，头颈部是否下垂或向上伸出，有无张口呼吸等。

（5）肛门污浊情况观察　鸡在产蛋期，肛门周围羽毛都有粪便污染的痕迹。停产期及不产蛋鸡的肛门清洁，腹部羽毛丰满光滑。若肛门周围有黄色、绿色粪便或有黏液附着，并伴有其他异常表现，则表明鸡患有疾病。

4. 呼吸声音观察

鸡舍关灯后，听鸡群发出的声音可以鉴别鸡群是否正常。在晚上鸡舍关灯后，暂时关掉所有正在运行的发出噪声的设备（如排风扇），静静地听鸡群发出的声音是否有湿啰音、咳嗽、打喷嚏、怪声鸣叫声等。如果呼吸不正常，在第二天再去看鸡群的具体表现情况如何，再做出判断。另外，要注意的是当免疫完传染性喉气管炎疫苗后，出现呼吸道症状，是免疫后鸡群鸡疫苗的反应，是正常的现象，不必担心。

5. 粪便观察

主要观察粪便的稀稠、颜色和气味。正常的鸡粪应是软硬适中，色泽为灰褐或黄褐色，表面附有少量白色尿酸盐，其量的多少可衡量饲料中蛋白质含量的高低及吸收水平。褐色稠粪也属于正常粪便，是由于鸡粪在盲肠内停留时间较长所致，所以气味恶臭。黄色：黄色像米汤样的粪便要注意流感等病变；干绿：一般见于菌群失调；稀绿：见于病毒病的感染；红色：说明肠道内有血，可能患有出血性肠炎、球虫病或饲料腐败所致；白色、较稀薄：患有白痢病，黏液状的患有输卵管炎、腹膜炎等，这些鸡已无饲养价值，应尽快淘汰。

（二）观察鸡舍环境

主要是观察鸡舍内的温度计、湿度计的显示是否符合温、湿度控制要求，用鼻子等感受鸡舍内有害气体的浓度，如果有刺鼻、刺眼的感觉就说明有害气体浓度超标。感受鸡舍内的气流速度，冬季应该没有明显的风速，夏季则应有风速，也可以观察鸡笼或横梁上的细绳是否有飘动。

观察鸡舍内的环境卫生状况，如屋顶和横梁上有无蜘蛛网、灰吊，地面有无灰尘、鸡毛、饲料等；室内物品是否摆放整齐。要注意保持种鸡舍内的整洁。

（三）种蛋收集

目前，在绝大多数优质肉种鸡场内种蛋的收集依然采用人工收捡的方式。

1. 收集种蛋的工具

一般使用手推车和蛋托，每个蛋托可以放置30枚种蛋，空蛋托和装有鸡蛋的蛋托都放在手推车上运输。

2. 收蛋次数和时间

种蛋在产出后在鸡舍内放置时间越短越好，因为鸡舍内的环境中粉尘、微生物浓度都高，温度也高。一般要求每天捡蛋次数不少于4次，分别在上午10点、11点30分、下午2点和6点各收集1次。

3. 收集种蛋的注意事项

把不合格蛋放在一起，不要与合格种蛋混放；注意观察蛋壳颜色、蛋壳质地、蛋壳表面有无粪便等污染；收捡后及时进行熏蒸消毒再送到蛋库存放；及时做好记录。

(四)搞好卫生防疫管理

种鸡群的健康不仅关系到其产蛋性能,而且也会对种蛋合格率、受精率和孵化率都有直接影响,甚至会影响到后代优质肉鸡的健康和生产性能。由于产蛋期种鸡群的生理特殊性和生产要求,在产蛋期间的鸡群要严格控制药物使用和尽量避免注射法给药和接种疫苗,这就给产蛋期种鸡群的卫生防疫工作带来了很多困难,需要把综合性的预防工作放在关键位置。

1. 采用“全进全出”制

“全进全出”制是解决当前鸡场疫病流行问题的重要措施之一,全进的目的在于管理方便;全出的目的便于鸡场(鸡舍)清理、消毒。把不同批次的鸡群混养于同一场内,不便于饲养管理措施的制定和实施,无法有效防止疫病的相互感染和循环感染。

2. 做好消毒工作

对于繁殖期的种鸡群,做好消毒工作是减少传染病感染的重要举措,需要根据季节、消毒对象等进行科学的消毒管理。

(1)搞好带鸡消毒　产蛋期间应经常性地进行带鸡喷雾消毒,带鸡消毒的次数要根据季节调整:冬季每周 2 次、春季和秋季每周 3 ~ 4 次,夏季每天 1 次。消毒时间应安排在中午前后进行。消毒时喷雾器的喷嘴朝上,应使雾滴遍及舍内任何可触及的地方。同时,还要计算一个鸡舍一次的用药量,保证单位空间内消毒药物的喷施量以保证消毒效果。用于带鸡消毒的药物应符合几项要求:消毒效果好、无刺激性、无腐蚀性、对家禽毒性低,常用的有季铵盐类、卤素类(氯制剂、碘制剂、溴制剂等)、过氧乙酸等。

(2)鸡舍外环境消毒　带鸡消毒的同时配合鸡舍外环境的消毒能够起到更好的消毒效果。因为在通风、人员走动、物品搬运过程中鸡舍外周环境中的病原体都可能进入到鸡舍内,只有对鸡舍外周环境定期进行消毒,减少其病原体的数量才能保证鸡舍内带鸡消毒的效果。一般要求鸡场内的道路每 2 ~ 3 天消毒 1 次,鸡舍入口的门外每天消毒 1 ~ 2 次,进风口(窗户)外周每天消毒 1 次。尤其是在低温季节,鸡舍的所有进风口(门、窗户、进气口等)外周要较为频繁地消毒。对于纵向通风的种鸡舍,每天要对排风口外的地方至少进行 2 次喷洒消毒,一方面能够及时杀灭从鸡舍内排出的微生物,另一方面可以减少粉尘向周围空间的扩散。

(3)喂饲用具的消毒　供水系统应每周冲洗消毒、料槽应每周消毒 1 次;

料车、料盆、加料斗不能做他用，保持干燥、清洁，并每周消毒1次。

(4)人员和工具消毒　饲养员进入生产区和鸡舍前要进行消毒；工作服和鞋子每天消毒1次；生产工具要固定到特定的鸡舍，不要乱拉混用。

3. 做好疫病监控

种鸡场必须高度重视疫病的监测工作，防患于未然。要求每个月要抽样检测新城疫和禽流感抗体，为检测疫苗的接种效果和下次的免疫时间确定提供科学的参考依据。

4. 病死鸡的处理

病死鸡带有大量的病原体，如果不及时进行无害化处理就会成为鸡场内严重的污染源，这也是很多鸡场传染病无法有效控制的重要原因。从舍内挑出的病鸡、死鸡应放在指定处，不要靠近饲料、蛋托或蛋箱和其他生产工具，也不要靠近人员走动频繁的地方，最好是在鸡舍外用一个带盖的木箱，内盛生石灰，把死鸡放入后盖上盖子，防止蚊蝇接触，减少病原体扩散，当其他工作处理结束时请兽医诊断。

病死鸡经技术员(兽医)处理后在粪便处理区内挖深坑掩埋病死鸡，每次填放死鸡的同时洒适量的消毒药物。有的鸡场有专门的填尸井，深度约5米，井口高出地面0.5米，上面有盖子可以密封，每天把捡出的死鸡投入井内。也有的鸡场安装有焚尸炉，及时将捡出的病死鸡焚烧处理。

5. 消灭蚊蝇

夏秋季节蚊子、苍蝇较多，不仅干扰鸡群的生活，还会传播疾病。因此，舍内、外应定期喷药杀灭。

6. 合理处理粪便

粪便在舍内堆积，会使舍内空气湿度、有害气体浓度和微生物含最升高，夏季还容易滋生蝇蛆。采用机械清粪方式每天应清粪2次、人工清粪时每2~4天清1次，清粪后要将舍内走道清扫干净。高床或半高床式鸡舍，在设计时要保证粪层表面气流的速度，以便及时将其中的水分和有害气体排出舍外。粪便清理、运送和储存过程中要注意减少对地面、道路和环境的污染。清理出的粪便或及时运送走或进行发酵处理或进行烘干处理。

(五)做好饲料管理

产蛋种鸡群必须使用种鸡专用饲料，要求尽量不使用棉仁粕和菜籽粕，如果使用则两者加在一起不宜超过5%；复合维生素和微量元素添加剂应是种鸡专用产品，因为种鸡对某些维生素和微量元素的需要量远远高于一般的商品蛋鸡;饲料要保持新鲜,夏季商品饲料保存时间不宜超过1个月,冬季不宜超过1.5个月,保存时间越长饲料中的营养素被破坏得越多;不使用发霉变质的饲料原料和饲料;鸡舍内存放饲料的地方不能放置卫生工具和病鸡;抛撒在鸡笼下和走道上的饲料不能再添加到料槽内。

(六)减少应激对鸡群的影响

应激是由多种因素引起的鸡生理上出现紧张或其他不适反应,应激会造成产种鸡生产性能、种蛋质量及健康状况的降低,因此在生产中应设法避免应激的发生。生产中会引起鸡群发生应激反应的因素很多,例如,突然换料、喂料时间推迟,温度过高、过低或突然变化,各种因素引起的惊群,饲养管理程序的变更,疫苗或药物的注射等。减少应激的措施主要是针对上述引起应激的原因而制定的。

1. 保持生产管理程序的相对稳定

每天的加水、加料、捡蛋、消毒等生产环节应定时、依序进行。不能缺水、缺料。饲养人员要稳定,饲养人员穿的工作服样式和颜色要固定。

2. 环境条件要稳定

每天开灯、关灯时间要固定。冬季搞好防寒保暖工作、夏季做好防暑降温工作,防止高温、低温带来的不良影响;春季和秋季在气温多变的情况下,要提前采取调节措施;夏、秋雷雨季节要防止暴风雨的侵袭。

3. 防止惊群

惊群是生产中容易出现的危害,也是较严重的应激。防止措施:生产区内严禁汽车鸣喇叭、严禁大声喊叫,舍内更不能乱喊叫,门窗打开或关闭后应固定好,饲养操作过程动作应轻稳。陌生人和其他鸟、兽不能进入鸡舍。

4. 更换饲料应逐渐过渡

生产过程中不可避免地要更换饲料,但每次更换饲料,必须有5天左右的过渡期,使鸡能顺利地适应。

5. 尽量避免注射给药

产蛋期间应尽可能避免采用肌内注射方式进行免疫接种和用抗菌药物治疗,以免引起卵巢肉样变性或卵黄性腹膜炎。

6. 提早采取缓解措施

在某些应激不可避免地要出现的情况下,应提前在饲料或饮水中加入适量复合维生素和维生素C。

（七）及时淘汰病鸡和低产鸡

在种鸡生产中难免会有一部分个体出现疾病或生产性能低下，这些鸡没有饲养价值，需要及时发现和淘汰。在30周龄前后鸡群达到产蛋高峰的时期，如果发现那些鸡冠发黄而且较小的个体、消瘦的个体可以毫不犹豫地淘汰；在50周龄以后，发现那些过于肥胖、鸡冠发紫发凉、后腹部羽毛沾有较多稀便的个体也要挑出淘汰。

（八）及时催醒就巢母鸡

有些优质肉鸡的品种具有较强的就巢性，如丝羽乌骨鸡、土种鸡等，在地面垫料平养条件下很容易出现就巢，即便是在笼养条件下也会有一部分个体表现出就巢性，一旦鸡出现就巢就会停止产蛋。

1. 及时发现就巢个体

地面平养方式有就巢表现的个体常常伏卧在垫料上，即使将其驱赶出去，它也会很快返回，采食和饮水大幅度减少；在笼养条件下就巢鸡的表现不太明显，细心观察会发现这些鸡羽毛稍显散乱、鸡冠变小、采食量下降等。如果发现就巢的个体要及早进行醒抱处理，处理越早效果越好。

2. 醒抱办法

（1）物理方法　将抱窝鸡隔离到通风而明亮的地方，并给予物理因素的干扰，如用冷水泡脚、吊起一只脚、用鸡毛穿鼻孔等，数天之后即醒抱。

（2）化学方法　皮下注射1%的硫酸铜溶液，1毫升/只，据报道有效率可达70%以上；每千克体重注射12.5毫克的丙酸睾酮，效果很好；喂服退热的复方阿司匹林（APC），大型母鸡每天2片，小型母鸡每天1片，连服3天左右，催醒率可达90%以上。

（九）适时淘汰鸡群

优质肉种鸡的利用期比商品蛋鸡短，一般在60～65周龄就要淘汰。鸡群的淘汰时间主要是根据当时鸡群的健康状况、产蛋率高低、种蛋或鸡苗销售价格、淘汰鸡价格、饲料价格等因素进行综合衡量，只要饲养成本高于销售价格就要考虑淘汰事项。

（十）自然交配笼养种鸡的管理

一些规模化优质肉种鸡场为了克服人工授精人员的不足、不稳定、技术不过关等问题，采用自然交配种鸡笼进行饲养。这种鸡笼为叠层式（H型）鸡笼，饲养密度较高，通常每平方米为13～16只。在饲养管理方面要注意经常观察种公鸡的配种情况和种公鸡的健康状态，因为每个单元内只有2～3只种公鸡，每只公鸡要负担10只左右母鸡的配种任务，一旦其中一只公鸡健康出现问题而不能有效配种则该单元母鸡所产种蛋的受精率将会显著下降。

要在收集种蛋的时候注意观察蛋壳表面有无粪便沾污，如果有则要仔细观察母鸡后腹部羽毛的干净情况，及时挑出腹泻的母鸡。

要合理喂饲，因为种公鸡和种母鸡共用一条料槽，无法控制各自的饲料和喂料量，因此每天建议喂料2次，保证每次喂料后每只鸡都能够采食到足够的份额。

（十一）平养种鸡的管理

有的优质肉种鸡场采用平养方式，而且多是带有室外运动场的鸡舍，配种方式为自然交配。在这种饲养方式的生产中，需要注意以下几方面：

1. 室外搭设遮阳棚

在室外运动场设置若干个遮阳棚，可以用编织布或石棉瓦做顶，用木柱支撑，夏天可以让鸡在棚下乘凉，雨天可以避雨；还可以在棚下放置料桶和饮水器，在室外喂饲。

2. 运动场绿化

在运动场周围栽植树木，运动场内也可以少量栽植，夏天鸡群可以在树荫下活动。

3. 合理控制鸡群的室外活动时间

4～10月外界温度适宜或较高，在没有大风和降雨的天气，鸡群可以在上午8点前后放到运动场活动，下午6点前后收回鸡舍。11月至翌年3月，外界温度低，在没有雨雪风速很小的日子也可以让鸡群到运动场活动，只是注意放鸡出舍的时间应在上午9点前后，下午收鸡回舍的时间在5点前后。遇到大风、雨雪、极为寒冷的天气可以不让鸡群到室外活动。

4. 定期平整运动场

鸡群在室外运动场活动的时候，如果没有对运动场进行硬化处理，则鸡常常会在地上刨坑并在坑内用细土进行沙浴。为了避免雨后积水，需要定期进行场地平整。

5. 室外设置产蛋箱

一般产蛋箱都放置在鸡舍内，但是在运动场边缘放置几个产蛋箱有助于减少窝外蛋。

6. 鸡舍通风

无论任何季节，当鸡群到室外运动场活动期间可以对鸡舍内进行最大限度的通风,彻底排除舍内污浊空气。

7. 做好寄生虫病的防治工作

地面活动多的鸡群感染球虫、蛔虫病的概率较高,一旦发现有感染迹象就需要使用药物进行防治。

四、成年鸡群的季节性管理

一年四季,外界的气候条件差异很大,需要根据鸡群对各种环境条件的要求采取合适的调控措施,维持鸡舍内适宜的环境条件,保证种鸡群的健康和高产。

(一)春季管理

春季气温慢慢地回升,日照逐渐延长,是鸡群繁殖的好季节,由于这个时期鸡群的产蛋率高,所需要的营养物质也多,此时应提高日粮营养水平,能量需达到12.55～13.81兆焦/千克,粗蛋白质应达到17.5%以上,根据产蛋率变化情况,及时调整日粮营养水平,使之适合季节变换时营养需要。

在初春时外界温度变化比较大,温度忽高忽低,昼夜温差也大,这时要注意留心天气预报,遇到降温的天气还需提前做好防寒保暖工作,防止突然降温造成鸡群呼吸道疾病的发生。开放式鸡舍的通风换气要根据风力的大小、天气的阴晴、气温的高低来决定开窗的次数、大小和方向。一般情况下,早春北面窗户夜间关闭,白天无大风天气,可适当打开通风换气。南面窗户白天可以打开,夜间少量窗户可以不关以利于通风换气;昼夜温差不大时,无大风天气,北窗可以部分或全部打开。这样能保持舍内空气新鲜,创造良好的生活环境。春季万物复苏,微生物开始大量生长繁殖,蚊蝇等昆虫也开始滋生繁殖,春季多风多雨气候温暖又利于疾病传播发生,所以春季做好疾病防治工作,对鸡舍内外进行消毒处理,减少疾病发生。

(二)夏季管理

夏季天气炎热是四季中最难管理的一个季节,饲养管理困难,鸡群易受高温影响发生产蛋率下降、死亡等情况,这主要是因为鸡的体温比其他哺乳动物高(41～42℃),又身覆羽毛,且无汗腺,对高温的适应能力较差。优质肉种鸡的皮下脂肪较厚、体重较大,对高温造成的热应激反应比蛋鸡更明显。这时期管理重点是防暑降温,促进采食,降低热应激造成对鸡群影响。

产蛋鸡适宜的环境温度上限是28℃,当鸡舍内温度超过28℃时,鸡体单依靠物理调节已经不能维持机体热平衡了,鸡变得热不可耐,表现为张嘴呼吸，呼吸次数增加，通过呼吸把肺内的水分排出，以促进散热。这时多见母鸡张开翅膀，借以扩大体表散热的面积，并产生空气对流来应付高温。当气温超过32℃时，鸡群就会出现更为明显的热应激反应，如张口喘气，饮水量增加，采食量显著降低，产蛋率下降，种蛋受精率降低，蛋重小、蛋壳薄，破蛋率增加，甚至引起死亡。

夏季缓解优质肉种鸡群热应激的措施主要有以下几方面：

1. 降低鸡舍屋顶温度

屋顶是鸡舍夏季主要的受热面，夏季太阳照在屋顶上能够使屋顶表面温度大幅度升高，常常超过40℃，高温的屋顶会通过屋顶内壁向鸡舍内辐射散热，使舍温进一步升高。因此，降低鸡舍屋顶温度是缓解舍内温度过高的主要途径，其方法很多。如在鸡舍屋顶表面涂白色涂料，可以增加屋顶对太阳辐射热的反射；在房顶层罩一层遮阳网也能降低太阳能辐射造成的屋顶升温；也可在房顶安装节水循环系统，让水流吸收一部分热量或通过水分蒸发带走热量来降低舍温；在鸡舍前后多植高大树木，绿化环境也可以降低舍温。

2. 鸡舍内喷雾降温

在中午12点到下午3点可利用自动喷水系统带鸡喷雾10～15分，降低体温，但应严格控制喷水时间防止造成积水，并加强通风，可降低舍温3～5℃。如果没有有效的通风，在夏季中午前后进行喷雾可能会因为鸡舍内温度高、湿度大而加重热应激。

3. 使用湿帘降温－纵向通风系统

当外界气温超过28℃的时候可以打开该系统，如果风机全部打开，鸡舍内的风速平均能够达到1米/秒左右，通过湿帘进入鸡舍的温度比室外温度能够下降4～6℃，对于缓解热应激具有显著的效果。另外，有一种湿帘风机降温设备，箱体安装在室外，通过送风管将冷风吹到室内，也是鸡舍夏季降温的一种有效方法。

4. 调整日粮营养水平

尽可能提高单位日粮的能量浓度和氨基酸水平及有效钙、磷水平，建议添加50%氯化胆碱0.2%～0.4%，蛋氨酸增加0.1%～0.2%，油脂增加1.5%～2%，增加维生素C和维生素E等。使鸡群在采食量减少的情况下，主要营养素的摄入量仅有较少的下降。

5. 设法增加采食量

增加饲喂次数，尽量安排在早晨或傍晚凉爽时上料，以增大鸡的采食量。

也有在夜间1点前后开灯1小时，让鸡群采食和饮水，不仅增加采食量，还可以减少因为半夜鸡体温过高造成的中暑死亡，尤其是对于40周龄之前的种鸡群效果更明显。

6. 在饲料中添加抗热应激药物等

按每千克饲料添加200毫克维生素C，或添加0.1%～0.3%碳酸氢钠，也可以在饲料中添加0.05%阿司匹林。

7. 给予充足的清凉饮水

夏季鸡的呼吸加快，水的蒸发量大，饮水量增多，因此要保证饮水充足，同时饮水也能起到降温效果。如果1天不供水，产蛋量会下降30%。

8. 加强环境卫生消毒，防止传染病的发生

在喷雾降温时使用消毒药水既杀灭了病原体，又降低了温度。炎热的夏季是细菌性和病毒性疾病的多发季节，应提前搞好防暑抗菌工作。由于高温季节，饲养环境，饲料的霉变，饮水的不洁等很容易使鸡患大肠杆菌病，需要加强对大肠杆菌的控制。饮水中用0.01%的百毒杀消毒，在饲料中加抑制和杀灭大肠杆菌和沙门菌的抗生素3～5天，能有效地减少死淘率。夏季天热，要确保饲料防湿防潮，不喂霉变饲料。食槽内被水侵蚀的发霉饲料要及时消除，饲料要现用现配。

9. 采精后尽快输精

高温季节人工授精过程中，精液采出后处于高温状态，不利于精子较长时间保持活力，需要在采精后尽早输精，这样才能保持较高的种蛋受精率。

(三)秋季管理

秋季日照时间逐渐变短，天气由炎热变为凉爽，秋天的气候变化也是造成鸡群发生问题的重要外界因素。秋季太阳升起的时间推迟、落山的时间提早，对于有窗鸡舍来说要及时调整每天的开关灯时间。进入秋季，会由于刮风或下雨造成气温骤降的情况，要注意提早采取措施，防止因为鸡舍内温度突然下降而对鸡群造成应激。

产蛋后期开始换羽，此时应对鸡群再进行一次挑选，病死鸡，低产鸡给予淘汰。秋季昼夜温差大，注意夜间保暖，由于冷暖空气交替进行也是易引起呼吸道疾病的一个重要因素。进入秋季要做好呼吸系统疾病的预防工作，为鸡群安全越冬做准备。秋季是禽霍乱的高发季节，尤其是新开产的母鸡更是易感鸡群，要做好预防工作。秋季是白冠病的多发期，需要及时观察鸡群，发现问题及早治疗。

对于地面平养并带有室外运动场的种鸡群进入秋季要做好肠道寄生虫的驱虫工作；要适时调整鸡群到室外活动的时间。

（四）冬季管理

冬季管理重点是防寒保暖，如果鸡舍屋顶的材料保温隔热性能良好，鸡舍内鸡群散发的体热足以保持室内较高的温度。但是，有的鸡舍屋顶材料保温隔热性能差，鸡舍温度在冬季常常偏低，如果进行通风则会使温度显著降低。一般来说，成年种鸡群生产的适宜温度下限是13℃，当舍温低于此温度时，鸡体就需要增加热量来维持平衡，所以尽可能维持舍温不低于13℃，在低温下容易散失热量过多而影响生产成绩，并可能会增加采食量10%～15%，提高舍温有利于节省饲料。冬季应做好防止贼风发生工作，用挡风板或其他物品堵塞通风孔口，防止贼风直接吹到鸡体，冷风直吹鸡体会造成鸡受凉感冒并有可能诱发呼吸系统疾病。冬季由于加强防寒保暖工作往往又疏忽了通风换气工作，造成舍内有害气体含量偏高，浓度过大，也会引起呼吸道疾病发生，所以在中午应加强通风换气，使舍内保持新鲜空气利于鸡体健康生长。

冬季要搞好必要的疫病预防与控制工作，侧重点放在常见呼吸道疾病的预防上（如新城疫病、传染性喉气管炎、传染性支气管炎、慢性呼吸道病、禽流感、传染性鼻炎、氨气中毒等）。

饮用温水是缓解鸡群冷应激的重要措施，要求冬季饮水温度保持在15℃以上。平养并到室外活动的鸡群要避免吃雪或饮用冰水。

五、成年鸡群的强制换羽

强制换羽就是人为地给种鸡施加一些应激因素而造成强烈的刺激，引起种鸡的组织器官和系统发生特有的形态和机能的变化，使鸡群同步换羽和同步重新产蛋的一种管理措施。在生产实践中，如果遇到当前种蛋价格偏低，而预测10周之后价格上涨的情况，常常可以采用强制换羽的方法调整鸡群的产蛋期。

（一）制订强制换羽实施方案

根据市场和经营的实际需要制订工作实施方案，包括确定用于强制换羽的种鸡群周龄、健康情况、强制换羽的开始日期、实施过程中每天的管理措施、恢复喂料的时间与方法、各阶段环境条件的控制、预期鸡群恢复产蛋的日期和产蛋率恢复情况等。

一般实施强制换羽的鸡群应在45～60周龄，如果周龄小则鸡群处于产蛋高峰期，不能充分利用其高产的优势，如果周龄太大则换羽后鸡群的产蛋性能表现可能不理想。

（二）准备工作

1. 鸡群整顿

强制换羽前需要对鸡群进行一次整群工作，即选择高产健康的种鸡进行强制换羽，淘汰弱鸡、残鸡、体形过大或过小的鸡。根据鸡群的实际情况，换羽前种鸡淘汰比例一般在5%左右。

2. 免疫接种

在强制换羽措施实施前7～10天为鸡群接种新城疫－禽流感二联苗或新城疫－传染性支气管炎－禽流感三联苗；如果有必要还要考虑接种传染性法氏囊炎疫苗。

3. 鸡群称重

在停料开始的前1天，随机抽取5%～10%鸡（或30只）进行标记编号并逐只进行空腹称重，这个体重即作为鸡群强制换羽的起始体重。起始体重务必准确，它是衡量鸡群换羽失重率以及评估鸡群体重恢复情况的基础数据。

（三）换羽措施的实施

1. 1～3天

停止供水供料（每天每只鸡可以提供20克石灰石粒或贝壳粒），停止早晚的人工补充照明（如果是密闭式种鸡舍则将每天光照时间由16小时缩短至8小时）。

2. 4～7天

每天提供两次饮水（每次1小时），继续执行停料和停止补光措施。第七天下午对标记编号的鸡逐只称重，计算体重下降的幅度，以确定是否开始恢复喂料。

3. 恢复喂料日的确定

从停料的第七天开始对编号的鸡进行逐只称重，并与停料前的体重对比，如果所有鸡体重比初始体重减少23%并有半数以上的个体体重比初始体重减少27%则可以把这一天作为恢复喂料的日期。有的鸡群饥饿7天就可以恢复喂料，有的需要9天或10天，甚至有的直到13天体重才下降到这个水平。

4. 对鸡群死淘率的监控

停料5天以后就可能有极个别的个体由于承受不了强烈的应激而出现体质衰弱甚至死亡，开始恢复喂料日期的前后是鸡死亡比较集中的阶段。正常情况下，从停料开始到恢复正常喂料和光照的3周时间内鸡群的死亡率不应超过4%。

（四）恢复期的管理

1. 恢复喂料过程

当鸡体重下降到符合恢复喂料期的要求后，当天即可开始给鸡群提供饲料。第一天按照每只鸡40克的量分上、下午2次喂给，以后每天每只鸡增加10克，经过5天即可恢复自由采食。恢复喂料初期不能给料量太大，以免鸡暴食而伤及消化道机能。在恢复喂料的同时，保证饮水的充足供给。

恢复喂料开始就使用产蛋鸡饲料。

2. 光照的管理

从鸡群恢复自由采食的当天开始，每天的光照时间在原来基础上增加1小时，以后每周递增1小时直至达到每天16小时，保持稳定。

鸡群羽毛脱换从停料后的第五天开始，大约经过6周，体躯羽毛基本完成换羽，主翼羽需要到10周前后才能够长成。鸡群恢复自由采食后大约经过15天的时间开始产蛋，以后每周产蛋率递增15%左右。管理良好的种鸡群在强制换羽后产蛋高峰期产蛋率能够达到65%左右。

通常情况下公鸡不进行换羽，故需要做好公鸡来源的准备。如果需要公鸡参加换羽，则需要在换羽前进行鸡群调整，将需要的公鸡与母鸡完全分开，并集中全部公鸡进行换羽工作。通常公鸡换羽期体重最多损失10%，其他管理技术同母鸡的管理要求。

第八章　优质肉鸡生产与管理

优质肉鸡养殖时间的长短不同，短的 7 ~ 8 周，长的 17 周左右，这会造成不同类型的优质鸡对环境条件的要求存在较大的差异。不同饲养方式在中后期的环境条件控制方面也有不同。因此，在生产中需要根据所养优质肉鸡的类型、饲养期的长短和饲养方式，调整各种环境条件，以保证鸡群的健康和生长。

第一节　优质肉鸡集约化养殖

集约化养殖是目前我国优质肉鸡生产的主要方式。

一、饲养方式

随着优质鸡产业的快速发展，其饲养模式也呈现出多样化的趋势，目前我国的优质鸡饲养模式主要存在以下 4 种。

1. 前期笼养后期放养

优质肉鸡 6 周龄前在育雏笼内饲养，之后在放牧饲养的场所养殖，直至出栏。这种饲养方式适于生长期 3 ~4 个月的优质肉鸡，而快大型优质肉鸡则不适于这种方式。采用这种饲养方式必须有适宜的放养场地，如大片的林地、山地或滩地，能够为鸡群提供足够的活动和觅食场所。采用这种方式的优点是鸡的运动量较大、健康状况良好，肌肉紧实，加上饲养期较长其肉的风味较好。在华东和华南地区采用这种方式饲养的鸡也称走地鸡，其销售价格要比圈养的优质肉鸡高出很多倍。该模式的缺点在于放养鸡的运动影响饲料消耗，增加饲养成本；如果放养场地小，单位面积饲养数量较多则会造成环境污染。这种饲养方式养成的优质肉鸡符合我国消费者的饮食习惯，但是由于饲养成本高，如果销售价格不高则注定要亏损。

还有的鸡场没有放养场所，仅仅在鸡舍的一侧设置一个较大的室外运动场（运动场面积是鸡舍面积的 3 ~5 倍），在没有雨雪或大风的白天打开鸡舍南侧地窗让鸡群可以自由出入鸡舍，大多数的鸡会到室外运动场活动，还可以在运动场放置料盆和真空饮水器供鸡群采食和饮水。有的还会把采集的青绿饲料放在运动场供鸡群采食。这种方式饲养的优质肉鸡其肌肉的紧实度和风味也比较好。

2. 前期笼养后期圈养

该模式在人口相对密集的农区采用较多。35 日龄之前采用育雏笼饲养，之后将鸡群转到平养鸡舍饲养，直到出栏。35 日龄后可以采用地面垫料平养，也可以采用网上平养。

3. 室内平养

包括地面垫料平养和网上平养两种形式。雏鸡从出壳接入育雏室到出栏一直在同一个鸡舍内饲养，而且一直采用地面垫料平养或网上平养。

4. 全程笼养

采用育雏育成一体化鸡笼进行饲养，鸡群从入舍到出栏都一直在笼中饲养。这种方式能够节约饲料，提高劳动效率。

二、环境条件控制

（一）环境温度控制

对于优质肉鸡生产中环境温度的控制关键在6周龄之前，这个时期肉鸡处于各项生理机能逐步发育完善、适应性逐渐提高的阶段，环境温度不适宜很容易造成肉鸡的健康问题并影响生长发育。6周龄后肉鸡的羽毛发育整齐，保温性能增强，机体的生理机能基本趋于完善，对环境温度的变化有较好的适应能力。

1. 温度控制标准

6周龄之前的环境温度控制标准见表8－1。这里的温度是指雏鸡身体周围的温度，而不是鸡舍内其他位置的温度。

表8－1　优质肉鸡的环境温度控制要求

日龄	1～3	4～7	8～14	15～21	22～28	29～42
温度℃	33～35	32～33	30～32	27～30	24～27	20～25

在温度控制方面要注意根据影响因素进行适当调整，如高温季节的雏鸡身体周围温度控制可以比正常低0.5～1℃，低鸡温季节则应高0.5～1℃；白天比晚上的温度可以高0.5～1℃；生长速度快的品种可以比生长速度慢的在8日龄以后低0.5～1℃。

2. 看雏施温

看雏施温同样是饲养优质肉鸡过程中温度控制的重要技术措施，在日常饲养管理过程中要注意观察鸡的行为表现，判断温度是否合适。

温度正常时鸡群在加热器附近分散活动或休息，采食和饮水表现正常；温度偏高时，鸡群远离热源，而且张嘴喘气，双翅下垂；温度偏低时鸡群聚集在加热器下面，甚至挤堆；当鸡舍内有贼风时鸡群会躲开风速较快的区域。

3. 温度管理

无论采用何种加热方式，保持鸡舍内的温度相对稳定是至关重要的，要避免出现温度忽升忽降现象，如果温度骤降则鸡群会受凉而出现感冒并容易继发感染其他疾病，尤其是呼吸系统疾病；而且会使患有鸡白痢的个体病症加重。4周龄之前要解决好保温与通风的矛盾问题，既要保证合理的通风，使鸡舍内的空气质量符合要求，还要注意防止因为通风而造成鸡舍温度的降低，尤其是进风口附近温度的快速下降问题。

4. 不适宜温度的负面影响

无论在任何周龄阶段，温度偏高或偏低对于优质肉鸡的生长发育和健康都是不利的。高温会使优质肉鸡平均每天的进食量和体重增加量显著减少，死亡率会呈现上升趋势，饲料的利用率随着温度的升高而下降；夏季的高温会严重影响鸡群的采食量和生长速度，也不利于羽毛的生长，严重时还可能发生中暑甚至死亡。低温条件下，肉鸡采食量增加，但是体重却呈现下降的趋势，饲料的利用率随着温度的降低而升高；当温度突然降低时还会发生冷应激，导致肉鸡群的呼吸道疾病；温度降低会导致肉鸡对于疾病的抵抗力下降，不利于管理。

（二）相对湿度控制

1. 湿度控制标准

优质肉鸡养殖过程中，第一周要求鸡舍内的相对湿度控制在65%左右，此后到出栏期间尽量维持在60%左右。

2. 不适宜湿度的影响

湿度过低常常指相对湿度低于45%，而且持续时间较长，湿度过低的情况一般出现在优质肉鸡饲养的第一周，这主要是前期育雏室经过干燥处理，加上肉鸡个体小、饮水量、排泄量和通过呼吸排出的水汽的量都很少，而且由于需要的温度高，就容易出现鸡舍内过于干燥的情况，以后随着肉鸡体重增加，排泄量增大，室内的湿度就随之升高，常常出现湿度过高的问题。如果前期过于干燥易引起脱水，影响雏鸡体内剩余卵黄的吸收和正常采食，严重时雏鸡会出现脱水现象。表现为脚趾干瘪，羽毛干燥、蓬乱，生长发育缓慢。空气中尘土飞扬，易引起呼吸道疾病。高湿环境有助于霉菌和球虫的繁殖，使雏鸡易发生霉菌中毒和球虫病；由于肉鸡养殖过程中鸡舍温度较高，在高温高湿情况下，肉鸡体热散失不出去，感觉闷热不适，采食下降。冬季由于外界气温低，通风量小，也容易引起鸡舍内湿度偏高的问题。

3. 鸡舍内湿度的影响因素

鸡舍内空气中水汽的来源主要是粪便中水分的蒸发、饮水系统漏水以及水分的蒸发、鸡呼吸过程中呼出的水汽、人为增加的水汽（喷雾消毒、喷水降温等）、雨天通风带进的水汽等。如果鸡舍没有经过充分干燥，潮湿的地面和墙壁也会向鸡舍内散发水汽。

4. 湿度的控制措施

湿度控制的主要措施一是减少室内湿气的产生，二是合理组织通风。减少室内湿气产生的措施主要有防止饮水系统漏水、减少其中水分的蒸发，及时清理粪便、及时将潮湿垫料换掉，使用经过干燥的垫料，鸡舍在接鸡前经过充分的干燥处理，防止雨水漏入鸡舍，将鸡舍地面垫高（比室外高出 35 厘米左右），鸡舍周围排水便利等。通风有助于将鸡舍内的湿气排出到室外，在外界温度适宜或较高的季节，鸡舍的通风量可以适当加大，而在低温季节也要在中午前后适当增加通风量，或采用正压通风措施（如热风炉向舍内送暖风等）。

（三）通风控制

1. 通风控制要求

鸡舍通风的主要目的在于换气，即将新鲜空气引进鸡舍内并将舍内的污浊气体排出到室外，保持鸡舍内空气中有害气体和粉尘的浓度不超过标准要求。一般肉鸡舍内空气中的氨气含量不能超过 12 毫克/升，硫化氢含量不超过 9 毫克/升，氧气含量不低于 20%，二氧化碳含量不超过 0.1%。如果鸡群生活在有害气体含量高的环境中不仅会影响其生长速度，还容易造成眼结膜和呼吸道黏膜的损伤，易诱发呼吸系统疾病。鸡舍通风还有调节鸡舍温度和湿度的作用。

2. 气流速度控制

鸡舍内空气流动时每秒移动的距离即为气流速度，它与鸡舍的通风量有极为密切的关系，气流速度大则单位时间内鸡舍的换气量也大。但是，气流速度还会影响鸡舍内的温度。对于 15 日龄前的雏鸡，环境条件控制主要以保温为主，15～35 日龄要兼顾保温与通风，日龄进一步增加则通风的重要性越来越大。季节也是影响鸡舍通风时气流速度控制的主要因素，低温季节气流速度应较低，高温季节则应较高。气流速度控制可以参考表 8－2。

表 8－2　优质肉鸡舍内气流速度控制参考标准（米/秒）

季节	第一周	第二周	第三至第四周	第五至第六周	第七周至出栏
高温季节	0.2～0.25	0.25～0.3	0.28～0.33	0.35～0.45	0.5～0.8
常温季节	0.15～0.2	0.18～0.22	0.2～0.25	0.23～0.3	0.3～0.35
低温季节	0.07～0.1	0.08～0.12	0.1～0.15	0.13～0.18	0.18～0.23

3. 不同季节的通风管理要求

（1）高温季节　10 日龄之前的鸡群可以在每天中午前后打开门窗或少数

几个风机进行通风换气，每天通风时间不超过2小时，根据鸡舍的大小（雏鸡数量的多少）夜间保留1～3个风机进行通风，这样在通风的过程中不会造成鸡舍内温度的明显下降；10～25日龄可以适当延长白天通风时间到3～4小时，夜间视鸡舍温度确定风机或窗户打开的数量，在保证温度满足要求的基础上适当加大通风量；25日龄之后的鸡群要注意防止热应激的影响，不仅中午前后要启用湿帘降温－纵向通风系统，其他时间也需要开启若干个风机进行通风。

（2）常温季节　10日龄前依然是保温为主，适当兼顾通风；11～30日龄可以在中午前后外界温度较高的时段开启风机进行通风换气，风机开启的数量和通风时间长短以室温下降缓慢而且不超过2℃为宜，也可以在白天每次开机通风1小时，停止2～4小时，每天开机通风3～4次，夜间也要低流量通风；30日龄以后的通风控制要注意以室温不低于20℃为基准，在此情况下通风量的控制以室内没有明显的刺眼刺鼻的异味为准。

（3）低温季节　建议最好采用热风炉加热方式，将热风送至鸡舍，使鸡舍内形成正压，污浊空气通过门窗排出，通风的同时鸡舍内的温度不会下降。如果采用负压通风，必须注意对进风口设置导流板，将冷空气导向鸡舍上部，与温暖空气混合后再流向鸡舍内其他地方，防止冷风直接吹到鸡身上造成受凉感冒。低温季节的通风量不适宜大，只要鸡舍内没有明显的刺眼刺鼻的异味即可。

4. 不同饲养方式的通风控制要求

（1）笼养鸡舍　笼养优质肉鸡一般采用育雏育成一体化鸡笼，既有阶梯式，也有叠层式的。如果采用自然通风方式，在10日龄前一般要关闭门窗进行保温，仅在中午前后打开南侧的部分窗户进行通风，10日龄以后根据外界温度情况，选择在温度较高的时候打开窗户进行通风，一般北侧窗户打开数量少于南侧。30日龄后如果在高温季节则在白天全部打开窗户，夜间打开部分窗户通风，在常温季节打开窗户的数量少一些。如果采用机械通风，则依据室外温度变化确定风机打开的数量与运行时间。

（2）室内平养　与笼养方式的通风要求相同。

（3）半舍饲　21日龄前鸡群在鸡舍内圈养，通风要求与笼养方式相同；21日龄后根据天气情况可以让鸡群在外界温度较高、风小的时候到室外运动场活动。一般要求21～35日龄期间鸡群到室外活动时，室外温度不应低于18℃；35日龄后不应低于13℃。当鸡群到室外活动的时候应将鸡舍的门窗或风机全部打开进行充分的通风换气，在鸡群收回鸡舍前10分关闭门窗或风机，可以根据季节特点确定是否留出若干门窗或风机进行通风。

（四）光照控制

1. 光照时间控制

在优质肉鸡生产中，一般采用长光照方式，3日龄前可以采用连续照明，4～7日龄每天光照20～21小时，7～14日龄每天光照16～17小时，15日龄后每天光照14～16小时。光照时间较长主要是为鸡群提供足够的采食时间，满足其较快生长对饲料营养的需要。也有实验证明，白天采用12小时光照，夜间再提供1小时照明（让鸡采食和饮水）也能够获得良好的饲养效果。

2. 光照强度控制

优质肉鸡生产不需要太强的光线，只要能够满足鸡群的采食和饮水需要即可。一般在5日龄前光线可以稍强一些，以便于雏鸡适应鸡舍环境，方便采食饮水，人工补充光照时的光照强度可以达到35勒左右；5日龄后逐渐降低光照强度，大约在30日龄时降至20勒左右，以饲养员能够看清楚料槽内的饲料、饮水器、垫料和鸡的精神状态与行为表现的情况即可。光照强度大会诱发鸡群发生啄癖，尤其是在笼养和舍内圈养的情况下更为突出。有窗鸡舍在中午前后靠南侧的窗户还有必要采取遮光处理。

3. 光源管理

鸡舍的照明有自然光照和人工照明两种方式，密闭式鸡舍自始至终完全采用人工照明，有窗鸡舍白天可以采用自然光照、早晚或夜间可以采用人工照明。人工照明的光源最常用的是白炽灯，目前也有一部分场家使用LED灯。人工照明要求灯泡的分布要均匀，使得鸡舍各部位都能够获得适宜的光线。

鸡舍内的粉尘较多，灯泡上会黏附灰尘而影响发光效率，需要定期用干抹布擦拭灯泡。擦拭灯泡要在白天进行，工作之前要关闭照明电源以保证操作安全。

（五）饲养密度控制

1. 饲养密度要求

不同品种、饲养方式和季节对鸡群的饲养密度要求不一样，可以参考表8－3。

表 8-3　中速型优质肉鸡的饲养密度参考标准(只/米^2)

饲养方式	1～10 日龄	11～20 日龄	21～30 日龄	31～40 日龄	41～55 日龄	55 日龄以后
笼养	50	42	35	28	22	18
网上平养	45	38	30	23	18	14
地面平养	40	35	28	20	15	12

对于大体型优质肉鸡其饲养密度应比中速型减少 20% 左右,慢速型则可以增加 15% 左右。在实际生产中还需要结合鸡群的鸡笼内或鸡舍内的具体情况进行调整,要求鸡群休息时笼底能够铺满但是不能相互叠压,或网床表面或地面有 1/3 左右的空闲。

对于结构较为简单、保温隔热性能一般的鸡舍可以考虑在高温季节适当降低饲养密度,以缓解热应激。

2. 饲养密度对鸡群的影响

饲养密度对鸡群的健康和生长发育影响很大。通常,低密度没有多大的负面影响,主要是降低鸡舍和设备的利用效率,增加生产成本,而高密度则会产生严重的负面影响。

高密度的负面影响,一是导致舍内环境条件恶化,如湿度增大、空气中有害气体、微生物和粉尘浓度升高;二是造成鸡群的应激,高密度饲养条件下,鸡群更为敏感,容易受惊吓、易发生啄癖;三是影响正常的采食和饮水。这种问题造成的结果是鸡群容易发病,感染疾病的鸡会表现出更为严重的症状(尤其是有呼吸道症状的传染病,如大肠杆菌病、慢性呼吸道病、传染性鼻炎、传染性喉气管炎、曲霉菌病等),并妨碍鸡的生长发育,导致成活率和出栏体重下降。

三、喂饲与饮水管理

1. 优质肉鸡的饲料

一般来说优质肉鸡按照饲养期的长短可以使用 2 种或 3 种饲料,饲养期不超过 70 天的使用前期和后期两种饲料,饲养期超过 70 天的常常使用前期、中期和后期 3 种饲料。

(1)饲养期较短的肉鸡饲料　这类优质肉鸡的生长速度相对较快,需要的饲料营养水平也较高,在配制饲料时控制的饲料营养水平见表 8-4。56 天前后出栏的肉鸡其饲养前期是指 0～4 周龄,后期则指 5 周龄到出栏;70 日龄前后出栏的肉鸡其饲养前期是指0～5周龄，后期则指6周龄到出栏。

表8－4 快速型优质肉鸡的饲料营养水平

营养素	前期料	后期料
代谢能（兆焦/千克）	11.7～12.1	12.4～12.8
粗蛋白质（%）	18.5～19.5	16.0～17.0
粗脂肪（%）	2.3～2.7	3.0～3.2
钙（%）	1.2	1.0
有效磷（%）	0.40	0.35
赖氨酸（%）	0.90～0.95	0.75～0.80

对于出栏日龄在56天的快速型优质肉鸡其饲料营养水平可以靠近表中数据范围的上限，70日龄前后出栏的可以靠近表中数据范围的下限。如果是公、母鸡分养，公鸡饲料的营养水平要略高于母鸡饲料。

（2）饲养期较长的肉鸡饲料　这类优质肉鸡的饲养期较长，一般为80～120天。90天前后出栏的肉鸡其饲养前期是指0～4周龄、中期指5～9周龄，后期则指10周龄到出栏；110日龄前后出栏的肉鸡其饲养前期是指0～5周龄、中期指6～12周龄，后期则指13周龄到出栏。这类优质肉鸡的生长速度相对较慢，饲养中后期需要的饲料营养水平也较低，在配制饲料时控制的饲料营养水平见表8－5。

表8－5 慢速型优质肉鸡的饲料营养水平

营养素	前期料	中期料	后期料
代谢能（兆焦/千克）	11.5～11.8	11.7～12.0	12.0～12.2
粗蛋白质（%）	18.0～19.0	16.5～17.0	16.0～16.5
粗脂肪（%）	2.3～2.7	2.5～2.9	3.0～3.2
钙（%）	1.1	1.0	0.9
有效磷（%）	0.40	0.37	0.35
赖氨酸（%）	0.90～0.92	0.83～0.85	0.75～0.80

优质肉鸡的饲料形态多数是干粉料，有的在5日龄以前使用碎粒料，之后使用干粉料。使用颗粒饲料虽然会使饲料成本稍有增加，而且无法通过饲料添加药物或添加剂；但是，有助于减少饲料浪费和保证饲料卫生，对于鸡群的健康是有利的。因此，今后使用颗粒饲料有可能是发展趋势。

2. 喂饲管理

（1）喂饲方式与用具　规模化笼养优质肉鸡常用自动喂料系统，中小规模的鸡场一般是人工喂料；笼养方式的自动喂料系统多采用骑跨式喂料机，也有采用航车式喂料机的。平养方式一般为人工喂料，较多采用的是料桶，规模大的也有采用螺旋推进式自动喂料机的。

自动喂料系统需要定期调整出料口的限量阀以控制单位时间内饲料的流出量，喂料时只需要打开喂料机开关即可。

料桶的容量有大有小，前15日龄使用小料桶，容量为3千克左右，以后可以使用大料桶，容量在5～10千克。料桶应随肉鸡周龄的增大而升高，使料盘的边缘略高于鸡的背部。

（2）"开食"　指雏鸡接入鸡舍后第一次喂料。通常在雏鸡接入鸡舍并安顿好之后就可以放置饮水器让雏鸡饮水，接着用料盘盛放饲料放到笼内或垫料上让雏鸡"开食"。"开食"时饲养员可以用手指轻轻敲击料盘以吸引雏鸡啄食。"开食"的饲料用量不宜多，因为有的个体尚不知道觅食，有的雏鸡可能会吃得太多（这不利于消化道机能的发育），一般按照每50只雏鸡75克饲料提供。"开食"之后要注意观察雏鸡的采食情况，注意引导雏鸡模仿啄食。开食饲料提供后经过2小时可以将饲料撤去，再间隔1小时后开始第二次喂料。

（3）喂料次数与时间　幼龄阶段的优质肉鸡喂料次数较多，随周龄的增加喂料次数逐渐减少。幼龄阶段的鸡消化道容积小，每次吃料量少；消化道短，饲料在消化道内存留的时间短，容易感到饿。因此，需要每天多次喂饲，每次喂料量要少。随着周龄增大，鸡的消化道容易变大、消化道长度增大，每次的采食量较多而且食物在消化道内的存留时间较长，可以适当减少喂料次数。

一般情况下，前三天的雏鸡每间隔3小时喂料1次，每次的喂料量按照每50只雏鸡50克提供，让雏鸡在喂料后1小时左右能够把饲料吃完。以后的喂料次数要与每天的光照时间相协调，可以参考表8－6。

表8－6　优质肉鸡的喂料次数参考标准（次/日）

日龄	1～3	4～7	8～14	15日龄后
喂料次数	7～8	6	5	4

通常在每天光照开始后进行第一次喂料，在关灯前3小时喂最后一次，中间每次喂料的时间间隔约3小时，在25日龄以后喂料时间间隔可以延长到4小时。也有的鸡场在21日龄后采用自由采食的喂料方式，即保持料桶中经常

有饲料，让鸡群随时可以采食，每天向料桶内添加 1 ~2 次饲料。

晚上关灯之前尽量让鸡群把料槽或料桶内的饲料吃完，如果饲料在料桶中集聚则容易被污染，而且由于鸡舍内温度高、湿度大，饲料积存时间长容易发霉变质，其中有的营养素容易被破坏。夜间如果料桶（槽）内有饲料积存也容易被老鼠偷吃。

(4) 喂料量控制　每个品种都制定有各自的喂料量控制标准供饲养者参考。但是，在实际生产中为了促进优质肉鸡的生长，一般的喂料原则是敞开饲喂，自由采食，要求有足够的采食位置，使所有鸡能同时吃到饲料。对于采用自动喂料系统的鸡场可以采取定时喂饲的方法，合适的喂料量应是在每次喂料后鸡群大约经过 30 分能够把饲料吃完。

在饲养过程中要注意每天监测鸡群的采食量，一般来说随着鸡群日龄的增大其饲料消耗也会逐渐增加，如果出现鸡群采食量下降的情况则需要认真分析原因，防止出现大的问题。一般来说，鸡群采食量下降的原因可能有几种：一是鸡群感染疾病，当鸡群感染疾病后最早出现的症状就是食欲下降，一旦采食量减少随着出现的就是明显的症状；二是突然更换饲料，由于饲料的形状、颜色、适口性、主要原料类型等的变化会让鸡群感到不适；三是缺水，当饮水系统出现问题，造成鸡无法饮水或饮水量不足会引起采食量减少；四是出现明显的应激，如温度突然变化、鸡群受惊吓、饲养管理规程的变化等都会影响采食量。

3. 饮水管理

(1) 饮水工具　笼养方式基本都是使用乳头式饮水器，平养方式大多数使用乳头式饮水器，少部分使用真空饮水器。

(2) 开水　即初饮，指肉鸡接入鸡舍后第一次饮水。一般是在雏鸡接入鸡舍并安顿好之后马上进行，将装有水的真空饮水器放到鸡群中并用手指敲击水盘，吸引雏鸡饮水。小型鸡场初饮使用的是凉开水，大型鸡场使用经过消毒处理的深井水，水温要求在 23℃ 左右。初饮使用的真空饮水器一般为较小的型号，其容量为 1 升。初饮时间晚不利于雏鸡的生长发育，甚至有的雏鸡会有脱水症状。

(3) 日常饮水管理　第一周的雏鸡一般都使用小容量的真空饮水器，如果以后要使用乳头式饮水器则第二周要将真空饮水器和乳头式饮水器结合使用，第三周以后撤掉真空饮水器，只使用乳头式饮水器；如果一直使用真空饮水器则从第二周开始换用较大容量的型号，如第二周使用容量为 2 升的，第三周使用容量为3升的,第四周以后使用容量为5升的。无论哪种饮水设备都要随肉鸡周龄的增大而升高,使真空饮水器的水盘边缘或乳头式饮水器的出水柱稍高于鸡的背部,以方便其饮水。

(4)饮水管理原则　在优质肉鸡饲养管理过程中要求饮水管理遵从两个原则,即洁净和充足。充足是指饮水器内要保持经常有足量的饮水,鸡任何时候都可以喝到水,要注意防止真空饮水器内长时间缺水或乳头式饮水器水线内压力不够。如果饮水不足不仅影响肉鸡的采食和发育,而且由于干渴,在重新加水后鸡会出现暴饮现象,造成水中毒或一些雏鸡羽毛被弄湿。洁净是指饮水要符合饮用水卫生标准,要求水源要定期检测,不符合卫生标准不能使用;饮水系统经常清洗和消毒;饮水最好经过过滤处理再使用;真空饮水器内的水定期更换等。

四、舍饲优质肉鸡的日常管理

1. 采用"全进全出"的饲养制度

"全进全出"就是在同一鸡场或养殖小区内只进同一批鸡(日龄相同),同时进雏、同时出栏销售。当鸡群出栏后对场区和鸡舍、设备进行彻底打扫、清洗、消毒,并经过至少20天的空闲后再饲养下一批鸡。这样做的目的在于切断病原的循环感染,保证鸡群的健康和鸡肉的质量安全。目前,国内优质肉鸡养殖过程中疾病问题一直得不到有效控制的重要根源就是许多养殖小区没有落实"全进全出"管理制度,使得一批肉鸡在感染传染病后影响到场内其他批次肉鸡的健康。

2. 适时扩群和调整密度

大多数情况下,优质肉鸡从进雏到出栏一直饲养在同一个鸡舍内,这样在鸡群日龄小的时候仅使用鸡舍的1/3,以后随日龄增大占用鸡舍内的空间也逐步加大。扩群与鸡群周龄的增加和饲养密度的减小是协调一致的,以中速型优质肉鸡为例一般在10日龄前占用鸡舍内前部的1/3地面,20日龄时扩大至鸡舍的1/2,30日龄后扩散到整个鸡舍。扩群晚则鸡群的饲养密度会显得高,不利于鸡的生长发育,扩群早则浪费能源。

3. 室内垫料的管理

对于地面垫料平养的优质肉鸡,垫料管理是非常重要的,如果管理不当则可能造成疾病的多发问题。

(1)保持垫料的干燥　垫料中的含水率应该控制在45%左右,如果垫料潮湿则会导致发霉结块,有害气体浓度升高,曲霉菌病、球虫病、大肠杆菌病等发病率升高。保持垫料干燥的措施主要有:垫料使用前要晒干,鸡舍要经过充分干燥,减少饮水系统漏水,防止雨水漏进鸡舍,合理组织通风,及时更换潮湿的垫料(尤其是饮水器附近的垫料)。

(2)保持垫料松软　垫料使用过程中会因为表面鸡粪的堆积而出现结块,时间长了就会板结,鸡卧在上面感到不舒服。生产中要定期用铁叉或耙子等工具抖动或翻动垫料,将粪便抖落到下层,使上层的垫料保持松软,并将结块的垫料堆到靠墙的位置。必要时在旧垫料上面加铺一些新垫料。

(3)减少地面裸露　平时要注意检查垫料铺设得是否均匀,有地面裸露的地方及时用周围的垫料摊平,每次抖动或翻动垫料时要注意把垫料摊平。裸露的地面不利于保温隔热。

4. 放置栖架

在平养鸡舍内放置栖架的目的是让部分鸡卧在其上面,可以减小地面鸡群的密度,还能够保持鸡羽毛的干净,同时也适应鸡喜欢栖高的习性。栖架可以放在鸡舍的中间,也可以靠墙放置,不要靠近喂料和饮水设备,防止鸡将粪便排泄在其中;不要放在屋梁下方,防止鸡飞到上面造成其他鸡受惊吓而出现应激。

5. 断喙

优质肉鸡如果采用舍内饲养(包括平养和笼养)很容易发生啄癖,断喙则能减少损失。但是,断喙的优质肉鸡市场销售价格偏低。因此,饲养者需要权衡。如果断喙则可以参照种鸡育雏阶段的断喙方法。

如果采用室外放养或设计有室外运动场的鸡舍,让鸡群能够有一定的时间到室外运动,同时能够补充一些青绿饲料、满足其沙浴习性则很少发生啄癖,可以不进行断喙处理。

6. 鸡群的室外活动

地面平养鸡舍(包括有些网上平养鸡舍)可以在鸡舍的南侧设置室外运动场,让日龄较大的鸡群在天气晴好、温暖无风的时候到室外活动,以增强体质、提高外观质量。

(1)室外活动的起始时期　雏鸡到室外活动的日龄要合理确定:一是考虑其体质,日龄小则体质差,不适宜活动量太大;二是考虑其对外界环境温度的适应性,尤其是对低温和温度变化的适应性,日龄小其适应性差;三是考虑外界温度。在高温季节,鸡群 21 日龄以后即可到室外活动;在常温季节则需要推迟到28日龄以后，低温季节则应在35日龄以后。35日龄的时候雏鸡完成第一次换羽，青年羽长齐，具有较好的保温效果。

（2）室外活动的安排　充分利用室外温度适宜或较高的时间段让鸡群到室外活动。外界温度高的季节，上午8点以后就可以将鸡群放到室外运动场活动，下午6点前后再收回鸡舍；常温季节放鸡的时间应在上午9点前后，收鸡的时间在下午5点之前；低温季节放鸡时间应推迟到上午10点，收鸡时间应在下午4点之前。同样，在相同季节，周龄小的鸡群放鸡时间稍晚、收鸡时间稍早；周龄越大在室外活动的时间可以越长。

（3）室外运动场管理　室外运动场最好经过硬化处理以便于打扫清理和消毒。运动场外周要有排水沟，便于雨后雨水的及时排出，有利于保持运动场的干燥；运动场地面比鸡舍地面低约30厘米，但是比周围地面要高约20厘米。为了满足鸡沙浴习性，可以在运动场一侧砌设沙浴池（宽度30厘米，深度15厘米，长度依运动场的宽度而定），池内垫10厘米厚的细河沙供鸡沙浴。每天下午鸡群回鸡舍后要打扫运动场，清除粪便和其他杂物，每间隔3天要喷洒一次消毒剂。一栋鸡舍的运动场应分隔成若干小圈，与室内的分隔相对应；运动场周围要设置围网以防止鸡乱跑，围网的高度不低于2米。

7. 粪便清理

不同饲养方式对清粪的要求也不一样。

（1）笼养优质肉鸡的清粪要求　使用阶梯式肉鸡笼、刮板式清粪机，一般在10日龄前每天清粪1次即可，11～30日龄每天清粪2次，以后每天清粪2～3次。使用叠层式鸡笼、传送带清粪方式，10日龄前每天清粪1～2次，11日龄后每天2～3次。及时清粪可以降低鸡舍内的湿度和有害气体浓度。

（2）网上平养的清粪要求　网上平养优质肉鸡的清粪方式有两种：一是使用刮板清粪机，每天清粪1～2次，后期可以每天清粪2～3次；二是平时不清粪，等到饲养期结束，鸡群出栏后将网床掀起来，把网床下堆积的粪便集中清理出去。第二种清粪方式要求鸡舍保持稍高的通风量，及时排除由粪便中蒸发出来的水汽，要防止粪便含水率过高带来的一系列问题。

（3）地面垫料平养的清粪要求　一般情况下只要能够保持垫料的干燥，可以在鸡群出栏后将粪便垫料混合物一次性清理；如果垫料潮湿，而通过一般的措施（适当加大通风量、加铺新垫料等）无法有效解决，则应定期根据垫料情况清理混有粪便的旧垫料后再铺新垫料。

8. 公、母鸡分饲

在我国不同地区优质肉鸡的性别与其销售价格之间关系非常密切，如在广东、广西和香港、澳门地区母鸡的价格远远高于公鸡，正常情况下公鸡苗的价格也仅有0.5元/只左右，而母鸡苗价格可能达到3元/只左右；在中原地区和华东部分地区情况则相反，市场上公鸡的价格高于母鸡，鸡苗价格在正常情况下公雏2.5元/只左右，母雏为1.2元/只左右。这就使得养殖场和养殖户在生产中要考虑选择养公鸡还是养母鸡，公鸡和母鸡分别向哪些市场提供。

此外，公鸡和母鸡的生长速度差别较大，如某个品种的优质肉鸡在60日龄的时候公鸡体重能够达到1.8千克，而母鸡体重仅有1.35千克，上市的时候如果是公、母混养则商品鸡的体重差异大，产品的均匀度差；如果公、母分养则同一批鸡的上市体重基本相同。公鸡和母鸡的身高也有差别，尤其是到35日龄以后这种差别更大，在采用乳头式饮水器的情况下，对出水柱的高度要求就不一样，公、母分养就能够避免这种问题。由于公、母鸡在生理机能上存在较大差异，对生活条件的要求与反应也有差异，如公鸡骨架大，活泼好斗，母鸡少动，不善斗，采食力较差；公鸡生长速度快于母鸡，对饲料中的蛋白质和赖氨酸能很好利用，故饲料转化率较高；母鸡转化沉积脂肪的能力强，长羽快，而公鸡羽毛长速慢。试验表明，公、母鸡分开饲养既能节省饲料，又能提高生长速度、整齐度和产品合格率。

如果一个养殖场仅饲养单一性别的优质肉鸡，不存在公母分养的管理问题；如果购买的是混合雏则应该考虑公母分养，有条件的还应该把公鸡和母鸡分别饲养在不同的鸡舍内。

9. 鸡戴眼镜

对于高密度饲养的优质肉鸡容易出现啄癖，如果饲养的全是公鸡则啄癖发生得会更严重。有的养殖场（户）既不愿给鸡断喙，又想减少鸡群的啄癖，就会给鸡佩戴塑料眼镜，见图8－1。这种特制的红色塑料片卡在鸡的鼻孔中，两个塑料片遮挡住了鸡前方的视线，鸡只能看到两边，可以有效避免鸡互相打架而不影响采食和活动。

戴眼镜的优质肉鸡在出售前可以用剪刀将塑料栓剪断，眼镜片经消毒后还可以重复使用。

图 8－1　戴眼镜的鸡

10. 提高产品合格率的措施

优质肉鸡在大多数情况下是以活鸡的形式出售，鸡的外观质量对销售价格会有很大影响，因此提高鸡的合格率是提高生产效益的关键措施。

做好前述的饲养管理工作是提高产品合格率的基础，但还要从以下几方面做好工作。

（1）搞好免疫接种，培养健康鸡群　在优质肉子鸡饲养中，除做好常规免疫接种外，1 日龄要接种马立克疫苗，原因是优质肉子鸡饲养期相对较长，注射马立克疫苗可以预防马立克病的发生，提高成活率，从而提高屠体品质。任何疾病的发生都会使鸡的精神状态不佳，鸡冠小而且发黄、发白或发紫，羽毛散乱。

（2）提高鸡群发育整齐度　鸡群发育的整齐度是评价优质肉鸡质量的重要指标。在实际生产中需要采用分群饲养的措施，把体重大小、体质强弱的鸡挑开，让每个小群内的鸡体重和体质相似。这样做的目的是把体格相对较小，体质较弱的鸡集中单独饲养，加强管理，避免在大群饲养中出现吃不到料或吃剩料而导致的死淘率高、整齐度差等现象。如果有羽毛不全的鸡，也要挑出单独隔离饲养，并补充能促进羽毛生长的添加剂。

（3）减少药物残留　尽管优质肉子鸡抗病力较强，但在环境条件差、管理水平低的情况下，同样会感染发病，用药治疗是普遍现象。在优质肉鸡生产中药物滥用现象比较多，这就要求作为一个生产经营者要有质量意识，只有高质量的产品才能拥有长期、大量的客户。不能使用违禁药品和添加剂，出栏前 10 天停止使用各种药物。

（4）选择优良品种　目前，优质肉鸡的商用品种很多，但是其中相当一部分的选育时间较短，遗传性状不稳定，后代外貌特征不一致、体形和体重存在较大差异。因此，要提高商品优质肉鸡的合格率就必须选养培育历史较长、遗传性状稳定、外貌特征相对一致的品种。

五、出栏

对于“公司＋农户”或“公司＋基地”这种生产经营方式，鸡群的出栏时间一般是按照公司的销售计划落实的；通常在鸡群出栏前5～7天公司销售部门会通知合作养殖场或养殖户做好准备。对于自产自销的养殖场（户）在鸡群出栏前5～7天就要通过各种途径联系客户。

1. 出栏时间

优质肉鸡的品种分3大类型，即快大型（速生型）、优质型（中速型）和特优型（慢速型），三类鸡的上市日龄有较大差异，公鸡和母鸡由于生长速度不同其上市时间也有差异：快大型优质肉鸡的公鸡上市时间一般为56日龄，母鸡65日龄；中速型公鸡上市时间一般为65～70日龄，母鸡75～80日龄；慢速型的上市时间一般在120日龄前后。

2. 出栏体重

快大型优质肉鸡的公鸡上市体重一般为2千克，母鸡1.7千克；中速型公鸡上市体重一般为1.8千克，母鸡1.6千克；慢速型公鸡的上市体重一般在1.7千克，母鸡1.6千克。不同地区对优质肉鸡的上市体重要求有差别，如在四川、重庆等地，3千克以上的公鸡更受消费者欢迎。

3. 出栏肉鸡的要求

优质肉鸡出栏时一般要求羽毛完整光亮，鸡冠大而鲜红，胫部鳞片光润，胸部和腿部肌肉发育丰满；健康，精神状态好，没有外观缺陷（如跛腿、外伤、交叉喙、鸡冠和嘴角有结痂等）；体重符合当地消费者的要求。

4. 抓鸡

无论何种饲养方式，在鸡群出栏前要关闭灯泡、遮挡窗户，使鸡舍内处于昏暗状态，这样抓鸡的时候能够减少惊群。笼养鸡群抓鸡的时候操作者可以依次打开笼门，双手深入笼内抱住鸡的双肩将鸡取出鸡笼，然后抓住鸡的双腿交给提鸡人员，后者将鸡塞入周转筐内。

如果采用平养方式，抓鸡前还要将栖架、料桶、真空饮水器移出鸡舍，如果是乳头式饮水器和螺旋推进式自动喂料系统则应将其升高到1.8米，不影响抓鸡操作。然后用挡网将鸡群赶到鸡舍的一端进行抓鸡。每次用挡网围挡鸡

的数量不要太多,要尽量避免鸡群拥挤,以免踩掉羽毛、踩伤皮肤或造成骨折。

5. 装筐

肉鸡运输基本都是使用周转筐(图8-2),一般是塑料材质的,顶部有门,每个筐内可以放10~15只的鸡(根据鸡体重大小适当调整)。向筐内放鸡时先让鸡的头颈部进入,再将鸡的体躯推入,装满后扣好门扣。

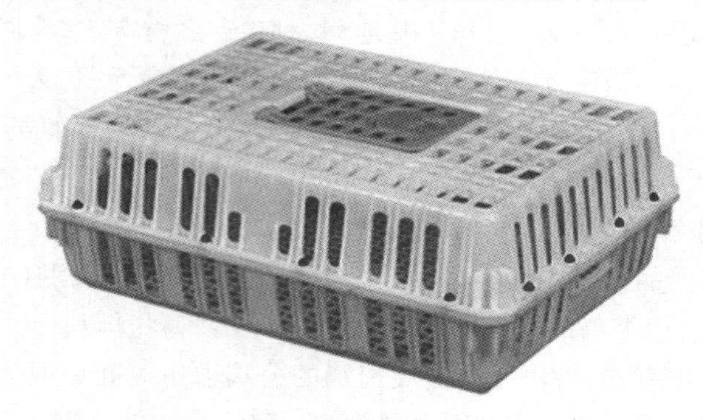

图8-2 肉鸡周转筐

6. 运输

目前,基本上都使用卡车作为运输工具。装车时周转筐的码垛高度为6~7层,每跺之间要紧贴,装好后要用绳子固定,防止运输过程中周转筐移位和滑落。

第二节 放养优质肉鸡

真正意义上的优质肉鸡应该是饲养优质品种、采用放养方式、让鸡群能够采食野生饲料,并经过较长的生长期所养成的健康的三黄鸡或麻鸡。圈养优质肉鸡仅仅是符合了第一条,而放养鸡则能够满足全部的条件。因此,在很多地方,尤其是华南和华东地区放养优质肉鸡的价格很高,饲养期120天的优质肉鸡的销售价格能够达到70元/只以上,甚至上百元。而普通的体重2千克/只左右的圈养优质肉鸡销售价格可能在15~25元。

一、放养场地选择

不同地区可以利用不同的放养场地进行优质肉鸡放养。总体要求是与周边有较好的隔离,与村镇、学校等人员密集的场所,其他养殖场或屠宰加工厂和车流量较大的道路之间不少于 1 000 米的距离；地势相对较高，能够防止雨后场地积水，容易保持场地干燥；地面植被较好，野草生长较为茂盛，能够为鸡群提供丰富的野生饲料；场地没有受到过各种污染。

1. 林地

包括林场的林地（图 8－3），绿化苗木用林地、竹林（图 8－4）等。林地放养能够为鸡群提供广阔的活动场地，能够在夏季为鸡群提供阴凉的活动场所，树木的种子、叶子能够为鸡群提供食物，树下土地中有较多的虫子。但是，当树木比较茂密的情况下，树下的杂草比较少。林地养鸡在一年四季均可进行。

图 8－3　树林放养肉鸡　　**图 8－4　竹林放养肉鸡**

2. 果园

包括水果和干果的果园（图 8－5），如苹果、桃子、杏、梨、石榴、葡萄、猕猴桃等水果果园，核桃、板栗等干果果园。干果果园放养鸡情况与林地相似，一年四季均可进行放养；水果果园放养鸡则要考虑鸡是否会对果实造成损害，一般考虑在果实采摘后放养，在果实采摘前也可以考虑放养丝羽乌骨鸡或其他品种的矮脚鸡。

图 8－5　果园养肉鸡

3. 山地(图8－6)

利用一些不适宜耕种、生长有杂木林的山坡地、山沟放养优质肉鸡，一年四季均可放养，但是要注意冬季下雪后鸡无法野外觅食，需要以人工喂饲为主。利用山地、山沟放养优质肉鸡要注意背风向阳，防止冬季放养场地温度过低而影响鸡群生活和健康。

图8－6 山地放养肉鸡

4. 滩地

利用河滩或湖边的滩地，在非汛期作为临时性的放养场地，见图8－7。

图8－7 滩地放养肉鸡

5. 空闲场地

一些废弃的场院、荒地也都可以用于放养鸡，见图8－8。

图 8－8　场院放养鸡

二、放养密度

1. 鸡舍内的密度

放养场地需要配套建设鸡舍，鸡舍的大小要考虑鸡群的密度，鸡群在鸡舍内的饲养密度可以按照每平方米 12～15 只计算。这个密度是比较高的，主要是因为白天鸡群主要在室外活动。

2. 放养场地的密度

不同的放养场地其植被情况差异较大，也造成放养场地内鸡群的密度有较大的不同，植被条件好的每亩可以放养 100 只鸡，植被条件下不多好的每亩只能放养 40 只左右。如果放养密度太大，鸡群会在不长的时间内将场地内的草甚至草根吃光；如果是山地放养鸡，植被被破坏后不利于水土保持。

三、放养鸡的设施

无论在任何场地放养优质鸡都需要有一定的设施和用具，以保证鸡群的生活。

1. 鸡舍

按照一般的有窗鸡舍建造方法建造，在鸡舍的前墙留有地窗或门供鸡群出入鸡舍，窗扇或门应向外开。鸡舍主要是供鸡群夜间休息和恶劣天气不能到室外活动的情况下在鸡舍内生活。如果是在滩地进行临时性放养鸡群，也可以使用帐篷作为鸡舍。要注意鸡舍应建在地势较高的地方。

鸡舍的容量要与放养场地相适应，一般每个鸡舍可以饲养 500～1 000 只鸡；如果放养场地大，可以间隔性地建多个鸡舍。植被好的放养场地每 20 亩地可以建一个鸡舍；植被差的每 50～100 亩建一个鸡舍。

2. 喂料与饮水设备

放养鸡群的喂料一般使用料桶，其容量为5～10千克。也可以使用料盆，用一般的陶瓷盆即可。

饮水一般使用真空饮水器，容量为10升左右，也可以搭配使用水盆。冬季要有水加热设备。

3. 栖架

主要放置在鸡舍内供鸡栖息，可以减少地面鸡的密度。

4. 照明设备

包括供电设备和照明灯泡。

5. 围网

对于较小场地的放养鸡群，为了防止鸡跑出场地，需要在场地周围用围网挡起来，围网高度约2米。围网一般用尼龙网，长期使用的场地有使用铁丝网的。果园的周围一般用金属网或砌设围墙。

6. 防护设备

放养场地内使用长竹竿上面挂上红旗或彩条布，用于恐吓野鸟靠近。

四、放养时间确定

1. 肉鸡开始放养日龄

放养优质肉鸡一般在30日龄前后开始，放养时间早鸡弱小，不能在较大范围内活动，不能有效躲避敌害，自主觅食能力差，对外界环境条件变化的适应能力差。

30日龄前需要在育雏室内集中育雏，育雏的各种要求可以参考优质肉种鸡的育雏要求。只是一般不需要进行断喙处理。

肉鸡的放养日龄也与季节有关，一般高温季节可以在28日龄后进行放养，常温季节在35日龄前后放养，而温度较低的季节适宜在42日龄后放养。一般在12月至第二年2月外界温度很低、野生饲料资源严重匮乏的时期不进行新鸡的放养。

2. 肉鸡放养时期

放养优质肉鸡的肉质和肉味好坏主要受放养时期的长短、运动量的大小、采食野生饲料的多少等因素的影响。室外放养时间不应少于45天，否则肉鸡运动量不足，肌肉的紧实度不够，风味物质的沉积较少。放养时间也不宜超过4个月，因为在4个月以内的放养期足以形成紧实的肌肉和浓郁的风味，放养时间继续延长无助于进一步提高这些性状，反而造成饲养成本和养殖风险的增加。

3. 不同场地的放养时间确定

林地放养、干果果园放养和空闲场地放养可以全年进行；水果果园放养要避开坐果期到果实采摘期这段时间，尤其是对于春季成熟的水果如桃子、梨、樱桃等可以在水果采摘后放养优质鸡；山地放养主要利用4～12月，场地中有较多的野生饲料资源；滩区放养则利用时间较短，主要考虑避开当地汛期的来临时间。南方也有利用茶园放养鸡群的，可以在5月以后放养。

五、放养鸡的饲料与补饲

（一）饲料类型

放养鸡可以采食的饲料类型很多，可以在不同季节使用不同类型的饲料。

1. 配合饲料

配合饲料即按照优质肉鸡生长发育的营养需要使用能量饲料、蛋白质饲料、矿物质饲料、营养性添加剂（复合维生素、微量元素和氨基酸等）按照一定的比例混合均匀。配合饲料可以用于各个阶段、季节的补饲。

2. 饲料原粮

直接用原粮喂饲，如整粒的玉米、小麦、熟化处理的大豆等，多数用于冬季和早春的鸡群补饲。

3. 青草

包括青嫩的野草和牧草，也可以使用作物藤蔓。对于放养鸡群，青草生长的旺盛季节在每年的3月底至11月初，这个时期可以充分利用。

4. 树叶

使用较多的有槐树叶、榆树叶、桑树叶等。既可以在鲜嫩的阶段直接喂饲，也可以干燥粉碎后添加到配合饲料中。

5. 虫子

可以进行人工育虫或灯光诱虫作为放养鸡群的补充饲料。在外界气温较高的4～10月外界的虫子较多，也是人工育虫的较好季节；低温季节人工育虫需要在温室中培育。

（二）补饲

放养鸡群无法从野外获得全面而充足的营养，有时野生饲料资源贫乏，鸡甚至连维持需要的营养也摄入不够。因此，补饲就是通过人工喂饲一些饲料让鸡群获得全面而充足的营养,保证其健康和生长发育。

1. 补饲用的饲料类型

在不同季节由于野生饲料的类型和数量不同,在补饲的时候要考虑调整不同的原料用量,尽可能使鸡群摄入的营养素全面,不出现营养缺乏或过多的问题。在冬季和早春,由于寒冷,放养场地内基本没有野生饲料供鸡群采食,这个时节补饲应该以配合饲料为主;4 ~7 月是青草生长的旺盛时期,但是其中的能量水平和蛋白质含量都不高,应该考虑用配合饲料或原粮进行补饲;8 ~11月外界既有青草,也有草籽,还有虫子,这个时节可以补饲一些原粮和少量的配合饲料。

2. 补饲量

补饲的饲料用量应结合鸡的日龄大小、野生饲料资源的丰歉综合考虑。野生饲料资源丰富的时候补饲量可以少一些;日龄小的鸡群补饲量也应少一些。如果一天中多次补饲则应以黄昏时的补饲为主。

3. 补饲时间

考虑季节性问题,在野生饲料资源丰富的情况下一般可以在黄昏前收鸡回舍的时候补饲;在野生饲料资源不足的情况下可以在中午、傍晚两次补饲;在低温季节,场地内几乎没有野生饲料资源的情况下则应在早、中、晚分 3 次喂饲。

4. 补饲地点

黄昏时为了吸引鸡群回到鸡舍,补饲的地点应该放在鸡舍内或少量放在鸡舍前面的地方;中午的补饲可以在鸡舍周围 50 米的范围内,这是鸡群活动较多的范围。室外补饲的地方应该是方便饲养员操作的范围。

5. 喂饲方法

如果是抛撒喂料,多是在场地内把饲料原粮抛撒在地上让鸡群抢食,要注意抛撒的范围大一些,让所有的鸡尽可能均匀采食;如果补饲使用的是配合饲料则应提前将饲料加入到料桶内,在补饲的时候将料桶放置到场地或鸡舍。使用料桶要注意有足够的数量以保证鸡群能够均匀采食。

(三)饮水管理

1. 饮水器的放置

放养鸡的饮水器数量(容量按 10 升计),一是鸡舍内按照 50 只鸡一个;放养场地内按照 70 只鸡一个配置。场地内饮水器的放置要分散开,基本是以鸡舍周围 50 米内为主,占总数的 80%,稍远的地方主要放在鸡群活动较多的地方，数量占20%。场地内饮水器放置的位置要相对固定。

2. 饮水管理要求

每天上午要将饮水器集中起来，刷洗后灌满水，放置到固定的位置。白天巡视放养场地过程中要注意检查饮水器内的水量，发现没有水的要及时补充。夏天饮水器要放在树荫下，以免太阳照射致使水温升高；冬天要灌装30℃左右的温水，以保证饮水在1小时以内不会结冰，而且水罐内的水不能灌满，灌水量达到70%即可，饮水器要放在能够被太阳照到的地方。

六、放养的适应性训练

鸡群从育雏室到放养鸡舍，饲养方式和活动空间发生变化，饲料和喂饲方法也要变化，要注意采取合适的方式以便于鸡能够适应这种改变。

1. 转群

当雏鸡在育雏室内饲养到30～42日龄就可以根据外界温度情况转入到放养场地的鸡舍内。转群的要求与种鸡相同。

2. 活动场地训练

当鸡群从育雏室转到放养鸡舍后，白天可以打开鸡舍前面的门或地窗任由鸡到室外活动，最初会有一部分鸡不愿到室外，但是随着时间推移就会逐渐适应。为了吸引鸡群到室外运动场活动，可以在靠近鸡舍前面的场地内摆放料桶（料盆）和真空饮水器。经过1周的适应，鸡群在白天都会到室外活动，而且活动范围也会逐渐变大。

3. 喂饲训练

刚转到放养鸡舍的鸡最初两天要喂饲配合饲料，之后逐渐在配合饲料中添加原粮，同时可以把青草放到料桶（料盆）旁边任其自由啄食。最初3天的饲料要放在料桶（料盆）内，之后可以在附近撒一些原粮让鸡群觅食。鸡群经过1周的适应性训练就会在放养场地觅食。需要注意的是配合饲料或原粮的用量可以逐渐减少，促使鸡群采食野生饲料。补饲的时候可以通过用木棒敲打石头或其他物体发出声响，让鸡群逐渐形成条件反射，听到这种声音就知道开始喂饲料了，也可以用吹哨子召唤鸡群。

4. 回舍训练

放养鸡晚上绝大多数都要回到鸡舍休息，这是比较安全的；个别鸡会卧在树枝上休息，这在冬季和下雨天是不适宜的。因此，需要训练鸡晚上回鸡舍休息。通常，在傍晚的时候将鸡舍的灯和门（包括地窗）打开，把料桶放到鸡舍内，饲养员发出补饲信号，让鸡群回到鸡舍内采食。当鸡完全进入鸡舍后把门和地窗关闭。初开始，傍晚收鸡回舍时还需要有人持细竹竿从远处往鸡舍赶鸡，经过 10 天左右的训练，鸡群在傍晚听到补饲信号就会主动回舍。

七、放养鸡群的日常管理

1. 群量控制

每一群鸡的数量在 1 000 只左右，这样需要的鸡舍面积约为 90 米^2，放养场地面积在 10 ~ 25 亩。如果鸡群过大，则需要较大的鸡舍和放养场地，会给管理带来不便。鸡群的活动范围一般在鸡舍周围方圆 200 米的范围内，距离再远则鸡去得越少，一个鸡群内鸡数量过多就会破坏掉鸡舍附近的植被，而远处的野生饲料却没有被利用。如果一个养殖场面积很大，可以按照每群 1 000 只左右的规模修建一个鸡舍，在放养场地内修建多个鸡舍，鸡舍之间保持 200 ~ 300 米的距离。

2. 人工种植牧草

在很多放养场地内天然的植被不太好，单位面积的产草量较少，由于鸡群的活动可能在较短时间内这些青草就会被吃完。因此，应该设法利用场地种植一些牧草为鸡群提供青饲料。有的放养场地在进入冬季后将鸡群围在鸡舍附近较小的范围内活动，这样就可以提前播撒一些越冬的植物如小麦、大麦、燕麦、黑麦草、小青菜等，当春天气候转暖的时候放养场地内就会有大量的青绿饲料可用；也可以在放养场地内隔出一部分土质较好的地块，种植一年生或多年生的牧草供鸡群采食。

也可以在一批肉鸡出栏后及早在场地内播撒草种，利用 4 周左右鸡舍的空闲期让牧草生长，为下一批放养鸡提供青饲料。

3. 采用分区轮流放牧方式

这种方式是在放牧养鸡的区域内将放牧场地用尼龙网分隔成 5 ~ 6 个小区，并播种草种。先在第一个小区放牧鸡群，4 天后转入到第二个小区放养，依此类推。这种模式可以让每个放养小区内的植被有 20 天左右的恢复期，能够保证为鸡群提供稳定的青饲料。

4. 诱虫与育虫

可用灯光诱虫，在鸡舍前面的空地上安装 1 ~ 2 个功率约 100 瓦的灯泡，在 6 ~ 9 月外界温度较高的季节，傍晚打开灯（每天照射 2 ~ 3 小时）附近的昆虫就会被吸引过来，碰到灯泡后落到地上，鸡群就可以觅食。也有的按照每亩放置 1 ~2 个性激素诱虫盒进行诱虫的，每天上午将盒内的虫子喂给鸡群。

也有进行人工育虫的，可以在放养场地边缘低洼的地方堆积树叶、杂草、切碎的农作物秸秆等，并混入少量的牛粪或猪粪，洒上水后加盖塑料布，15 天后去掉塑料布，草堆下面就会生出虫子，让鸡群自己刨食。一个放养场可以多设几个草堆育虫。

5. 预防敌害

生态养鸡的天敌很多，常见的如鼬、鹰、蛇等，防止这些野生动物危害鸡群的办法主要是加强人员在场地的巡视，在距离鸡舍稍远的地方拴养狗，在鸡舍旁边饲养 3 ~5 只鹅，当附近有野生动物出现的时候，鹅和狗会鸣叫，人员可以及时过来查看；在放养场地内分散地插几根竹竿，上面系上红旗或彩条布也可以减少鹰的靠近。晚上把鸡舍前面的灯泡打开，管理人员住在鸡舍旁边也有助于防止野生动物的靠近。有的放养鸡场养的狗缺少管束，也会偷偷地抓鸡吃鸡，因此需要拴养。

6. 防止农药中毒

在果园内放养优质肉鸡要注意这一点。水果生长过程中为了防止病虫害，需要在一定的时期喷洒药物，其中有的药物对鸡可能有毒。因此，在喷洒对鸡有毒害作用的农药当天及以后 7 天，需要把鸡圈养在鸡舍内，不让鸡群接触到被农药污染的食物。另外，在外面采集青草也需要了解这些地方在近期内是否喷洒过农药，以保证安全。

7. 设置避雨防暑棚

如果放养场地面积大，可以在距离鸡舍 50 ~100 米内搭设几个简易棚，棚的质量要求不高，只要能避雨、避暑、补饲、休息就行，这是必备设施，对防止鸡群被雨淋打、烈日暴晒、意外惊动等都非常重要，不可缺少。棚子用木棍支撑，上面用石棉瓦或编织布即可，每个棚子的面积在 5 ~10 米^2。

8. 注意天气变化

恶劣天气对于放养鸡群的不良影响也是很大的，管理人员要及时关注当地的天气预报和实时的天气变化。在风雨雷电和冰雹来临前及时将鸡群召集回舍，风雨冰雹过后及时到放养场地查看和寻找有无受伤鸡并及时处理。冬季寒潮来袭之前要将鸡舍北侧的窗户遮挡起来，鸡群放出鸡舍的时间适当推迟，对室外的饮水器要将其中的水倒掉，防止被冻裂。

9. 观察鸡群

当鸡群放养到室外场地后，工作人员需要定期在场地内及周边巡视，检查有无精神状态不好、行为表现异常的鸡；在鸡舍内观察有无不愿到室外活动的鸡和室内地面粪便的颜色、形状等有无异常；晚上鸡群回舍并关灯后要细心听一听鸡群的呼吸声音是否正常。通过认真的观察能够及时发现问题并及早采取措施，可以防止问题扩大。

10. 鸡粪和病、死鸡的无害化处理

放养场地内的粪便很分散，能够被土地自然消纳；鸡舍前面空地的鸡粪较多，需要每天打扫，将收集的粪便和杂物堆积到离鸡舍稍远而且鸡很少到的地方堆积发酵；鸡舍内的粪便需要定期清理，一般是在鸡群到放养场地活动的时候清粪，清理出的粪便也要在固定的地方堆积发酵。发酵处理后的鸡粪可以用于栽培牧草的施肥。在巡视过程中发现的病鸡或死鸡要在远离鸡群活动的地方深埋或焚烧进行无害化处理，绝不可食用或销售。

11. 采取"全进全出"管理制度

一个放养场可以分成若干个放养小区，每个小区一个鸡群。对于任何一个特定的鸡群都应是来源于同一个孵化厂的同一批雏鸡，经过育雏期和放养期之后达到出栏日龄和体重，应在几日之内全群出栏销售。在接下一批鸡之前，这个放养场地和鸡舍要进行清扫和消毒，并至少闲置 25 天。这样能够保证放养场地内的鸡粪被新长出的植物所利用，病原微生物才能被消灭，下一批鸡的健康才有保障。

八、放养鸡群的季节性管理

由于放养鸡在白天的大多数时间在室外活动，受外界环境条件的影响较大，尤其是恶劣气候会对鸡群造成严重应激，影响鸡群的健康和生长发育，而且在不同季节野生饲料资源的量差别也很大，需要根据不同季节的气候特点、野生饲料特点采取合适的管理方式，保证鸡群的健康。

1. 春季放养鸡群的管理

春季的气候特点是温度逐步升高，日照时间逐渐延长，但是气温容易出现突然下降的情况；从野生饲料资源看青草逐渐恢复生机，野生饲料资源逐渐丰富。在鸡群的管理方面需要注意以下几点：

（1）选择合适的鸡群放养时机　初春时节环境温度低，野生饲料资源少，不是放养鸡群的合适时机，如果需要放养则要求鸡群达到 45 日龄以上，这样的鸡羽毛覆盖度好，对外界温度变化的适应性较好；3 月底以后温度较高，青草逐渐多起来，35 日龄以后的鸡群就可以放养。

(2)注意防止降温的影响　春季气温多变,突然的降温有可能使鸡受凉感冒,容易继发感染其他疾病,这也是春季鸡群发病较多的重要原因之一,需要结合天气预报调整鸡群放出与收回鸡舍的时间,做好窗户的遮挡防寒措施等。

(3)注意环境消毒　春季也是微生物繁殖的活跃期,要加强消毒管理,晚上鸡群回舍后或早上鸡群放出鸡舍前对鸡舍前面的场地要进行喷洒消毒,每周2~3次;当鸡群放出鸡舍后对鸡舍内部进行喷洒消毒,每间隔1天进行1次。使鸡群的生活环境中微生物的数量尽可能地降低。也有的场定期在鸡群活动较多的场地和鸡舍内喷洒益生素类活菌制剂,提高土壤中有益微生物的比例,减少有害微生物(尤其是细菌)对鸡群的危害。

(4)合理喂饲　初春缺少野生饲料,鸡群以采食配合饲料为主;如果冬季种植有人工牧草则可以每天收割部分牧草放到鸡舍前面的空地让鸡采食。仲春以后野生饲料数量增多,可以让鸡群增大活动范围。

2. 夏季放养鸡群的管理

夏季的气候特点是高温炎热,日照时间长,可能会出现雷电暴雨和冰雹等恶劣天气;野生饲料资源比较丰富,青草较多,越年生麦类植物结籽。管理上要注意的事项主要有:

(1)设置遮阳设施　如果放养场地周围和场地内有高大的树木就可以为鸡群提供树荫用于避暑,如果缺少树木则可以搭建若干个遮阳棚供鸡群乘凉。

(2)保证饮水的供应　夏季天热,鸡群的饮水量增大,要注意检查饮水器内的水量是否充足,保证鸡群随时能够喝到水。

(3)注意恶劣气候的影响　注意天气变化,发现有雷电风雨和冰雹天气出现的预兆就要提前让鸡群回舍。

(4)不让鸡群饮雨水　雨后要检查放养场地,用工具将小的积水坑中的水清理出去,因为小水坑中的水比较脏,饮用后容易诱发肠道疾病。

(5)使用灯光诱虫　气温高的时候昆虫也较多,在鸡舍前用灯泡诱虫让鸡群采食。

(6)防止山洪危害　在山区或山沟放养优质肉鸡,到了雨季要注意防止山洪暴发的危害。要提早将鸡群从沟底转移到地势高的地方。

3. 秋季放养鸡群的管理

秋季的气候特点是温度由热变凉,下雨较多,日照时间逐渐缩短;许多植物进入果实成熟期,野生饲料资源较多。管理上要注意的事项主要有:

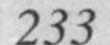

(1)防止鸡受凉　秋季遇到刮风或下雨之后气温就会显著下降，因此要注意出现降温天气就需要做好防寒保暖措施，推迟鸡群出舍时间，减少室外活动时间。室内地面换用新垫料，提高其保暖效果。

(2)做好疫病防治工作　天气转凉之后，呼吸系统疾病逐渐进入高发期，鸡群必须做好相应的疫苗接种工作，这些疫苗应该包括禽流感、新城疫、传染性支气管炎、传染性喉气管炎、传染性鼻炎等；一些常发的细菌性疾病如大肠杆菌病、慢性呼吸道病、禽霍乱等要用药物进行预防。放养时间稍长的鸡群要注意观察粪便中有无蛔虫、球虫，如果有这种迹象也需要及早用药物防控。

(3)做好越冬作物的播种　入秋之后及早安排麦类和小青菜等的播种工作，为鸡群在冬季和早春放养期间提供青饲料。

(4)做好诱虫和防兽害　秋季昆虫较多，做好人工诱虫工作，让鸡多采食天然的动物性蛋白质。秋季也是野生动物的活跃时期，要做好预防敌害的工作。

4. 冬季放养鸡群的管理

冬季的气候特点是寒冷，北风较多，放养场地会有一段时间被积雪覆盖；野生饲料资源严重匮乏。因此，冬季不是放养优质肉鸡的理想季节。这个时期在场地放养的优质肉鸡大多数是生长后期的群体，鸡的日龄较大，适应性较强，主要是满足元旦和春节前的市场需要。管理上要注意的事项主要有：

(1)注意防寒工作　关闭鸡舍北面的窗户，减少北风侵入鸡舍；上午放鸡和下午收鸡回舍的时间要与当天的天气情况结合，减少严寒对鸡群的影响；雪天和地面积雪融化之前不让鸡群到室外活动。

(2)合理喂饲　冬季几乎没有野生饲料，基本靠喂饲配合饲料，可以考虑少量补饲一些胡萝卜、南瓜等蔬菜以提高肉的质量。

(3)鸡舍通风　当鸡群到室外活动的时候要对鸡舍进行充分的通风，最大限度地降低鸡舍内有害气体的浓度和湿度。

(4)保证饮水供应　冬季外界寒冷，有时鸡舍内外的饮水器就会结冰，造成鸡群无法饮水。因此，每天晚上关灯前要将饮水器或水盆内的水倒掉，防止夜间结冰，第二天开灯后向饮水器或水盆中添加温水（水温 30～35℃），这样能够保证饮水至少在 30 分不结冰，每次添加量不必多，但每天至少添加 3 次，使得鸡群能够饮到足够的水。

第九章　优质肉鸡疫病防治关键技术

“预防为主、防治结合、防重于治”是鸡病防治的基本方针。鸡的传染病在鸡群中蔓延流行必须具备3个相互连接的条件，即传染源、传播途径和易感鸡群。这3个条件同时存在并相互联系时，就会造成传染病的发生和流行。因此，要控制这些疾病，一般从以下几个方面着手：第一是给鸡创造适宜的环境，即鸡舍建筑、饲养管理技术；第二是消灭外界病原，即消毒技术；第三是在机体内建立坚强的免疫屏障，即免疫技术；第四是在鸡易感期，搞好预防性投药，感染疾病时，及时诊断并使用适当的药物消灭病原体，使鸡康复，即预防、诊断和治疗技术。

第一节　落实综合性卫生防疫措施

一、完善的卫生防疫设施与制度

(一)卫生防疫设施

鸡场应有围墙与外界隔开。围墙可将养鸡场从外界环境中明确地划分出来,限制场外人员、动物、车辆等自由进出养鸡场,对疾病的防控有一定作用。

场区大门口应建有与门等宽带雨棚的消毒池,长5~6米,深度大于15厘米,用于进出车辆的消毒,做到消毒药物长年不断且经常更换;在消毒池的上方或两侧设喷雾消毒设施。同时,还应建有人员消毒通道,用于进入场区的人员的消毒。

养禽场内根据生物安全要求的不同,应划分生产区、管理区和生活区,各区之间也应建筑围墙等隔离性建筑物,成为多层隔离封闭单位。

生产区入口除了设置与鸡场大门相同的消毒设施外,还应设有更衣间、洗浴室、消毒柜等。更衣柜主要用于把生产区外的物品与生产区内的物品分隔开,外界物品必须带入时,需经熏蒸消毒柜或负离子臭氧完全消毒后带入生产区。洗浴消毒是目前对进入生产区的人员进行有效消毒最为彻底的方式,在消毒房内洗澡、更衣、换鞋、消毒后方可进入鸡舍。

各禽舍之间应保持适当距离,并设有隔离沟或其他天然隔离物,减少相互之间的影响。每个禽舍门口,还应设消毒池,用于进入鸡舍人员的消毒。

(二)卫生防疫制度

1. 严格执行隔离制度

(1)场内外隔离　封闭生产,进入养禽场必须经过相应的消毒。

(2)生产区隔离　限制人员出入,进入时必须经过相应的消毒。

(3)禽舍间隔离　固定人员、禁止窜栋、消毒入内,固定工具、专舍专用,进入物严格消毒。

(4)员工在场外的要求　不从事畜禽养殖、加工、经营、诊治等工作,家中不养畜禽,不经营处理禽粪,不接触畜禽及其产品。

(5)严格控制参观　一般情况下谢绝参观,必须参观的要和生产人员一样严格隔离消毒后方可进入禽舍。

2. 严格的消毒制度

消毒是指通过物理、化学或生物学的方法杀灭或清除环境及传播媒介上的病原微生物的技术。对于养禽场而言，消毒是贯彻“预防为主”方针的重要措施。通过消毒可以杀灭病原微生物，切断传播途径，阻止疫病的传播和蔓延。消毒包括定期消毒（预防性消毒）、临（随）时消毒和终末消毒。定期消毒就是对鸡舍、场地、用具和饮水等进行定期消毒，以达到预防传染病的目的。临时消毒是在发生传染病时，为了及时消灭刚从病鸡体内排出的病原体而采取的消毒措施，消毒对象包括病鸡所在的鸡舍、隔离场地以及可能污染的一切场地、用具等。终末消毒是发病地区消灭了某种传染病，在解除封锁之前，为了彻底消灭传染病的病原体而进行的最后消毒。

3. 实行“全进全出”的饲养制度

“全进全出”可减少疫病的接力传染和不同日龄鸡群间的相互交叉感染，也有利于鸡舍的彻底消毒、疫苗预防和药物防治。因此，“全进全出”饲养模式能最大限度地消灭场内的病原体，防止各种传染病的循环感染，是鸡场生物安全防控措施中非常重要的环节。

4. 建立科学的饲养管理制度防止各种应激

（1）适宜的温度　鸡对环境温度变化非常敏感，过高或过低都会影响生产性能，诱发疾病。因此，通过优化鸡舍设计，配置降温或取暖设施，尽可能使鸡舍温度处于一个相对舒适的范围。

（2）适宜的湿度　鸡舍内的相对湿度应控制在60%～65%，这种相对湿度有利于维持相对良好的生长环境，减少热能的消耗。当鸡舍处于高温高湿时，散热困难，鸡群容易发生中暑，病原微生物繁殖加快，易导致鸡群发病；当鸡舍处于高温低湿时，由于空气过分干燥，加之高热，鸡群易发生脱水现象，呼吸道黏膜易受损伤，容易患呼吸道疾病。

（3）合理通风　鸡舍内空气中含有尘埃和有害气体如氨气、硫化氢、二氧化碳、一氧化碳。这些尘埃和有害气体对鸡群生长有严重的危害，容易引起结膜炎、上呼吸道炎症及呼吸道纤毛损伤，长期可使鸡发生慢性中毒、体重下降、抵抗力下降，易诱发呼吸道传染病和腹水症等危害。因此，鸡舍需要保持良好的通风，特别在寒冷季节，要协调好通风和保暖的关系。

（4）科学的光照制度　适宜的光照是鸡群生长的必要条件，鸡场应根据不同品种、日龄的要求，从光照时间、强度、均匀度等进行调节。避免光照时间过长、强度过大，不但浪费资源而且易产生啄癖等，引起生产性能下降、死淘率上升。

(5)饲喂全价日粮和洁净的饮水　满足鸡的营养需要，不要让鸡过饱或饥饿。在夏季高温环境条件下，应该增加饲喂的次数，给鸡提供充足、洁净的饮水。在采取各种应激预防措施的同时，还可以使用某些抗应激添加剂，如协调生理平衡的药物、复合维生素、中草药添加剂等。

5. 做好疫苗的预防接种工作

免疫接种是激发机体特异性免疫力，使易感鸡转化为非易感鸡的重要手段，是预防和控制疾病的重要措施之一。养鸡场应根据当地疫情、抗体消长规律和监测结果，因地制宜地制订适合本场疫病防治的免疫程序，增强机体抗病能力。根据接种时机不同，免疫接种可分为预防接种和紧急接种两类。

(1)预防接种　在经常发生某些传染病的地区，或有某些传染病潜在的地区，或受到威胁的地区，为了防患于未然，在平时有计划地给健康鸡进行的免疫接种，称为预防接种。

(2)紧急接种　在发生传染病时，为了迅速扑灭和控制疫病的流行，而对疫区和受威胁区尚未发病的鸡进行的应急性免疫接种。在有特异性高免血清(蛋黄)供应时，可优先考虑使用高免血清(蛋黄)进行紧急接种。

6. 适时药物保健

根据鸡场的发病情况、用药历史和疫病流行情况等，制订较完善的预防性投药方法和程序，预防传染性疾病的发生。药物预防是集约化养鸡生产中经常使用的预防疫病发生的技术措施。合理正确地使用药物，能够起到防治传染病的发生，促进鸡群健康生长的作用。特别是目前还未研究出理想疫苗的疾病，如沙门菌病、大肠杆菌病、球虫病、慢性呼吸道病、曲霉菌病等，药物预防更有十分重要的实际意义。在进行药物预防前必须了解当地和本场的疫病流行情况和流行特点，选择有效的药物，确定预防的最佳时间和适宜的剂量，同时还要注意轮换用药防止产生耐药性。

7. 做好疫病监测工作

在较大范围内有计划，有组织地收集流行病学信息，为防疫提供依据。当疫情发生时，通过监测本场鸡群的抗体消长及周围养鸡场的发病情况，及时做出反应，迅速采取果断措施(如封锁、严格消毒、紧急接种)。定期跟踪监测和不定期抽测危害比较严重的禽流感、新城疫等常发病的血清抗体水平，了解鸡的健康情况以及疫苗免疫效果，以确定适时免疫接种时间和优化免疫程序，更有效地预防传染病发生和流行。

二、消毒管理

1. 车辆消毒

在养鸡场大门口及生产区门口建车辆消毒池。消毒池内配制2%氢氧化钠溶液、10%～20%石灰水或3%～5%煤酚皂液(来苏儿),每周更换2～3次,对来往车辆的轮胎进行消毒。同时,设喷雾消毒装置,对车身和车底盘进行消毒。

2. 人员消毒

(1)场区门前消毒　进入养鸡场的人员在养殖场门口的人员消毒通道内进行喷雾消毒,消毒液可采用0.1%百毒杀溶液、0.1%新洁尔灭或0.2%～0.3%过氧乙酸;并脚踏消毒池,消毒药可用3%氢氧化钠、3%～5%煤酚皂溶液。

(2)生产区门前消毒　工作人员进入生产区,应在更衣室更换工作服、鞋帽。生产区门口,紫外线照射消毒或喷雾消毒(0.1%新洁尔灭、0.05%百毒杀、0.2%过氧乙酸),鞋底用3%～5%来苏儿浸泡消毒。

(3)鸡舍门口消毒　在鸡舍门口脚踏消毒池,消毒药可选用3%～5%煤酚皂溶液,每天更换。

(4)鸡舍操作间消毒　工作人员用新洁尔灭洗手2～3分后,用清水冲净。

3. 场区环境的消毒

进鸡前对鸡舍周围5米以内的地面用0.2%～0.3%过氧乙酸或2%的氢氧化钠喷洒消毒;鸡舍周围1.5～2.0米撒生石灰消毒;鸡场内(生产、行政管理、生活)的道路、建筑物等要定期消毒,尤其是生产区的主要道路应每天或隔日喷洒药液消毒,必要时可用火焰消毒器对重点部位烧灼消毒。

4. 空舍的消毒

每栋鸡舍全群移出后,在下一批鸡进舍之前,必须对鸡舍及用具进行全面彻底的严格消毒,具体做法如下:

(1)清除粪污　在空舍后,先用2%～3%的氢氧化钠溶液或常规消毒液进行一次喷洒消毒,如果有寄生虫还要加用杀虫剂,主要目的是防止粪便、飞羽和粉尘等污染舍区环境。并移出饲养设备(料槽、饮水器、底网等),在一个专门的清洁区进行清洗消毒。对排风扇、通风口、天花板、笼具、墙壁等部位的积垢进行清扫,并将灰尘、垃圾、废料、粪便等一起清扫集中做无害化处理。

(2)高压冲洗　经过彻底清扫后，使用高压水枪由上到下、由内向外冲洗干净。对于较脏的地方，可先进行人工刮除再冲洗。并注意对角落、缝隙、设施背面的冲洗，做到不留死角，不留污垢，真正达到清洁的目的。

(3)干燥　水洗后因地面都充满水滴，会妨碍消毒药物的渗透而降低消毒效果，所以应空置1天以上，待鸡舍干燥后才能喷洒消毒药。

(4)喷洒消毒剂　常用的消毒剂有碱性消毒剂(2%氢氧化钠溶液)、氯制剂及复合碘制剂。消毒的顺序自上而下。为了提高消毒效果，一般要求使用两种以上不同类型的消毒药进行至少2次消毒，即第一次喷洒消毒24小时后用高压水枪冲洗，干燥后再喷洒第二次。第一次可使用碱性消毒剂，第二次可使用氯制剂、复合碘制剂或表面活性剂。要使消毒对象表面湿润至挂水珠。在喷洒消毒药之前，还可使用火焰喷射器灼烧墙壁等进行消毒。

(5)熏蒸消毒　待消毒液稍干燥后，把所有用具放入鸡舍，将鸡舍门窗、通风孔封闭，使舍内温度升至25℃，相对湿度60%以上进行密闭熏蒸消毒。熏蒸消毒一般可选用高锰酸钾和甲醛，每立方米空间需福尔马林(37%甲醛)28毫升、高锰酸钾14克，此为二级消毒；若要提高消毒效果，可分别提高到42毫升和21克。消毒人员操作时要戴防毒面具，先将高锰酸钾轻轻放入瓷盆中，再加等量的清水，用木棒搅拌至湿润，然后小心地将福尔马林倒入盆中，操作员迅速撤离禽舍，关严门窗即可。待熏蒸24小时以后，打开门窗、天窗、排风孔将舍内气味排净，待药气消失后将鸡放入。如急需使用鸡舍，可用氨气中和，按氯化铵5克/米^3、生石灰2克/米^3、75℃水7.5毫升/米^3，混合于桶内放入鸡舍。消毒工作完成后，鸡舍应关闭，避免闲杂人员入内。

5. 带鸡消毒

带鸡消毒是指定期用消毒药液对鸡舍、笼具和鸡体进行喷雾消毒。带鸡消毒能有效抑制舍内氨气的产生和降低氨气浓度，可杀灭多种病原微生物，有效防止各种呼吸道疾病的发生，夏季还有防暑降温的作用。带鸡消毒是控制舍内环境污染和疫病传播的有效手段之一。在10日龄以后即可实施带鸡消毒。一般育雏期每周消毒2次，育成期每周消毒1～2次，发生疫情时每天消毒1次。

带鸡消毒应选择刺激性小、作用强、广谱、低毒、对人禽无害的消毒剂。常用于带鸡消毒的消毒剂有0.2%～0.3%过氧乙酸、0.1%新洁尔灭、0.2%～0.3%次氯酸钠、0.05%百毒杀等。

消毒器械一般选用高压喷雾器或背负式手摇喷雾器，要喷到墙壁、屋顶、地面，以均匀湿润和鸡体表微湿为宜，不得直喷鸡体。雾粒大小控制在 80 ~ 120 微米，喷雾距离鸡体 50 厘米左右为宜。

需要注意的是：活疫苗免疫接种前后 3 天内停止带鸡消毒；为减少应激，喷雾消毒时间最好固定，且应在暗光下或傍晚时进行；喷雾时应关闭门窗，消毒后应加强通风换气，便于鸡体表及鸡舍干燥；最好选择几种消毒药交替使用，一般情况下，一种消毒药连续使用 2 ~3 次后，就要更换另外消毒药，以防病原微生物对消毒药产生耐药性，影响消毒效果；带鸡消毒会降低鸡舍温度，冬季应先适当提高舍温 3 ~4℃后再喷药消毒。

6. 设备用具的消毒

当饲槽、饮水器正在使用时，应每天洗涤。间隔一段时间用消毒液浸泡 1 次，间隔时间视污染状况而定。有些设备如蛋箱、运输用鸡笼等因传染病原的危险性大，应在运回饲养场前进行消毒，或在场外严格消毒。

设备用具可先用水冲刷，洗净晾干后再进行浸泡消毒，并在熏蒸鸡舍前送回鸡舍内进行熏蒸。

7. 饮水消毒

饮水是传播传染病的重要渠道，必须重视对饮水的彻底消毒和水源的保护。使用饮水槽的养鸡场最好每隔 3 ~4 小时换一次饮水，保持饮水清洁，饮水槽和饮水器要定期清理消毒。饮水消毒是在体外将饮水中的病原微生物杀灭，以防止饮水时感染传染病而发生传播。预先在另外的容器内调制成稀释液，然后放在饮水器或饮水槽内让鸡饮用。常用的消毒剂：漂白粉，每 50 升水中加入 1 克；三氯异氰脲酸，每升水中加入 4 ~6 毫克；百毒杀，0. 002 5% ~ 0. 005% 溶液。

8. 紧急消毒

当鸡场疾病暴发或周边疫情较严重时，用过氧乙酸、百毒杀每天带鸡消毒 1 ~2 次。鸡场道路、鸡舍周围用 2% 氢氧化钠每 2 天消毒 1 次。

三、种鸡疫病的净化

疫病的净化就是根据特定疫病的流行病学调查和疫病的检测结果，及时发现并淘汰感染动物，使限定动物群中某种疫病逐渐被清除的疾病控制方法。疫病进化对动物传染病控制起了极大的作用。因此，种鸡场必须对既可水平传播，又可通过卵垂直传播的鸡白痢、鸡白血病、鸡支原体等传染病采取检疫净化措施，逐步清除群内带菌（毒）鸡，达到使这些疾病逐步净化的目的。这些垂直传播疾病在优质肉鸡育种过程中，大多数企业做的工作不深入，净化不彻底，我们通过对10多个种鸡场的抽样检测，发现其阳性率都很高。

（一）鸡白痢净化

1. 检测方法

按照《鸡伤寒和鸡白痢诊断技术》（NY/T 536—2002）中规定的全血平板凝集试验方法检测，适用于全血样品的检测。

（1）材料准备　鸡伤寒和鸡白痢多价染色平板抗原、强阳性血清、弱阳性血清（10国际单位/毫升）、阴性血清。玻璃板、吸管、金属丝环（内径7.5～8.0毫米）、反应盒、酒精灯、针头、消毒盘和酒精棉等。

（2）操作　在20～25℃环境条件下，用定量滴管或吸管吸取抗原，垂直滴于玻璃板上1滴（相当于0.05毫升），然后用针头刺破鸡的翅静脉或冠尖取血0.05毫升（相当于内径7.5～8.0毫米金属丝环的两满环血液），与抗原充分混合均匀，并使其散开至直径为2厘米，不断摇动玻璃板，计时判定结果，同时设强阳性血清、弱阳性血清、阴性血清对照。

（3）结果判定

凝集反应判定标准如下：

100%凝集（#）：凝集块大而明显，混合液稍浑浊。

75%凝集（+++）：凝集块较明显，但混合液有轻度浑浊。

50%凝集（++）：出现明显的凝集颗粒，但混合液较为浑浊。

25%凝集（+）：仅出现少量的细小颗粒，而混合液浑浊。

0%调集（-）：无凝集颗粒出现，混合液浑浊。

在2分内，抗原与强阳性血清应呈100%凝集（#），弱阳性血清应呈50%凝集（++），阴性血清不凝集（-），判试验有效。

在2分内，被检全血与抗原出现50%（++）以上凝集者为阳性，不发生凝集则为阴性，介于两者之间为可疑反应，将可疑鸡隔离饲养1个月后，再做检疫，若仍为可疑反应，按阳性反应判定。

2. 检疫时间

首次最适检疫时间为120～140日龄，即在转群前。其一，此时种鸡处于性成熟阶段，血检时反应速度快，检出率高，阳性鸡的检出率可达90%～98%，而且不影响种鸡按时开产。其二，利用由青年鸡舍转入产蛋鸡舍时普检减少一次抓鸡应激。

第二次普检在产蛋高峰过后，此时抗体波动不大，进行第二次检疫可把部分血清抗体阴转阳的鸡及时淘汰，进一步提高种鸡的净化质量。此时尽量在下午2点后采血，以避免产生堕卵性腹膜炎。

定期抽检监测。首次检疫后，应每隔2～3个月，按鸡群存栏数3%抽检，发现血清学阳性反应的鸡立即剔出。若阳性率高过2%应立即普检1次，低于2%等到二次普检日龄再做检疫。

（二）鸡白血病净化检测方法

1. 病原检测

按照《J－亚群禽白血病防治技术规范》中规定的J－亚群禽白血病病原分离方法检测，适用于血清或血浆样品和肝、脾、肾等组织样品的检测。

（1）鸡胚成纤维细胞（CEF）的制备　取10～12日龄SPF鸡胚按常规方法制备CEF，置于细胞培养板或培养瓶中。待细胞单层形成后，减少维持用培养液中的血清至1%左右。

（2）病料的处理和接种

1）血清或血浆样品　从疑似病鸡无菌采血分离血清或血浆，于带有CEF细胞培养板或培养瓶中加入0.2～0.5毫升血清或血浆样品。

2）肝、脾、肾组织样品　取一定量（1～2克）组织研磨成匀浆后，按1∶1加入无菌的PBS，置于1.5毫升离心管中10 000转/分离心20分，用无菌吸头取出上清液，移入另一无菌离心管中，再于10 000转/分离心20分，按10 000国际单位/毫升量加入青霉素后，在带有CEF的细胞培养板或培养瓶中接种0.2～0.5毫升。

接种后将细胞培养板或培养瓶置于37℃二氧化碳培养箱中培养3小时后，重新更换培养液，继续培养7天，其间应更换1次培养液。

以常规方法，用胰酶溶液将感染的CEF单层消化后，再作为第二代细胞接种于带有3～4片载玻片的细胞培养板中，继续培养7天。

（3）病毒的检测　用以下方法之一检测病毒。

1）IFA　将带有感染的CEF的载玻片取出，用丙酮－乙醇（7∶3）混合液固定后，用ALV－J单克隆抗体或单因子血清及FITC标记的抗小鼠或抗鸡Ig标记抗体按通常的方法做间接荧光试验。在荧光显微镜下观察有关呈病毒特异性荧光的细胞。

2）PCR　从CEF悬液提取基因组DNA作为模板，以已发表的ALV－J特异性引物为引物，直接测序；或克隆后提取原核测序，将测序结果与已发表的ALV－J原型株比较，基因序列同源性应在85%以上。

注意：由于内源性 ALV 的干扰作用，按严格要求，病毒应接种在对内源性 ALV 有抵抗作用的 CEF/E 品系鸡来源的细胞或细胞系（如 DF1）。但我国多数实验室无法做到这点，在结果判定时会有一点风险。

2. 抗体监测

按照《J－亚群禽白血病防治技术规范》中规定的 J－亚群禽白血病酶联免疫吸附试验（ELISA）方法检测，适用于血清样品的检测。本法适用于 J－亚群禽白血病病毒水平感染的群体普查。

（1）样品准备　检测之前要用样品稀释液将被检样品进行 500 倍稀释（如：1 微升的样品可以用样品稀释液稀释到 500 微升）。注意不要稀释对照。不同的样品要注意换吸头。在将样品加入检测板前要将样品充分混匀。

（2）洗涤液制备　浓缩的洗涤液在使用前必须用蒸馏水或去离子水进行 10 倍稀释。如果浓缩液中含有结晶，在使用前必须将其融化。例如：30 毫升的浓缩洗涤液和 270 毫升的蒸馏水或去离子水充分混合配成。

（3）操作步骤　将试剂恢复至室温，并将其振摇混匀后进行使用。①取出抗原包被板，并在记录纸上标记好被检样品的位置。②取 100 微升不需稀释的阴性对照液加入 A_1 孔和 B_1 孔中；取 100 微升不需稀释的阳性对照液加入 C_1 孔和 D_1 孔中。③取 100 微升稀释的被检样品液加入相应的孔中，所有被检样品都应进行双孔测定。④用盖子盖住酶标板，在室温下孵育 30 分。⑤倒出孔内内容物，每孔加约 350 微升的蒸馏水或去离子水进行洗板，洗 3～5 次。最后一次在吸水纸上轻轻拍打。⑥每孔加 100 微升的酶标羊抗鸡抗体，用盖子盖住酶标板，室温下孵育 30 分。⑦重复第五步。⑧每孔加 100 微升底物液，用盖子盖住酶标板，室温下孵育 15 分。⑨每孔加 100 微升的终止液，终止反应。⑩酶标仪空气调零，测定并记录各孔于 650 纳米波长的吸光值。

（4）结果判定　①阳性对照平均值和阴性对照平均值的差值大于 0.10，阴性对照平均值小于或等于 0.150，该检测结果才能有效。②被检样品的抗体水平由其测定值与阳性对照测定值的比值（S/P）确定。

抗体滴度按下列方程式进行计算：

阴性对照平均值 NC = [A_1（A650）+ B_1（A650）]/2

阳性对照平均值 PC = [C_1（A650）+ D_1（A650）]/2

S/P 比值 =（样品平均值 － NC）/（PC － NC）

S/P 比值小于或等于 0.6，判为阴性。S/P 值大于 0.6，判为阳性，表明被检血清中存在 J－亚群禽白血病病毒抗体。

3. 禽白血病净化

目前,国内多数种鸡场,利用 ALV－p27 抗原 ELISA 检测试剂盒检测种鸡泄殖腔或蛋清中的 ALV－p27 抗原,淘汰阳性带毒鸡。同时结合禽白血病病原分离方法检测。经过 4～5 世代的检测淘汰,达到净化种鸡群的目的。

(1)出壳雏鸡胎粪检测和淘汰阳性鸡　用棉拭子逐只采集 1 日龄雏鸡胎粪,用 ALV－p27 抗原 ELISA 检测试剂盒对 1 日龄胎粪检测 p27 抗原。对选留的雏鸡饲养期间要采取避免横向传播的各种措施。

(2)6 周龄育雏后期采集血浆分离、检测病毒血症和淘汰阳性鸡　逐只采集血浆,接种 DF－1 细胞分离病毒。培养 9 天后用 ALV－p27 抗原 ELISA 检测试剂盒逐空检测 p27 抗原或用 IFA 逐空检测感染细胞,淘汰阳性后备鸡。

(3)23～25 周龄留种鸡开产初期检测和淘汰　逐只取蛋一一编号,对蛋清用 ALV－p27 抗原 ELISA 检测试剂盒做 p27 抗原检测,淘汰阳性鸡。公鸡可采集泄殖腔棉拭子检测 p27 抗原,淘汰阳性鸡。

四、药物使用管理

(一)给药途径

1. 混饲给药

将药物均匀地拌入料中,让鸡在采食饲料的同时摄入药物。该法简便易行,节省人力,减少应激,效果可靠,适用于群体给药和预防性用药,尤其适用于长期性投药。对于不溶于水或适口性差的药物更为恰当。当病鸡食欲差或不食时不能采用此法。在应用混饲给药时,应注意以下几个问题:

(1)药物和饲料必须混合均匀　混合不均匀,可使部分鸡药物中毒和部分鸡吃不到药物,达不到防治目的。混合时应采用逐步稀释法,即先确定混饲的药物浓度,将药物和少量饲料混匀,然后将混合药物的饲料拌入一定量的饲料中混匀,最后将混合好的饲料加入大批饲料中,继续混合均匀。

(2)注意药物与饲料组分的相互作用　如饲料中若含有抗球虫药物莫能菌素、盐霉素,那么在治疗鸡的慢性呼吸道病时不能选用泰乐菌素、泰妙菌素;如长期应用磺胺类药物,应补给维生素 B 和维生素 K;应用氨丙啉时,应减少维生素 B_1 的添加量,每千克饲料中应在 10 毫克以下。

另外,严格掌握混饲给药的浓度。

2. 饮水给药

将药物溶解于饮水中让鸡自由饮用。适于短期投药或群体性紧急治疗,

特别适用于因病不能食料，但还能饮水的情况。混饮给药时，应特别注意以下几点：饮水给药的药物必须易溶于水且应在一定时间内不被破坏。饮水给药前要给家禽停水2～4小时，以便家禽在较短时间内完成给药。注意药物的浓度，根据鸡群的饮水量，准确计算药物用量，先用少量水溶解计算好的药物，等药物完全溶解后再混入剩余的水量。注意水质对药物的影响，水中存在的金属离子可能影响药效的发挥，可选用深井水、冷开水或蒸馏水。水量以鸡24小时饮水量的1/5～1/4为宜。

3. 气雾给药

使用气雾发生器将药物分散成为微滴，让鸡通过呼吸道吸入的一种给药法。气雾给药对于治疗鸡的呼吸道疾病和气囊炎有较好的效果。使用气雾给药时，应注意以下几点：选择药物应对呼吸道无刺激性，且能溶解于呼吸道分泌物中。严格控制雾粒的大小，确保用药的效果，雾粒直径在50～100纳米。注意药物的浓度。

4. 注射给药

多用于个体给药，以皮下注射和肌内注射最常用。当病情危急或不能口服药物时采用，剂量准确，疗效可靠。注射给药时，应注意注射器的消毒和勤换针头。

（二）合理用药

1. 根据家禽的生理特点用药

禽类无汗腺，用解热镇痛药来解救热应激效果不理想，所以应加强物理降温措施，也可在日粮或饮水中添加小苏打、氯化钾、维生素C等药物。禽类不会咳嗽，故慢性呼吸道病使用强力镇咳药是没有意义的，此时选用祛痰药（如氯化铵）可缓解气管黏膜炎症反应。禽类对磺胺类药物的平均吸收率较其他动物高，因此，在治疗家禽肠炎、球虫病等疾病时应选择乙酰化率低的磺胺类药物，并同时使用小苏打以碱化尿液促进乙酰化物排出。禽的大肠吸收维生素K的能力较差，生产中添加磺胺类药物控制球虫时，也使合成维生素K的微生物受到抑制，因此治疗球虫病时添加维生素K有利于疾病的康复。

2. 合理选择抗菌药物

鸡群一旦发病，应尽可能采取各种诊断手段进行确诊，有条件的应进行免疫监测和病原分离。应选用高效、价廉、易得、不良反应小的药物。有些病不一定要用最新的药物，特别是不一定要用价格最昂贵的药物。有条件的最好对病原菌进行分离后做药敏试验，选择效果最为显著的抗菌药物。

3. 制订合理的给药方案

(1)选择合适的给药途径　合适的给药途径是药物取得疗效的保证。采用何种给药途径取决于药物本身的理化性质和家禽的病情、食欲、饮欲状况以及鸡群大小等因素。若鸡发病后食欲下降甚至废绝，拌料给药达不到治疗目的，此时常采用饮水给药；在治疗严重的消化道感染并发败血症、菌血症时，除了内服给药外，往往还要配合注射给药。

(2)控制合适的剂量　根据用药的目的、病情的缓急轻重及病原体对药物的敏感性确定适宜的给药剂量。首次用药可适当增加剂量，随后几天用维持量，用量不能过多或过少。剂量太小不仅达不到治疗疾病的目的，还无端造成药物浪费，贻误治疗，且易产生耐药菌株；剂量太大易产生毒性反应和药物残留。

(3)要有足够的疗程　药物在体内不断代谢，足够的疗程才能保证有效血药浓度的时间，达到彻底消除病因的效果。疗程的长短因根据病情的长短而定。一般传染病和感染症应连续用药 3 ~ 5 天，直到症状消失后再用 1 ~ 2 天，切忌停药过早导致疾病复发。对于某些慢性病，应根据病情需要而延长疗程。

4. 合理配伍用药

两种或两种以上的药物配伍使用时，要注意利用药物间的协同作用提高疗效，避免药物之间的拮抗作用。严禁滥用抗生素。

5. 采取综合治疗措施，促进疾病康复

药物的作用是通过机体表现出来的，机体的功能状态与药物的作用有密切关系。因此，在使用药物治疗疾病时，一定应注意饲养管理和环境因素。以抗菌药为例，抗菌药只对病原菌起作用，但对病原微生物的毒素无拮抗作用，更不能恢复宿主机能，有的抗菌药还具有一定的毒副作用。因此，在应用抗菌药物时，应注意以下几点：加强营养，提高机体抵抗力；加强管理，防止饲养密度过大，注意鸡舍的温度、湿度、通风及采光，减少和消除各种诱因，打断发病环节；对症或辅助用药，以救助病原及其毒素所致的机体功能紊乱，减轻药物的毒副作用。

6. 禁止使用违禁药物，防止兽药残留

在对肉鸡进行预防、治疗疾病时所用兽药必须符合《兽药质量标准》《兽用生物制品质量标准》等规定。所用兽药必须来自具有《兽药生产许可证》和产品批准文号的生产企业，或者具有《进口兽药许可证》的供应商。建立兽药使用管理制度,禁止在饲料中长期添加兽药,禁止使用未经农业部门批准或已经淘汰的兽药,禁止使用对环境造成污染的兽药,限制使用某些人、畜共用药物。注意兽药残留限量,严格执行休药期。尽量选用残留期短的药物,宰前7天停用一切药物,避免药残危害公共卫生。

五、免疫接种管理

(一)家禽免疫接种的途径与方法

1. 滴鼻点眼法

用滴管或滴瓶,将稀释过的疫苗滴入鼻孔或眼结膜囊内,以刺激其上呼吸道、眼结膜产生局部免疫。此法能确保每只鸡得到准确疫苗量,适用于弱毒活疫苗的接种。对于幼雏来说,这种方法可以避免或减少疫苗病毒被母源抗体的中和。操作时左手握住鸡体,用拇指和食指捏住其头部,右手持滴管将疫苗滴入眼、鼻各1滴,待疫苗进入眼鼻后,将鸡放开。

注意事项:滴入疫苗时,滴头与鸡体不能直接接触;滴鼻时,用手堵住一侧鼻孔,促进疫苗吸收;滴眼后等鸡做完一个眨眼动作,药液完全吸收后再松手;不要让疫苗液外溢,否则,应补滴。

2. 皮下、肌内注射法

将疫苗注射到鸡的肌内或皮下组织中,刺激机体产生抗体。这种免疫方法免疫量准确均匀,效果可靠,但耗费劳力较多,应激较大。适用于灭活苗和一些弱毒疫苗的免疫接种。

皮下注射宜选择颈背部后1/3处,操作时使其头朝前腹朝下,左手食指与拇指提起头颈部背侧皮肤并向上提起,右手持注射器由前向后从皮肤隆起处刺入皮下注入疫苗,针头方向与颈部纵轴基本平行。

肌内注射部位一般选在胸肌、腿肌外侧或翅根肌肉。胸部肌内注射时,应将疫苗注射到胸骨外侧2~3厘米的表层肌肉内,进针方向应与鸡体保持45°倾斜向前进针,以免刺伤肝脏、心脏等。腿部肌内注射应选在无血管处的外侧腓肠肌,顺着腿骨方向并保持与腿部30°~45°进针,将疫苗注射到浅部肌肉内,以免伤及腿部血管。翅根肌内注射时要选在翅膀根部肌肉多的地方。

注意事项:使用连续注射器注射时,应经常核对注射器刻度容量和实际容量之间的误差,以免实际注射量偏差太大;根据鸡体大小,配合适宜的针头长度,避免针头过长伤及鸡的腿骨;针头插入的方向和深度也应适当;在将疫苗液推入后,针头应慢慢拔出,以免疫苗液漏出;在注射过程中,应边注射边摇动疫苗瓶，力求疫苗的均匀；注意勤换针头。

3. 刺种法

此法常用于鸡痘疫苗的接种。通过在穿刺部位的皮肤处增殖产生免疫。操作时，左手抓住鸡的一只翅膀，右手持刺种针插入疫苗瓶内蘸取已稀释的疫苗，于翅膀内侧三角区无血管处刺针，拔出刺种针，稍停片刻，待疫苗被吸收后，将鸡轻轻放开。注意事项：要经常摇动疫苗瓶使疫苗混匀；接种后4～7天应检查刺种部位是否出现轻微红肿、结痂，如出现说明免疫正常，如不出现以上情况，应重新免疫。

4. 饮水免疫法

将疫苗混合到一定量的蒸馏水或凉白开水中，在短时间内饮用完的一种免疫方法。这种方法比个体免疫省时省力，方便安全，但由于受水质、肠道环境等多种因素的影响，免疫效果不佳，抗体产生参差不齐。常用于弱毒和某些中等毒力的疫苗，如鸡新城疫Ⅳ系和Clone30苗、传染性支气管炎H52及H120疫苗、传染性法氏囊病弱毒疫苗的免疫。

注意事项：用于稀释疫苗的水必须十分洁净，不得含有重金属离子，必要时可用蒸馏水；饮水器具要十分洁净，不得残留消毒剂、铁锈、有机污染物；为保证所有鸡在短期内饮到足够量的含疫苗水，鸡舍的饮水器具要充足，而且在服用疫苗前停止饮水2～4小时，饮水时间应控制在2小时以内；用于饮水免疫的疫苗必须是高效价的，且使用剂量要加倍，为保证疫苗不被重金属离子破坏，可在水中加入0.1%的脱脂奶粉；免疫前后3天内，饮水中不能用消毒药。

5. 气雾免疫法

通过气雾发生器，使疫苗溶液形成雾化粒子，均匀地悬浮于空气之中，随呼吸进入肺内而获得免疫的方法。气雾法免疫尤其适合大群免疫。

注意事项：严格控制雾滴的大小，一般雾滴的直径为5～10微米；疫苗应是高效的、倍量的；气雾前后几天内，应在饲料或饮水中添加适当的抗菌药物，预防慢性呼吸道病的暴发；疫苗的稀释应用去离子水或蒸馏水，不得用自来水，开水或井水；一般平养鸡每1 000只喷雾量为250～500毫升，笼养鸡为250毫升，根据用量稀释好疫苗；喷雾器应该距鸡50厘米处时进行喷雾，边走边喷，往返2～3遍将疫苗喷完；气雾期间，应关闭鸡舍所有门窗，停止使用风扇或抽气机，在停止喷雾疫苗20～30分后，才可开启门窗和启动风扇。

（二）免疫程序的制订

应根据本地区、本场疫病的发生情况，流行特点，疫苗特性及利用免疫监

测的结果等实际情况，制订科学合理的免疫程序。不能机械性地照抄照搬；同时还应根据实际应用效果、疫情变化、免疫监测结果等情况适当调整和改进。

制订免疫程序时应遵循以下原则：第一，依据威胁本地区或本场传染病的种类及规律合理安排免疫程序。对本地或本场尚未证实的传染病，不要贸然接种，只有证实已经受到严重威胁时，才能计划免疫，不要轻易引进新的疫苗，特别是弱毒苗。第二，根据所养鸡的用途及饲养期长短制定免疫接种程序。第三，选用疫苗毒（菌）株的血清型要与当地流行血清型一致，否则不能起到保护作用。第四，根据传染病流行特点和规律，有计划地进行免疫。第五，定期免疫监测，根据抗体消长规律，确定首免日龄和加强免疫的时间，灵活及时地调整免疫程序。优质肉鸡参考免疫程序见表9－1。

表9－1　优质肉鸡参考免疫程序

日龄	疫苗种类	剂量	免疫方法
1	马立克病疫苗CVI－988	0.2毫升	颈背皮下注射
3	新城疫＋传支弱毒苗	1羽份	滴鼻、点眼
10～12	新城疫＋传支＋禽流感灭活苗	1羽份	皮下注射
10～12	鸡痘疫苗	1羽份	翅膀内侧刺种
15	传染性法氏囊炎弱毒苗	1羽份	饮水
20～23	传染性法氏囊炎中等毒力苗	1羽份	饮水
60～70	新城疫＋传支＋禽流感灭活苗	1羽份	皮下注射

（三）免疫监测

免疫监测是科学评价免疫质量的有效手段，也是摸清鸡群免疫状况，制订免疫接种计划的可靠依据。目前使用最广泛的是用血清学测定技术来监测免疫鸡群的抗体产生状况、抗体水平和抗体持续时间，评价免疫效果，及时改进免疫计划，完善免疫程序。

六、防治环境污染

集约规模化的肉鸡养殖产生大量易于形成公害的各种废弃物，如何使这些废弃物既不对场内形成危害，又不污染周围的环境，这是肉鸡场必须妥善解决的重要工作。

（一）粪便的处理与应用

每天清除的鸡粪要堆放在指定地点，采用堆积生物发酵工艺生产有机肥来处理鸡粪，实现还田利用，是处置鸡粪行之有效的技术途径。主要采用条垛式堆肥、静态通气堆肥、槽式堆肥等方式进行堆积发酵生产有机肥，用于农作物、蔬菜、果树等种植时的肥料。

（二）肉鸡场污水的处理

肉鸡场污水的来源主要是冲洗鸡舍、刷洗用具的污水，饮水器漏水及生活污水等。主要将物理方法、生物处理方法结合起来，对污水进行无害化处理。

（三）死禽的无害化处理

死禽尸体如不及时处理，若随意丢弃，分解腐败，发出恶臭，不仅会造成环境、土壤和地下水污染，而且会形成新的传染源，对养殖场及周边的疫病控制产生极大的威胁。因此，必须进行妥善的处理。常用的处理方法有以下几种。

1. 焚烧法

焚烧法是销毁尸体、消灭病原体最彻底的方法，最好设置生物焚化炉。焚化炉要远离生活区、生产区，并位于主导风向的下风，同时尽量减少烟气对周围环境的影响。

2. 深埋法

根据养殖场的饲养量，在远离交通干道、水源且地势高的地方，建一个上小下大，深度在 2 米以上的混凝土深坑，上面加盖水泥板，并留两个可以开启的小门，通过小门将病死鸡放入，平时盖严锁死。

3. 发酵法

将病死鸡与粪便、秸秆等废弃物一起堆积发酵，使病死鸡充分腐烂变成腐殖质，并杀灭病原体，达到无害化处理的目的。

第二节　常见传染病的防治

一、病毒性传染病防治

（一）鸡新城疫（ND）

鸡新城疫由新城疫病毒（NDV）引起多种禽类的一种急性、热性、败血性、高度接触性传染病。以高热、呼吸困难、下痢、神经紊乱和消化道黏膜红肿、出血、坏死为特征。

【病原】NDV 属副黏病毒科、副黏病毒属的Ⅰ型副黏病毒，病毒有囊膜。NDV 能凝集多种动物的红细胞，以鸡的红细胞最常用；NDV 凝集红细胞的特性能被相应抗体抑制。所以,可以用凝集抑制试验检测新城疫抗体效价,也可以应用新城疫单克隆抗体来检测新城疫病毒。

NDV 对常用消毒药敏感,1% 来苏儿、0.3% 过氧乙酸、2% 氢氧化钠、5% 漂白粉均可在短时间内将其灭活。NDV 在外界环境中的稳定性取决于所处的介质,所以在消毒前应进行清洁,在冬季消毒需在加温条件下进行。

【流行特点】病鸡和带毒鸡是主要的传染源,主要的传播途径是呼吸道和消化道。任何年龄的鸡均易感,目前该病呈现出一些新的特点:临床症状复杂,非典型新城疫呈多发趋势,混合感染增多,疫苗免疫保护力下降等。

【临床症状】病鸡体温升高,缩颈低头,翅膀下垂,闭眼似睡,不愿运动,离群呆立,冠和肉髯发绀。采食量减少或废绝,嗉囊内积大量酸臭绿色液体,低头时从口腔流出,排绿色稀粪。呼吸困难,张口伸颈,呼噜咳嗽,口中有黏液,有摇头和吞咽动作。有的病鸡出现神经症状,表现两腿麻痹,站立不稳,共济失调或转圈运动,头颈向后仰翻或扭转,受到惊吓后更加严重。

【病理变化】鸡新城疫主要病理变化表现为全身败血症,以呼吸道和消化道最严重。

腺胃黏膜水肿,乳头出血,腺胃与肌胃交接处出血,严重时形成铁锈色,肌胃角质层下出血,有时形成粟粒状不规则的溃疡。十二指肠淋巴滤泡、卵黄蒂下端淋巴滤泡、回肠淋巴滤泡、盲肠扁桃体出现水肿、出血,严重时出现纽扣样坏死。气管内积有大量黏液,喉头、气管、支气管上端出血。

【防控措施】做好免疫接种工作,制订好免疫程序,根据母源抗体水平和当地疫情合理安排免疫程序,并定期进行抗体监测。严格执行隔离消毒制度,杜绝传染源入侵。加强饲养管理,供给优质的饲料和饮水,尽可能减少鸡群的应激因素,做好鸡舍的通风换气,定期在饮水中添加电解多维,提高机体抵抗力。

发生新城疫时,采取隔离饲养措施,对病鸡及废弃物进行无害化处理,环境和用具彻底消毒,每天进行带鸡消毒一次。新城疫无特异治疗药物,一般发生可采用紧急免疫接种方法进行控制,但中后期需要药物控制,具体方案如下:最有效的办法是注射抗新城疫高免血清(高免蛋黄),也可选用干扰素、白介素、黄芪多糖等药物;有呼吸症状添加呼吸道药物;使用抗生素防继发感染;为提高机体抵抗力在饲料和饮水中添加足量维生素。

(二)禽流感(AI)

禽流感是由 A 型流感病毒引起的禽类的一种急性,热性,高度接触性传染病。以头颈肿胀、呼吸困难、严重下痢、全身浆膜出血为特征。

【病原】禽流感病毒为正黏病毒科，流感病毒属 A 型流感病毒。病毒表面有血凝素（HA）和神经氨酸酶（NA），根据血凝素（HA）和神经氨酸酶（NA）抗原属性不同可将其分为不同的亚型。迄今为止 HA 已发现 14 种（或 16 种），分别是 H1 – H14（H16），NA 有 9 种（10）种分别是 N1 – N9（或 N10）。不同的 H 抗原和 N 抗原之间无交叉反应。

该病毒表面有囊膜，囊膜表面含有血凝素，能凝集多种动物的红细胞，且能被特异的抗血清所抑制，因此可以用血凝与血凝抑制试验来鉴定病毒和对免疫禽群进行效价检测。

该病毒对常用消毒药物敏感，如福尔马林、卤化合物（漂白粉和碘剂等）、金属离子、过氧乙酸、双季铵盐等均能迅速杀灭本病毒。

【流行特点】病鸡及带毒鸡、带毒野鸟、候鸟是主要的传染源，主要的传播途径是呼吸道和消化道。该病不分日龄一年四季均可发生，但多发生在天气忽冷忽热和干燥寒冷的季节。病毒变异率高，免疫效果不确定，临床症状复杂。

【临床症状】病鸡发热、精神沉郁、反应迟钝、不愿走动。采食量下降甚至废绝，排黄绿色或橘黄色带有黏液的粪便。常因采食量下降导致粪便中尿酸盐明显增多。病鸡呼吸困难，出现打喷嚏、咳嗽、气喘、啰音等呼吸道症状，严重时表现张口伸颈呼吸，病死鸡口腔内积有大量的黏液。头颈部肿胀、肉髯水肿，流眼泪、结膜水肿出血，冠和肉髯呈暗红色或蓝紫色。胫部鳞片下出血，严重时跗关节周围和爪部鳞片下出血，形成水肿导致局部肿胀。发病后期个别鸡出现扭头、观星状等神经症状。

【病理变化】喉头、气管、支气管上端出血，气管内积有大量的黏液。腺胃壁肿胀，乳头水肿、出血、腺胃与肌胃交界处及肌胃角质层下出血。胰脏出血和坏死，有时胰脏边缘形成线状出血。肠黏膜脱落、肠壁变薄，肠腔内积有大量黏液。急性死亡的禽只肠道浆膜外变性、水肿、肠道形成片状出血、盲肠扁桃体陈旧性出血，直肠出血。心脏冠状脂肪出血，心内、外膜出血，心肌形成条状坏死，腹部脂肪形成点状出血。

【防控措施】加强饲养管理和卫生工作，增强机体抵抗力，定期消毒，防止飞鸟、鼠类进入鸡舍，避免病原的侵入。加强免疫接种工作，提高抗体水平。发现疑似高致病性禽流感疫情时，应立即将病鸡（场）隔离，并限制其移动。动物防疫监督机构要及时派员到现场进行调查核实，进行流行病学调查、临床症状检查、病理解剖、采集病料、实验室诊断等，根据诊断结果采取相应措施。发生低致病性禽流感时可采取隔离、消毒与治疗相结合的措施。可用干扰素、白介素等细胞因子来抑制病毒复制；同时用中药清瘟败毒散拌料，并用金丝桃素、黄芪多糖饮水；防止细菌继发感染可用敏感抗菌药物如丁胺卡那、氟苯尼考等；若呼吸道症状严重时，还需要加入缓解呼吸道药物，如复方甘草片、氨茶碱等。

（三）传染性法氏囊病（IBD）

传染性法氏囊病是由传染性法氏囊病毒（IBDV）引起雏鸡的一种急性、接触性、免疫抑制性传染病。以法氏囊发炎、坏死、萎缩，肌肉出血和肾脏损伤为特征。

【病原】IBDV 为双股 RNA 病毒科，核酸为双股双节段 RNA。病毒粒子无囊膜，对外界抵抗力较强，鸡舍的病毒可存活 100 天以上；病毒耐热，耐阳光及紫外线照射。病毒对乙醚和氯仿不敏感。3% 的煤酚皂溶液、0.2% 的过氧乙酸、2% 次氯酸钠、5% 的漂白粉、3% 的石炭酸、3% 福尔马林可在 30 分内灭活病毒。

【流行特点】3～6 周龄的鸡最易感。本病全年均可发生，但多集中在温度高、湿度大的 4～10 月。病鸡是主要传染源，可通过直接接触和间接传播。病毒主要通过消化道和呼吸道感染。

【临床症状】发病突然，病初可见病鸡啄自己的肛门，随即出现腹泻，拉白色稀粪并带有蛋清样分泌物。病鸡表现出精神不振、翅膀下垂、羽毛蓬乱、眼睑闭合、步态不稳，泄殖腔周围的羽毛被粪便污染。病鸡脱水严重，趾爪干燥，眼窝凹陷，最后衰竭死亡。发病后 3～4 天达到死亡高峰，呈峰式死亡曲线，以后开始下降。

【病理变化】病鸡肌肉干燥，没有光泽，胸肌、腿肌点状或刷状出血。肌胃和腺胃交界处有溃疡和出血带。肝脏土黄色，有白色条状坏死。法氏囊肿大，浆膜外有胶样渗出，囊浑浊，囊内皱褶出血，严重者形成紫葡萄样。后期萎缩，内有浑浊液体或干酪物。肾脏肿大、苍白，输尿管内集有尿酸盐，严重者形成花斑肾。

【防控措施】①严格的卫生消毒措施。预防传染性法氏囊病，首先要注意对环境的消毒，单纯依靠疫苗不能有效防治 IBD。②加强饲养管理。采用“全进全出”饲养体制，全价饲料。鸡舍换气良好，温度、湿度适宜，消除各种应激条件，提高鸡体免疫应答能力。③做好免疫接种工作。根据母源抗体和免疫后抗体水平监测合理安排免疫程序；选择合适的疫苗，采用适宜的免疫途径接种。④在发病早期使用高免血清、高免蛋黄及中药方剂有一定疗效。防止细菌继发感染可用敏感抗菌药物。同时改善饲养管理和消除应激因素。提高鸡舍温度2～3℃，降低蛋白质水平。在饮水中加入复方口服补液盐以及维生素C、维生素K、维生素B或1%～2%奶粉，以保持鸡体水、电解质、营养平衡，促进康复。

（四）传染性支气管炎（IB）

传染性支气管炎是由冠状病毒引起的鸡的一种急性、高度接触性传染病。根据临床症状及表现又分为呼吸型、肾型和腺胃型。

1. 呼吸道型

各种年龄鸡均可感染，以1～4周龄雏鸡最严重，死亡率也高，随着日龄的增长，抵抗力增强，症状减轻。

【病理变化】病鸡无明显前躯症状，常突然发病，出现呼吸道症状，并迅速波及全群，特征为：病鸡表现为伸颈张口呼吸、咳嗽、鼻流分泌物和特殊的鸣哨声响，尤以夜间更加明显，随着病程发展全身症状加重，表现精神萎靡、食欲废绝、羽毛松乱、翅下垂、昏睡、怕冷压挤在一起，后期因支气管堵塞出现张口伸颈呼吸。

剖检可见气管下1/3和支气管内有浆液性卡他性分泌物，同时气管下1/3和支气管及鸣管出血，在死亡鸡气管后端和支气管中可形成黄色干酪样栓子。

【预防】加强饲养管理，降低饲养密度，加强通风，严格消毒，供给优质全价饲料；做好免疫接种。

【治疗】目前本病尚无特效药物，治疗原则以抗病毒，防止继发感染和对症治疗为主。抗病毒用干扰素、白介素等饮水或注射，黄芪多糖饮水；防止继发感染用泰乐菌素饮水；对症治疗用止咳、化痰、平喘类药物，如氯化铵、复方甘草片、止咳平喘中草药等。

2. 肾型

【临床症状】本型多发于14～50日龄鸡，而20～30日龄最易感，发病率30%～50%，病后5～7天死亡率20%～30%。发病初期有轻微呼吸道症状，精神沉郁、羽毛松乱、食欲减少、饮水增加、嗉囊积液、怕冷压挤、腹泻、排出石灰样稀粪，常黏附于泄殖腔周围，病鸡脱水明显（爪部干燥无光泽），最后衰竭而死。

【**病理变化**】剖检可见肾脏肿大数倍，呈哑铃型，肾小管内充满尿酸盐结晶、苍白，使肾脏呈白色斑驳状形成“花斑肾”。输尿管扩张，充有尿酸盐，严重时输尿管形成结石阻塞输尿管，引起肾脏自溶。病变肌肉脱水，干燥无光泽，严重时形成搓板状。

【**预防**】加强饲养管理，降低饲养密度，加强通风，严格消毒，做好免疫接种。

【**治疗**】使用适当的抗病毒药物，降低饲料蛋白含量，补充维生素A等；防止继发感染可用阿莫西林等对肾脏损伤药物饮水。加速尿酸盐排出可用碳酸氢钠饮水；调整盐类平衡可用口服补液盐饮水。

3. 腺胃型

【**临床症状**】肉鸡多于20～30日龄发病。病初鸡群采食量下降，后期食欲废绝，早期排出带有未消化的料粪，水粪分离，随着病程的发展排出粉红色、胡萝卜酱色鱼肠样粪便或白绿色稀粪；病鸡精神差、羽毛松乱、呆立于鸡舍一角；病鸡高度消瘦、生长受阻，鸡群整齐度差异加大。

【**病理变化**】剖检可见腺胃肿大，浆膜外水肿，变性、质地变硬，严重时像乒乓球状；腺胃胃壁增厚，剪开后明显外翻；乳头肿大，黏膜水肿，乳头和黏膜出血严重，轻压有褐色分泌物或水样分泌物喷射；个别鸡腺胃乳头融合、溃疡，形成火山口样病变。

【**预防**】加强饲养管理，降低饲养密度，加强通风，严格消毒，做好免疫接种。

治疗原则同呼吸型传支。对症治疗用西咪替丁、大黄苏打片拌料；或用中药神曲、山楂、麦芽、苦参健胃消食。

（五）病毒性关节炎（VA）

病毒性关节炎（VA）是由呼肠弧病毒引起的以肉鸡为主一种传染病，主要以跗关节腱鞘肿胀和腓肠肌断裂为特征。

本病既可垂直传播也可水平传播，不分年龄、品种、性别的鸡都易感染。4～6周龄的肉鸡最常见，随着年龄的增长，对本病的敏感性降低。该病的感染率高，发病率和死亡率都不太高，但病鸡出现运动障碍，生长缓慢，饲料效率低，屠体品质下降，淘汰率增高，给肉鸡行业造成很大损失，应引起高度重视。

【**临床症状**】病鸡食欲不振、消瘦、不愿走动、喜蹲坐或跛行，因腓肠肌断裂，致使腿变形、外旋、顽固性跛行，严重时出现瘫痪，种鸡受到感染后产蛋率下降，受精率下降。

【病理变化】患肢的跗关节肿胀，趾屈肌腱和跖伸肌腱肿胀，切开皮肤可见胫部有炎症和腱鞘水肿，腔内含有棕黄色关节分泌物，有些为脓性或出血，由于肌肉出现瘀血或坏死，有些病例关节硬固，腱鞘硬化和粘连，关节软骨充血，甚至糜烂。

【防控措施】

(1) 预防　加强饲养管理，降低饲养密度，改善饲养环境，严格卫生，加强消毒。不从有污染的种鸡场进雏鸡。避免垂直传播，加强疫苗接种工作是有效预防本病的主要措施。对种母鸡在开产前2～3周接种灭活疫苗，可使雏鸡在3周之内含有较高的母源抗体，对雏鸡的保护率很高。

(2) 治疗　本病目前尚无有效的特异治疗方法，可试用干扰素、白介苗及抗病毒药物抑制病毒复制。同时，用抗生素防治继发感染。

(六) 鸡痘

鸡痘是由痘病毒引起鸡的一种急性、接触性传染病。特征性病变是在鸡无毛或少毛的皮肤上发生痘疹或在口腔、咽喉及眼结膜上形成痘斑或纤维素性假膜。

【流行特点】本病不分年龄、性别、品种都可感染，但以雏鸡和中雏多见。一年四季都能发生，但秋季和冬初易感。一般秋季和冬初多以皮肤型为主，冬季则以黏膜型多见。本病主要是通过皮肤和黏膜的伤口感染，蚊虫叮咬对本病的传播亦有重要作用。

【临床症状】根据禽痘发生的部位不同分为皮肤型、黏膜型和混合型3种。

(1) 皮肤型　主要在鸡体表面无毛或少毛部位出现痘痂，如头部鸡冠、肉髯、眼睑、喙角、鼻孔周围，也可出现在两翼、腹部、腿部、鸡爪等处，痘斑开始为灰白色小结节逐步形成灰白色瘢痕。皮肤型一般没有明显的全身症状，但较为严重的病例会出现精神不振、食欲减退、消瘦，甚至死亡。

(2) 黏膜型　也称白喉型，此型病变主要发生在口腔、咽喉、气管、眼结膜等处的黏膜上，出现的痘痂堵塞喉头使病鸡窒息死亡。口腔内的痘痂影响采食和吞咽，病鸡消瘦，眼睛出现痘痂引起失明伴随其他临床，所以黏膜型鸡痘对鸡的损害比较严重。病鸡可见吞咽困难、张口呼吸、失明流泪等。

(3) 混合型　是皮肤和黏膜同时出现病变，病情严重，死亡率高。

【病理变化】因临床症状比较典型，病理变化与临床症状基本相似，没有非常特殊的病理变化，只是黏膜型鸡痘在非常严重时可蔓延到呼吸系统及食管等处。

【防控措施】

(1)预防　加强饲养管理防治蚊虫叮咬及外伤,严格消毒。免疫接种是最有效的预防措施,在 20 ~ 30 日龄(夏季适当提前)时翼下刺种,在刺种后 5 ~7天要观察一下刺种部位是否出现结痂,若有证明接种成功,若无要再接种一次。

(2)治疗　局部治疗可用镊子剥掉痘痂,取碘酊或紫药水涂之,黏膜型在剥掉痘痂后用碘甘油或蛋白银溶液涂之。全身治疗:使用抗生素防止继发感染,在饲料中添加维生素 A 有利于本病的恢复,使用清热解毒祛风透疹的中草药亦有很好的疗效。

(七)禽白血病

禽白血病(AL)是由禽白血病病毒(ALV)引起的以造血细胞增生为主的一类肿瘤性疾病。早期 A、B 亚群 ALV 是引起鸡群淋巴性白血病和各类型肿瘤的主要亚群,后来又出现致病性更强的 J 亚群 ALV。我国于 1999 年在商品肉鸡中分离检测到 ALV - J,由于一直未采取全面的禽白血病净化措施,再加上我国养鸡复杂化,迄今许多地区肉鸡以及地方品种鸡群中 ALV 感染仍较普遍。

【流行特点】所有品系的肉用型鸡都易感。病鸡或病毒携带鸡为主要传染源,特别是病毒血症期的鸡。ALV 主要通过种蛋(存在于蛋清及胚体中)垂直传播,也可通过与感染鸡或污染的环境接触而水平传播。垂直传播而导致的先天性感染鸡常可产生对病毒的免疫耐受,雏鸡表现为持续性病毒血症,体内无抗体并向外排毒。

【临床症状】潜伏期较长,因病毒株不同、鸡群的遗传背景差异等而不同。最早可见 5 周龄鸡发病,但主要发生于 18 ~25 周龄的性成熟前后鸡群。总死亡率一般为 2% ~8% ,但有时可超过 10% 。

感染鸡精神委顿,全身衰弱,进行性消瘦和贫血,鸡冠、肉髯苍白、萎缩、偶见发绀,病鸡体瘦腹部增大,用手触诊可按压到肿大的肝脏,有的病鸡可见皮肤出现黄豆大至小指肚大的血泡,血泡呈暗红色,一旦外伤破裂出血不止。

【病理变化】特征性病变是肝脏、脾脏肿大,表面有弥漫性的灰白色增生性结节。肝脏比正常肝脏大 5 ~ 15 倍,一直延伸到耻骨前沿,充满整个腹腔,肝质变脆,表面有弥散性肿瘤结节。脾脏极度肿胀似乒乓球状,表面有弥散性肿瘤增生。在肾脏、卵巢和睾丸也可见广泛的肿瘤组织。法氏囊肿瘤性增生,极度肿胀。有时在胸骨、肋骨表面出现肿瘤结节，也可见于盆骨、髋关节、膝关节周围以及头骨和椎骨表面。

【防控措施】目前对禽白血病尚无有效治疗方法，由于禽白血病主要是经垂直传播，水平传播占次要地位，因此国内外控制该病都是从建立无禽白血病的种鸡群着手，实行净化种群为主的综合性防治措施。

检测和淘汰带毒母鸡，减少垂直传染源，有条件的种鸡场可通过净化建立无禽白血病种鸡群。加强饲养管理，提高环境控制水平。加强消毒管理，做好基础防疫工作。国内异地引入种禽时，应经引入地动物防疫监督机构审核批准，并取得原产地动物防疫监督机构出具的无禽白血病证明和检疫合格证明。

（八）安卡拉病

本病病原是禽腺病毒科Ⅰ亚群禽腺病毒 C 种血清 4 型，与包涵体肝炎都属于Ⅰ亚群禽腺病毒，但血清型不同。

【流行特点】本病开始主要发生于 1～3 周龄的肉鸡、817、麻鸡，也可见于肉种鸡和蛋鸡，其中 3～6 周龄的肉鸡发病最多。因其首次发现于巴基斯坦卡拉奇靠近安卡拉的地方，故又名安卡拉病。发病鸡群多于 3 周龄开始死亡，4～5周龄达高峰，高峰持续期 4～8 天，5～6 周龄死亡减少。病程 8～15 天，死亡率达 20%～80%。本病可垂直传播和水平传播。易与传染性法氏囊和传染性贫血病并发。

【临床症状】发病鸡群无明显先兆而突然倒地，精神沉郁，羽毛成束，出现呼吸道症状，甩鼻、呼吸加快，部分有啰音，排黄色稀粪，两腿划空，数分钟内死亡。3～4 天出现死亡高峰，一般第五天停止。

【病理变化】本病的特征性剖检病变为心脏，心肌柔软，心包积有淡黄色透明的液体，有的心包积液呈胶冻样。另外，可见肝脏肿胀、充血、边缘钝圆、质地变脆，色泽变黄，有条纹状坏死，肺瘀血水肿，肾肿大且肾小管明显，脾脏轻微肿大。

【防控措施】由于本病可通过垂直传播，所以防控本病还应从种鸡入手。据巴基斯坦经验，肉鸡在 15～18 日龄免疫注射疫苗效果好，在 10 日龄和 20 日龄进行二次免疫效果更佳。

本病暂无有效的治疗方案，抗病毒效果不理想。有人用自家组织灭活苗进行紧急接种降低死亡率。另外，对于发病鸡群可采取以下措施：①发病之初使用干扰素以抑制病毒复制，同时使用黄连解毒散扶正解毒。②保肝护肾：使用葡萄糖、维生素 C 等。③强心利尿：使用强心药物（如牛磺酸、樟脑磺酸钠、安钠咖)来维持心脏功能,使用呋塞米等高效利尿药来消除组织间液的水分而缓解心包积液和肝肾水肿。④加强饲养管理,减少诱因,降低发病损失。

二、细菌性及其他传染病防治

(一)大肠杆菌病

本病是由致病性大肠埃希菌引起的一类疾病的总称。由于其血清型很多,出现很多病型,其主要表现为败血症、纤维素性心包炎、肝周炎、气囊炎、脐炎、关节炎、眼球炎、大肠杆菌肉芽肿等。本病可危害各种年龄的鸡,但主要危害雏鸡,尤其是肉子鸡。由于常和支原体病合并感染,又常继发于其他传染病(新城疫、禽流感、传染性支气管炎等)使治疗十分困难。

【流行特点】本病不分品种、年龄和季节均可发生,以3~6周龄的雏鸡易感性最高。致病性大肠埃希菌普遍存在于病禽、隐性感染禽的体内和体外环境中,可通过消化道、呼吸道、污染的种蛋及人工授精传播。此外,本病发生与饲养管理密切相关,如潮湿、拥挤、通风不良,过冷过热或温差大以及病原微生物(如支原体及病毒)感染等均可促进本病的发生。

【临床症状】临床表现极其复杂,病型较多,不同病型患病鸡症状区别较大。

(1)雏鸡脐炎型　病鸡腹部膨胀,缩头闭眼,羽毛逆立,剧烈腹泻,粪便稀,呈白或黄绿色,脐孔不闭合、红、肿、有炎性渗出物或形成钉脐。

(2)急性败血型　多见于雏鸡和6~10周龄鸡,寒冷季节多发。表现为突然死亡,病鸡精神沉郁、羽毛松乱、食欲减退或废绝;有的出现白色或黄色下痢,腹部胀大,与白痢和副伤寒不易区分。

(3)全眼眼炎型　多发生于舍内空气污浊。表现为一侧或两侧眼睑肿胀、流泪、眼内有脓性或干酪样物,甚至失明。

(4)关节炎型　发病幼雏和中雏,关节肿大、跛行、伏卧,关节囊肥厚。

(5)气囊炎型　主要发生于5~12周龄雏鸡,但以6~9周龄发病率最高。气囊炎型通常是由大肠杆菌和其他病原微生物(如支原体、传染性支气管炎病毒、新城疫病毒等)混合感染。病鸡表现甩头,咳嗽,呼吸困难。

(6)脑炎型　表现有神经性症状,如颈斜,歪头打转,抽搐,伸颈,行动失调等,并且采食减少,腹泻。

(7)肿头综合征型　表现眼周围、头部、颌下、肉髯及颈部上2/3水肿,病鸡喷嚏并发出"咕咕"怪叫声。

【**病理变化**】

（1）急性败血型　主要病变是纤维素性心包炎、肝周炎和气囊炎，脏器和气囊表面有膜状或斑点状的纤维素凝块，厚薄不一。肝大、实质内有坏死点。脾肿大、瘀血。肠壁充血，肠黏膜有大量黏液。

（2）气囊炎型　多侵害胸气囊，也能侵害腹气囊。表现为气囊浑浊、增厚不透明，上附有黄白色干酪样渗出物。可继发心包炎、肝周炎和腹膜炎。

（3）肝周炎型　肝脏肿大，肝脏表面有一层黄白色的纤维蛋白附着。肝脏质地变硬，表面有许多大小不一的坏死点，严重者渗出的纤维蛋白与胸壁、心脏、胃肠道粘连。

（4）纤维素性心包炎型　心包膜浑浊增厚，心包腔中有脓性分泌物，心包膜及心外膜上有纤维蛋白附着，呈白色，严重者心包膜与心外膜粘连。

（5）肉芽肿型　其特征是肝、盲肠、十二指肠、肠系膜等处形成大小不等的灰白或灰黄色结节，结节表面光滑，切面黄白色略呈放射状、环状波纹或多层性，中心有脓点。

（6）脑炎型　幼雏多发，主要病变脑膜充血、出血，脑实质水肿，脑脊髓液增加。

（7）关节炎型　多见于肉子鸡，表现为跗关节和趾关节肿大，关节腔中含有纤维蛋白渗出或浑浊的关节液，滑膜肿胀、增厚。

（8）眼炎型　打开眼时，可见前房有黏液脓性或干酪样分泌物，甚至角膜穿孔，失明。

（9）肿头综合征型　剖检可见头部、眼部、下颌及颈部皮下黄色胶样渗出。

总之，出现心包炎、肝周炎、气囊炎、腹膜炎，气味恶臭为大肠杆菌病的主要特征。

【**诊断**】根据流行病学、临床症状及病理剖检特征，对某些病型可以做出诊断。但对于大部分病型，需要依靠实验室检验。常用的实验室诊断方法包括细菌分离鉴定以及致病力试验。

取病死鸡肝、脾、心血等涂片，进行革兰染色油镜观察。同时，将采集的病料划线接种于麦康凯琼脂平板、伊红美蓝琼脂平板及营养琼脂平板上，置于37℃温箱培养24小时。如果在麦康凯琼脂平板长成粉红色、边缘整齐、光滑、湿润的菌落，伊红美蓝琼脂平板长成紫黑色带金属光泽的菌落，营养琼脂平板上长成灰白色、光滑、湿润、半透明、边缘整齐的菌落，可基本判定是大肠杆菌。

再结合生化试验和致病性试验做出判定。

【防控措施】

(1)预防　加强饲养管理,降低饲养密度,搞好育雏期温度的控制,注意通风换气;加强消毒,特别注意接雏前育雏舍的清理和消毒工作,做好人员、车辆、用具的消毒,防止病原的入侵;选择敏感药物或益生素预防该病的发生;对于大肠杆菌较严重的鸡场,可做病原的分离、培养,制成灭活苗进行免疫接种。

(2)治疗　用于治疗本病的药物很多,常用的药物有庆大霉素、阿米卡星、环丙沙星、恩诺沙星、头孢噻呋、氟苯尼考等。但是由于长期不规范用药,细菌耐药性很严重。有条件的最好分离细菌做药敏试验,选择高敏药物进行治疗,克服盲目用药。临床证实有些中药,如清瘟败毒散对鸡大肠杆菌病也有很好的治疗效果。

(二)鸡白痢

鸡白痢是由鸡白痢沙门杆菌引起雏鸡的一种急性败血性传染病。它是危害雏鸡十分严重的传染病,特别是2周龄内的雏鸡,发病率高,死亡率高。

【流行特点】本病一年四季均可发生,病鸡和带菌鸡是本病的主要传染源。病原菌广泛存在于鸡舍和病鸡的排泄物中,温度过低、密度过大等均可诱发本病。本病在育雏阶段常呈流行性发生,3周龄以内的雏鸡易感染,发病率和死亡率很高。

本病可水平传播也可垂直传播,成年鸡感染呈隐性经过,症状不典型,病菌局限于生殖系统,卵巢和睾丸中含大量病菌,因此,种蛋中带有病菌,部分鸡胚感染后死亡,多数可以出雏,这部分雏鸡多在出雏后1周内发病。

【临床症状】本病潜伏期4~5天,出壳后感染的雏鸡,多在孵出后几天就见有明显症状。发病鸡精神不振、绒毛松乱、两翼下垂、缩颈低头、昏睡、不愿走动,怕冷扎堆,食欲减少或停食。特征性表现是腹泻,粪便呈白色糊状,污染肛门周围绒毛而影响排便,最后因呼吸困难及心力衰竭而死。有的雏鸡出现失明、关节炎、跛行。病程短的仅1天,一般为4~7天。

【病理变化】早期死亡鸡,病理变化不明显,仅见肝脏肿大、瘀血,胆囊充盈,肺脏充血、出血,卵黄变性。病程稍长的雏鸡病变比较明显,肝脏肿大变性,表面散在灰白色或灰黄色针尖至小粟大小的结节;脾脏充血肿大,达正常的2~3倍,黏膜下散在针尖大或米粒大的黄色坏死点或灰白色的结节;肺脏充血、瘀血,表面可见灰白色或灰黄色结节或干酪样坏死;心肌肿胀、有大小不等的灰白色结节;肾脏肿大,肾小管和输尿管内充满灰白色尿酸盐;盲肠肿大,有灰白色或灰黄色干酪样物质;卵黄吸收不良,变性、坏死,其内容物黄如油脂状或干酪样。

【诊断】依据流行病学、临床症状和病理变化进行综合分析可做出初步诊断,确诊需做实验室检验。取病死鸡的肝、脾、肺、未吸收的卵黄等病料划线接种于普通琼脂平板、SS 琼脂平板或麦康凯琼脂平板,37℃培养 24 小时,菌落长成后,根据菌落特征再结合生化特性进行判定。

【防控措施】

(1)预防　①加强育雏期的饲养管理和卫生消毒。鸡舍及用具做到严格消毒,育雏室和运动场保持清洁卫生,饲槽和饮水器每天进行一次清洗消毒,防止粪便污染。育雏室的温度保持恒定,并注意通风换气,防止拥挤和啄食癖的发生。②实行自繁自养,选择健康种鸡、种蛋,建立健康的鸡群。③育雏早期使用抗菌药物进行预防,在雏鸡出壳后至 5 日龄在饮水中适当添加抗菌药物。

(2)治疗　鸡群发病后,饲料或饮水中添加敏感的药物,常用的药物有甲砜霉素、氟苯尼考、庆大霉素、阿米卡星、恩诺沙星等。同时,加强饲养管理,消除不良因素对鸡群的影响。

(三)葡萄球菌病

葡萄球菌病是由金黄色葡萄球菌引起鸡的一种急性败血性或慢性传染病。临床表现为败血症、关节炎、雏鸡脐炎、皮肤坏死等。

【流行特点】各种年龄的鸡均可发生,但以集约化养鸡场,尤其 30 ~80 日龄鸡高发,网上平养、地面平养较笼养多发。本病一年四季均可发生,以雨季、潮湿季节发病较多,饲养管理不善、营养缺乏(尤其缺硒)等均能促进本病的发生。

本病的发生与创伤有关,凡能造成皮肤黏膜损伤的因素,如带翅号,断喙,刺种疫苗,网刺,扭伤,啄伤等都可成为本病发生的诱因。雏鸡脐带感染,也常发生此病,此外当鸡痘发生时,可致本病暴发。

【临床症状】由于病原菌侵害部位不同,临床表现有多种类型。

(1)败血型　临床表现不明显,多见于发病初期。病鸡精神、食欲不好,低头、缩颈,呆立,不愿走动,病后 1 ~2 天死亡。

(2)皮炎型　病程多在 2 ~5 天。该型最严重,造成的损失最大。病鸡精神沉郁,羽毛松乱,食欲不好,部分病鸡腹泻,胸腹部、翅、大腿内侧等处羽毛脱落,皮肤外观呈紫色或紫红色,皮下胶冻样水肿液,有波动感,有些自然破溃流出液体粘连周围羽毛。

(3)雏鸡脐炎型　新生雏鸡脐环发炎肿大、腹部膨大(大肚脐),卵黄可从脐部渗出,伴有恶臭。此类型与大肠杆菌所致脐炎相似,可在1~2天内死亡,应注意区分。

(4)关节炎型　多发生于跗关节,常见一侧关节肿胀,局部有热痛感,病鸡跛行不能站立,喜卧。

【病理变化】

(1)败血型　表现为肝脾肿大、出血,心包积有淡黄色液体,肠道黏膜充血、出血,肺脏充血,肾脏瘀血肿胀;心内、外膜,冠状脂肪有出血点或出血斑。

(2)皮炎型　病死鸡局部皮肤水肿,羽毛脱落,呈青紫色或深紫红色,触之有波动感,切开水肿皮肤可见皮下有数量不等的胶冻样黄色或紫红色液体。有时仅见翅膀内侧、翅尖或尾部皮肤形成大小不等出血、糜烂和炎性坏死。胸肌及大腿肌肉有出血斑点或带状出血,或皮下干燥肌肉呈紫红色。有的病死鸡皮肤无明显变化,但胸、腹或大腿内侧等皮下具有灰黄色胶冻样水肿液。肝脏有出血点及白色坏死点。

(3)脐炎型　病死鸡腹部增大,脐孔周围皮肤浮肿、发红,皮下有较多红黄色渗出液,多呈胶冻样。

(4)关节炎型　剖检可见关节肿胀处皮下水肿,关节液增多,关节腔内有淡黄色干酪样渗出物。

【诊断】根据临床症状、病理变化,结合流行特点可做出初步诊断,确证需做实验室检验。从病死鸡采取关节液、肝脏、脾脏等病料接种培养基,同时涂片、革兰染色镜检。如果病料接种于普通琼脂平板上,37℃培养24小时,见到表面光滑、湿润,稍隆起,颜色淡黄,室温下放置后颜色逐渐加深至橘黄色菌落。镜检见到革兰染色阳性,呈葡萄串状排列或短链状排列球菌,可做出诊断。

【防控措施】

(1)预防　葡萄球菌广泛分布于自然界中,防治本病的关键是做好平时的预防工作。消除引起鸡外伤的因素,保持笼、网、鸡舍的光滑平整,保证垫料的质量,减少鸡爪垫的损伤。定期或不定期进行圈、舍、笼及运动场的消毒,以杜绝传染源。合理调整饲养密度,注意鸡舍温度、湿度和通风。加强饲养管理,避免或减少应激因素,保证饮水和饲料的清洁。

(2)治疗　金黄色葡萄球菌极易产生耐药性,治疗本病时有条件的最好做药敏试验，选择有效的药物进行治疗。庆大霉素、卡那霉素、环丙沙星、恩诺沙星等有不同的治疗效果。治疗中首先选择口服易吸收的药物，当发病时立即全群给药，病情严重的，可结合肌内注射给药。

（四）禽曲霉菌病

禽曲霉菌病是由曲霉菌引起多种禽类（鸡、火鸡、鸭、鹅）的一种疾病。主要是呼吸道发生感染，病变特征是在组织器官，尤其是肺和气囊发生广泛的炎症和小结节，故又称曲霉菌性肺炎。本病主要发生于幼禽，呈急性暴发，发病率和死亡率都较高，对集约化养禽业危害较大，成年禽呈慢性经过。

【流行特点】曲霉菌的孢子在自然界分布很广，污染的禽类垫草和发霉饲料常常是曲霉菌孢子的主要来源。以雏鸡易感性最高，常呈群发性急性暴发经过，而成年鸡多为散发性。阴暗、潮湿和发霉的育雏设施常使雏鸡吸入大量孢子而发病。梅雨季节用发霉的饲料和饲槽饲喂雏鸡也可引起感染。本病主要经消化道和呼吸道传播。

【临床症状】急性型病鸡初期常无特征症状，仅是精神不振，食欲减少，继之出现口渴，频频饮水，羽毛粗乱，两翼下垂，喜立于墙角或蹲于僻静处，闭目无神。病程稍长者，表现呼吸困难，伸颈张口呼吸，时常发出啰音及哨音，有时摇头连续打喷嚏，接着出现腹式呼吸，两翼扇动，尾巴上下摆动，颈向上前方一伸一缩，冠和肉髯因缺氧而发绀，最后窒息而死。另外，雏鸡眼睛常被感染，初期结膜充血肿胀，继之眼睑肿胀，常在一侧眼的瞬膜下出现黄色干酪样小球，使眼睑鼓起，或在角膜中央出现溃疡。慢性型病鸡，可见精神沉郁，食欲减退，生长缓慢，进行性消瘦，呼吸困难，皮肤、黏膜发绀，常有腹泻。

【病理变化】患病轻者，仅在个别鸡呼吸器官见有少数黄白色结节。多数重病鸡呈现全身性病变，主要表现在呼吸系统，气囊浑浊，气囊壁增厚，气囊和肺脏表面可见有散在或密集的针尖大、小米大、绿豆大乃至豌豆大灰白色或淡黄色结节，其质地较硬，易于从周围组织剥离，切面可见有层状结构，中心为干酪样坏死组织。鼻腔有淡黄色、灰白色脓性鼻汁或干酪样物充塞，气管或支气管中有淡黄色至黄色浓稠的炎性渗出物或干酪样物充塞其中一段，有的硬似软骨。眼病变的特征为瞬膜水肿，瞬膜上可见到典型的肉芽肿。肠系膜发黑、增生。

【诊断】根据流行病学、症状及病理变化可做出初步诊断。确诊则须进一步做微生物学检查。取霉斑结节少许，置载玻片上，滴 1 ~2 滴 10% 氢氧化钾溶液，用细针将组织拉碎，压盖盖玻片，显微镜观察。若见曲霉菌的菌丝及孢子,即可确诊。必要时可无菌采集样品直接涂布于适宜的真菌培养基上做病原分离培养。

【防控措施】

(1)预防　不使用发霉的饲料和垫料,保持育雏舍和育雏设施的清洁干燥,防止霉变,是预防本病的主要措施。育雏室应注意通风换气和卫生消毒。

(2)治疗　本病的治疗目前没有特效药物,制霉菌素、硫酸铜溶液和碘化钾等对本病有较好的防治效果,可酌情使用。100 只雏鸡一次用制霉菌素 50 万国际单位,每天 2 次,连续 2 ~4 天;用 1∶3 000 硫酸铜溶液或 0.5% ~1% 的碘化钾溶液饮水,连续 3 ~5 天。

发现疫情应迅速查明病因并立即排除,同时进行用具及环境的消毒。

(五)鸡绿脓杆菌病

鸡绿脓杆菌病是由绿脓杆菌引起雏鸡的一种急性、败血性疾病。其特征是发病急骤,病程短促,病雏高度沉郁,衰竭,脱水,角膜浑浊,很快死亡。

【流行特点】本病可发生于各种年龄的鸡群,主要危害雏鸡,1 ~35 日龄多发,发病率和死亡率高低不一,7 日龄以内的雏鸡常呈暴发性死亡,死亡率可达 85%,一年四季均可发生。

绿脓杆菌广泛分布于土壤、水和空气中,感染途径是种蛋污染、创伤和应激因素及机体内源性感染。种蛋在孵化过程中污染绿脓杆菌是雏鸡暴发本病的主要原因。其次,刺种疫苗、药物注射及其他原因造成的创伤,是绿脓杆菌感染的重要途径。在正常畜禽的肠道,呼吸道及皮肤常有绿脓杆菌的存在,在各种应激因素的刺激下,也可引起机体发生内源性感染。

【临床症状】急性病例多呈败血症经过,多见于雏鸡。病鸡表现精神不振、卧地嗜睡,体温升高,食欲减少甚至废绝。病鸡腹部膨大,手压柔软,外观腹部呈暗青色,俗称“绿腹病”。病鸡有不同程度下痢,排出黄绿色或白色水样粪便。并出现呼吸困难,同时病鸡的眼睑、面部发生水肿。部分病例还出现站立不稳、战抖、抽搐等运动失调症状,最后常衰竭死亡。病程长者多伴有神经症状,表现头颈朝一侧弯曲,盲目前冲。

慢性经过则以眼炎、关节炎、局部感染为主。眼睑肿胀,角膜炎和结膜炎,眼睑内有多量淡绿色脓性分泌物,严重时单侧或双侧失明。关节炎型病鸡跛行,关节肿大。局部感染在感染的伤口处,流出黄绿色脓液。

【病理变化】病鸡颈部、脐部皮下呈黄绿色胶冻样浸润,严重者可见皮下肌肉有出血点或出血斑。内脏器官不同程度充血、出血。肝脏脆而肿大,呈土黄色,有淡灰黄色小点坏死灶。胆囊充盈。肾脏肿大,表面有散在出血小点。肺脏充血,有的见出血点,肺小叶炎性病变,呈紫红色或大理石样变化。心冠脂肪出血,并有胶冻样浸润,心内、外膜有出血斑点。腺胃黏膜脱落,肌胃黏膜有出血斑,易于剥离,肠黏膜充血、出血严重。脾肿大,有出血小点。气囊浑浊、增厚。侵害关节,可见关节肿大,关节液浑浊增多。

【诊断】除结合流行特点、临床症状和病理变化外,主要靠采集病料做病原体的分离和鉴定。取病死鸡心血、肝、脾、肺及胸腹部皮下水肿液等,接种于普通琼脂平板上,于37℃恒温箱中培养18~24小时,若菌落呈蓝绿色者,可初步诊断为绿脓杆菌。

【防控措施】加强饲养管理,搞好卫生消毒工作。接种疫苗时注射器械要严格消毒,平时应严格做好种蛋、孵化器、孵化室的消毒工作。

发病鸡,应用抗生素治疗,根据药敏试验结果选择用药。庆大霉素、阿米卡星硫酸黏杆菌素和环丙沙星等常用于治疗本病。

第三节　普通病的防治

一、寄生虫病防治

(一)球虫病

球虫病是由艾美耳科、艾美耳属的球虫寄生于鸡的肠道引起的,临床上主要症状为贫血、血痢、消瘦、生长受阻等,是对养鸡业危害最严重的疾病之一,常呈暴发性流行。该病分布很广,世界各地普遍发生,多危害15~50日龄的雏鸡,发病率高达50%~70%,死亡率为20%~30%,严重者高达80%。病愈的雏鸡,生长发育受阻,饲料报酬下降,抵抗力降低,易患其他疾病。

【病原体】鸡致病性球虫主要有7种,分别是柔嫩艾美耳球虫、毒害艾美耳球虫、堆型艾美耳球虫、布氏艾美耳球虫、巨型艾美耳球虫、和缓艾美耳球虫和早熟艾美耳球虫。柔嫩艾美耳球虫寄生于盲肠及其附件区域,致病力最强,常在感染后的第五天及第六天引起盲肠严重出血和高度肿胀,后期出现干酪性肠芯,因此又称为盲肠球虫。毒害艾美耳球虫主要寄生于小肠中1/3段,尤以卵黄蒂前后最为常见,严重时可扩展到整个小肠,是小肠球虫中致病性最强的,其致病性仅次于盲肠球虫。

【流行特点】各种年龄和品种的鸡均易感,主要发生于3~6周龄的雏鸡,

2周龄以内的雏鸡很少发病。柔嫩艾美耳球虫常感染3～6周龄的雏鸡，而毒害艾美耳球虫常危害8～18周龄的鸡。

患病耐过的鸡排卵囊可达数月之久，因而是主要传染源。鸡通过摄入有活力的孢子化卵囊而遭到感染，被粪便污染过的饲料、饮水、土壤或器具等都有卵囊的存在；其他动物、尘埃和管理人员，都可成为球虫的机械传播者。

本病多于温暖多雨的季节流行。饲养管理条件不良能促使本病的发生。当鸡舍潮湿、拥挤、饲养管理条件不当或卫生条件恶劣时，最易发生，而且往往可迅速波及全群。

【临床症状与病理变化】

（1）急性型球虫病

1）急性盲肠球虫病　由柔嫩艾美耳球虫感染引起，对3～6周龄的雏鸡致病性最强。病初患病鸡精神沉郁，羽毛松乱，不喜欢运动，食欲下降。随着盲肠损伤的加重，出现下痢，血便，甚至排出鲜血。病鸡战栗，拥挤成堆，体温下降，食欲废绝，最终由于肠道炎症、肠细胞崩解等原因造成有毒物质被机体吸收，导致自体中毒死亡。剖检病变主要在盲肠，盲肠高度肿大，充满凝固的暗红色血块，盲肠黏膜上皮变厚，常坏死、脱落。

2）急性小肠球虫病　由毒害艾美耳球虫感染引起。通常发生于2月龄以上的中雏鸡，精神不振，翅膀下垂，弓腰，下痢和脱水。病变主要在小肠中端，肠管高度肿胀，肠浆膜充血，并密布出血点，肠壁变厚，黏膜显著充血、出血及坏死；肠内容物中含有多量的血液、血凝块和坏死脱落的上皮组织。

（2）慢性型球虫病　主要由致病力中等的巨型艾美耳球虫和堆型艾美耳球虫引起。多见于4～6月龄鸡。病鸡消瘦，足、翅膀发生轻瘫，有间歇性下痢，很少死亡。巨型艾美耳球虫主要损害小肠中段肠管，肠管扩张、肠壁增厚，肠内容物呈淡褐色或淡红色，有黏性，有时混有细小血块。堆型艾美耳球虫主要侵害十二指肠和小肠前段，在病变部位可见大量淡灰白色斑点，横向排列呈梯状。

【诊断】根据临床症状、流行病学调查和病理变化，结合粪便中的卵囊的检查，做出综合判断。

【防控措施】

（1）预防　目前所有集约化养鸡场都必须对球虫病进行预防。

预防用的抗球虫药物有：尼卡巴嗪、氨丙啉、地克珠利、莫能菌素、盐霉素、马杜拉霉素、拉沙里菌素、常山酮等。

各种抗球虫药连续使用一定时间后，都会产生不同程度的耐药性。为了提高抗球虫药的预防效果，减缓耐药性的产生，常采用下列3种用药方案：

1）穿梭用药　即在开始时使用一种药物，至生长期时使用不同类型的另一种药物。

2）轮换用药　合理地变换使用抗球虫药，在不同的季节使用不同的抗球虫药，或不同批次的鸡应用不同的抗球虫药。

3）联合用药　将两种作用机制或抗虫谱不同的药物合用，以提高抗球虫效果，减少耐药性的产生。

国内外均有多种疫苗可以应用，主要分为两类：活毒虫苗和早熟弱毒虫苗。目前已在生产中得到较好的预防效果。

加强饲养管理，搞好清洁卫生。鸡舍保持适当温度和光照，通风良好，饲养密度适当；鸡舍和运动场的鸡粪及时清理并做堆积发酵处理，杀灭卵囊；饲槽、饮水器、鸡笼等用具都要经常清洗消毒；改地面平养为网养或笼养等。

（2）治疗　抗球虫药物在球虫生活史的早期作用明显，因此早期给药可以降低鸡的死亡率。常用的治疗药有：磺胺喹噁啉（SQ）、磺胺氯丙嗪等。按一定比例混入饲料或饮水给药。

（二）组织滴虫病

鸡组织滴虫病是由火鸡组织滴虫寄生于鸡盲肠和肝脏引起的疾病，又称“盲肠肝炎”或“黑头病”。主要特征为鸡冠呈暗黑色，肝脏呈榆钱样坏死，盲肠发炎呈一侧或双侧肿大。

【流行特点】本病多发生于夏季，4～6周龄的鸡最为易感，死亡率较高，成年鸡多为带虫者。

【临床症状】病鸡呆立，翅下垂，步态蹒跚，眼半闭，头下垂，畏寒，下痢，排带有多泡沫的淡黄色或淡绿色恶臭粪便。严重病例，排出的粪便带血或完全是血液。疾病末期，有些病鸡因血液循环障碍，鸡冠呈暗黑色，因而有黑头病之称。病程1～3周，病愈鸡的体内仍有组织滴虫，带虫者可长达数周或数月。

【病理变化】病变主要是在盲肠和肝脏，剖检时见一侧或两侧盲肠肿胀、膨大，肠壁增厚，浆膜面上暗红色，肠腔内充满干酪样渗出物或坏疽块，堵塞整个肠腔，形成干酪状的盲肠肠芯，横切呈同心圆状。有的盲肠壁穿孔，引起腹膜炎，而与邻近脏器粘连。肝脏肿大并出现特征性坏死灶，坏死灶呈淡黄色或黄绿色，圆形或不规则形状，中央稍凹陷，边缘稍隆起，直径可达1厘米，单独存在或融合成片状。

【诊断】根据流行病学、临床症状及特征性病变进行综合判断。尤其是肝脏和盲肠的病变具有特征性,可作为诊断的依据。也可刮取盲肠黏膜或肝脏组织检查,发现虫体即可确诊。

【防控措施】硝基咪唑类(甲硝唑、二甲硝咪唑)药物是治疗组织滴虫病的特效药,不易产生耐药性,但现在北美和欧洲已禁用,我国也限制这类药物作为添加剂长期使用。

由于本病的传播依靠鸡异刺线虫,因此,采用苯并咪唑(阿苯达唑、芬苯达唑)类药物定期驱除异刺线虫是防治本病的重要措施。球虫病可加重组织滴虫病的严重程度,因此控制球虫病也有助于减少组织滴虫病的发生。

病鸡治疗可用甲硝唑(灭滴灵)按250毫克/千克比例混于饲料中,每天3次,连用5天。

二、代谢性疾病防治

(一)钙、磷缺乏症

钙、磷缺乏症是一种以雏鸡佝偻病、成年鸡骨软病为其特征的重要营养代谢症。

【临床症状和剖检变化】雏鸡典型症状是佝偻病。早期可见病鸡喜欢蹲伏,不愿走动,食欲不振,病禽生长发育和羽毛生长不良,以后腿软,站立不稳,步态跛瘸。骨质软化,易骨折,关节肿大,跗关节尤其明显,胸骨畸形,肋骨末端呈念珠状小结节,有时腹泻。

剖检可见全身骨骼骨质疏松,骨髓腔变大,易骨折,胸骨和肋骨可自然骨折,与脊柱连接处的肋骨局部有珠状突起。肋骨增厚,弯曲,致使胸廓两侧变扁,雏鸡胫骨、股骨头骨骺疏松。局部骨骼增生。

【防控措施】注意饲料中钙、磷含量要满足禽的需要,而且要保证比例适当,钙、磷(有效磷)比例,雏鸡一般为1.2:1。同时雏鸡日粮中保证钙、磷的正常吸收、代谢,注意维生素D的给予和鸡群日照。

【治疗】缺钙的以补钙为主,可将钙水平提高1%,并相应提高磷水平,并注意钙、磷平衡。另外,对病禽加喂鱼肝油或补充维生素D。

(二)维生素E缺乏症

维生素E缺乏症是以脑软化症、渗出性素质、白肌病和成禽繁殖障碍为特征的营养缺乏性疾病。

【临床症状和剖检变化】

(1)脑软化症　多发生于3~6周龄的雏鸡,发病后表现为精神沉郁,瘫痪,头向后方或下方弯曲或向一侧扭曲,向前冲,常倒于一侧衰竭死亡;出壳后弱雏增多,站立不稳;脐带愈合不良及曲颈、头插向两腿之间等神经症状。剖检可见小脑软化,脑膜水肿,有出血点和坏死灶,坏死灶呈灰白色斑点。

(2)渗出性素质　多发于20~60日龄雏禽,小鸡叉腿站立,病鸡翅膀、颈胸腹部等部位水肿,心包内积液,皮下血肿,可见有大量淡蓝绿色的黏性液体。

(3)白肌病　维生素E、微量元素硒和含硫氨基酸同时缺乏,表现为胸肌和腿肌色浅,苍白,有白色条纹,肌肉松弛无力,消化不良,运动失调,贫血。

【防控措施】

(1)预防　饲料中添加足量的维生素E,鸡每千克日粮应含有10~15国际单位;饲料的硒含量应为0.025毫克/千克饲料;饲料中添加抗氧化剂。

(2)治疗　雏禽脑软化症,每只鸡每日喂服维生素E 5国际单位,轻症者1次见效,连用3~4天为一个疗程,同时每千克日粮应添加0.05~0.1毫克的亚硒酸钠。雏禽渗出性素质病及白肌病,每千克日粮添加维生素E 20国际单位或植物油5克,亚硒酸钠0.2毫克,蛋氨酸2~3克,连用2~3周。成年鸡缺乏维生素E时,每千克日粮添加维生素E 10~20国际单位或植物油5克或大麦芽30~50克,连用2~4周,并酌喂青绿饲料。

(三)肉鸡腹水综合征

肉鸡腹水综合征又称肉鸡腹水征,是发生于幼龄肉鸡的一种常见病,对快速生长的幼龄肉鸡危害更大。由多种致病因子共同作用引起的以右心室肥大扩张和腹腔内积聚大量浆液性淡黄色液体为特征,并伴有明显的心、肺、肝等内脏器官病理性损伤的营养代谢病。

【病因】引起本病的原因较多,主要有以下几个方面。鸡舍通风换气不足,有害气体和尘埃积聚,致使氧气减少,造成慢性缺氧。饲料霉变,高能量饲料,营养缺乏或过剩都可引起腹水综合征。如日粮中食盐过量,维生素E、铜、铁、锌、锰、硒的缺乏,高油脂饲料,环境消毒药用量不当或过量等。光线太强、光照时间过长,易形成腹水症。

【临床症状和病理变化】病鸡腹部膨大下垂,触诊有明显波动感,腹部皮肤变薄发亮,两腿叉开,行为蹒跚如鸭步,有的站立困难以腹部着地。呼吸急促、困难。严重病例冠和肉髯呈紫红色,皮肤发绀,抓鸡时可突然抽搐死亡。

腹腔内积有大量清亮液体,呈黄褐色或棕红色,内有纤维素性半透明胶冻样物或絮状物；心包积液，心脏增大，右心明显扩张，心肌松弛；肝脏瘀血，边缘钝厚变圆，肝脏表面有一层胶冻样物质，形成肝包膜水泡囊肿，后期引起肝脏硬化、萎缩；肺部瘀血，肾脏肿胀瘀血；消化道瘀血出血明显。

【防控措施】

(1)预防　加强饲养管理，保证鸡舍内有良好的通风换气；保持适当的饲养密度；实行早期合理限饲，减缓肉鸡早期的生长速度，或于每吨饲料中添加维生素 C 500 克、维生素 E 2 万国际单位，有较好的预防效果；冬季地面散养鸡要加厚垫料，供给温水，控制大肠杆菌病、慢性呼吸道病和传染性支气管炎等的发生；合理应用药物和消毒剂，以防中毒。

(2)治疗　严重的鸡，可用 12 号针头刺入病鸡腹腔先抽出腹水，然后注入青霉素、链霉素各 2 万国际单位，经 2 ~ 4 次治疗后可使部分病鸡康复。服用大黄苏打片[20 日龄雏鸡 1 片/(只・天)]，以清除胃肠道内容物，然后喂服维生素 C 和抗生素。给病鸡皮下注射 1 次或 2 次 1 克/升亚硒酸钠 0.1 毫升，或服用利尿剂，可降低患腹水症肉鸡的死亡率。

(四)肉鸡猝死综合征

肉鸡猝死综合征又称暴死症或急性死亡综合征，一年四季均可发生，但以夏、冬两季发病略高。肉鸡发病有两个高峰期，即 3 周龄左右和 8 周龄左右。体重越大，发病越高。其特点是发病急，突发性死亡。发病鸡群死亡率不太高，但惊吓、噪声、饲喂活动及气候突变等应激因素均可增高死亡率。

【病因】一般认为本病的发生与鸡的品种、营养、光照、个体发育、饲养密度、酸碱失调、药物(喂离子载体类抗球虫药时，发生率显著高于其他抗球虫药)等诸多因素均有关系。肉鸡生长速度快(尤其是对 2 ~ 3 周龄的雏鸡)，而相对自身的一些系统功能(如心血管功能、呼吸系统、消化系统等)尚不完善，导致过快增长需要与系统功能完善之间的矛盾，可能发生肉鸡猝死。饲料中蛋白质和脂肪水平过高，维生素与矿物质搭配不合理，也可引起肉鸡猝死；还有光照过强，饲养密度过大，通风不良，舍内有害气体等，也易造成猝死的发生。

【临床症状和病理变化】发病前，采食、活动、饮水及呼吸等都属正常，无明显发病先兆，有的病鸡临死前比正常鸡群表现安静，采食量略低，往往在喂食时发现个别鸡突然失控，翅膀急剧扇动，有的离地跳起，肌肉痉挛，发出狂叫或尖叫声，从发病到死亡持续时间约 1 分。死后鸡多数呈仰卧姿势，两脚朝天，少数呈腹卧或侧卧姿势。

剖检可见鸡冠、肉髯充血，肌肉苍白，嗉囊、肌胃和肠道充盈，内有新鲜饲料；心脏比正常的大几倍，右心扩张肥大，心包液增多，偶见纤维素性渗出；肝脏稍肿大，质脆，有时出现破裂，色苍白；胸肌、腹肌湿润苍白；肾脏浅灰色或略白；肠管膨胀，其内容物似奶油状；肺瘀血；脑充血、有出血点。

【防控措施】加强饲养管理，减少应激因素，防治密度过大，改连续光照为间歇光照。合理调整日粮及饲养方式。调整饲料类型，改颗粒饲料为粉状，对3～20日龄子鸡进行限制饲喂，降低生长速度；维生素、矿物质在饲料中的含量要充足；脂肪含量不能过高，用植物油代替动物脂肪。饲料中添加生物素300毫克/千克能降低本病死亡率。发病鸡群，可用碳酸氢钾进行防治，每只鸡为0.5～0.6克，饮水投服，或每吨饲料中添加3～4千克碳酸氢钾，连用3天，效果良好。

主要参考文献

[1]黄炎坤,等. 乌骨鸡安全生产技术[M]. 郑州:中原农民出版社,2015.
[2]黄炎坤,等. 肉鸡场标准化示范技术[M]. 郑州:河南科学技术出版社,2014.
[3]黄炎坤,等. 现代实用养鸡全书[M]. 郑州:河南科学技术出版社,2014.
[4]韩占兵,等. 肉鸡标准化生产实操手册[M]. 北京:金盾出版社,2013.
[5]陈大君,等. 肉鸡养殖主推技术[M]. 北京:中国农业科学技术出版社,2013.
[6]康相涛,等. 养优质肉鸡[M]. 郑州:中原农民出版社,2008.
[7]逯岩,等. 高效养优质肉鸡[M]. 北京:机械工业出版社,2014.